高压磨料气体射流破岩理论研究与实践

刘　勇　著

中国矿业大学出版社
·徐州·

内 容 提 要

本书针对目前煤层气(煤矿瓦斯)开采中存在的关键技术瓶颈,提出磨料气体破岩理论与技术,以弥补“水力化”技术强化瓦斯抽采存在的不足。全书主要介绍磨料气体射流理论、喷嘴结构设计和流场结构、磨料加速和分布规律、高压磨料气体射流冲蚀磨损岩石机理和高压磨料气体射流破岩应力波效应等。本书为高压磨料气体射流在煤矿瓦斯抽采、煤层气开发中的应用提供了理论支持,丰富了射流理论和技术。

本书适用于煤矿瓦斯抽采、煤层气勘探与开发等领域的学者、研究生和工程技术人员阅读。

图书在版编目(CIP)数据

高压磨料气体射流破岩理论研究与实践/刘勇著
.—徐州:中国矿业大学出版社,2020.4
ISBN 978-7-5646-4670-7

Ⅰ.①高… Ⅱ.①刘… Ⅲ.①磨料—气体射流—破碎岩体—研究 Ⅳ.①TD231.1

中国版本图书馆 CIP 数据核字(2020)第061815号

书　　名 高压磨料气体射流破岩理论研究与实践
著　　者 刘　勇
责任编辑 于世连
责任校对 王慧颖
出版发行 中国矿业大学出版社有限责任公司
(江苏省徐州市解放南路　邮编 221008)
营销热线 (0516)83884103　83885105
出版服务 (0516)83995789　83884920
网　　址 http://www.cumtp.com　**E-mail**:cumtpvip@cumtp.com
印　　刷 徐州中矿大印发科技有限公司
开　　本 787 mm×1092 mm　1/16　**印张** 10.75　**字数** 275 千字
版次印次 2020 年 4 月第 1 版　2020 年 4 月第 1 次印刷
定　　价 40.00 元

前　言

磨料射流技术是一项古老的技术,早在19世纪就在建筑行业中用来加工玻璃花纹,尤其是磨料水射流技术在机械加工制造、清洗、煤矿开采、油气开采等领域发挥了重要作用。从1991年开始,荷兰的飞利浦研究实验室花了5年时间将其改进为微磨料气体射流加工技术,并用于纯平超薄阴极射线管显示器玻璃面板的钻孔工艺。从此微磨料气体射流加工技术开始活跃于硬脆材料的微细精密制造领域。经过近十几年的发展,这项技术可以用于金属、非金属和陶瓷材料的切割、钻孔和打磨等加工工艺。特别是在硬脆材料加工方面,该技术以其热影响区小、可加工材料范围广的优势显示了巨大的潜力。

鉴于磨料气体射流良好的冲蚀性能,作者将该技术引入煤层气开采工程。国务院办公厅印发《能源发展战略行动计划(2014—2020年)》中提出重点突破煤层气开发,煤层气作为一种清洁能源成为我国能源战略的重要组成部分。但随着矿井开采强度增大、延伸速度加快、开采深度急剧增加,导致煤层气抽采困难。尤其在松软煤层中钻井时,受地应力、孔隙压力和钻井液的综合作用,钻井极易垮塌。在采用"水力化"措施进行强化卸压抽采时,经常出现塌孔等现象。除此之外,煤体中水的存在对瓦斯解吸及运移产生消极影响。研究表明,煤体的低孔、低渗的特点,使水锁效应尤为突出。煤体在不同水压的影响下,水能够进入到煤体的临界孔隙尺度,降低瓦斯解吸率。而且水的后置侵入会使瓦斯解吸终止时间提前。水的侵入使煤体孔隙含水饱和度升高,有效应力发生改变,煤体渗透率大幅度降低,饱和度越高,渗透率降低幅度越大。对于俯孔,孔底积水容易造成煤体泥化,堵塞瓦斯抽采通道。

采用气体作为卸压抽采的动力,可避免水力化卸压技术的缺点,是对水力卸压增透的重要补充。但因为气体的密度较低,若要取得较好的卸压效果,需将气体液化,如液态二氧化碳相变致裂技术和超临界二氧化碳射流破煤岩技术等。上述方法均采用液态二氧化碳为破煤介质,在井下应用时,因系统装置及实施工艺较为复杂，且不能实现液态二氧化碳现场制备，限制了技术的推广应用。据此可以看出，采用气体作为卸压抽采的动力，需要满足两个基本条件：第一，能够实现连续供气；第二，气体达到破煤的状态（如采用高压气体或者液化气体）。现有的“气力化”措施均不能同时满足上述两个条件。若采用空气压缩机产生高压气体，形成连续气体射流，则可实现连续供气的目的。但在同样压力条件下，气体破煤动量较小，达不到高效破煤条件。

磨料气体射流的特性能够弥补目前煤层气开采技术的不足。作为一种“气力化”措施，通过高速气体加速磨料，实现高效破煤的目的。除此之外，磨料气体射流可应用于辅助刀具破岩领域。例如，如辅助全断面隧道掘进机（Tunnel Boring Machine，TBM）破碎硬岩，能够提高钻进效率、减少刀具磨损。但目前磨料气体射流现有技术所采用射流压力及流量均较低（射流压力小于 2 MPa，流量小于 100 L/min），冲蚀深度较浅。磨料气体射流推广应用至煤层气开采、辅助刀具破岩等领域的重要前提是具有较高的冲蚀性能。因此需要在现有磨料气体射流的基础上提高磨料的动能，继而提高磨料气体射流的冲蚀性能。

由于磨料的动能源于气体对磨料的加速，因此提高磨料的动能应从以下几个方面考虑：气体速度、气体压力、气体流量、磨料特性、磨料流量、气固耦合作用等。对于气体，影响气体射流参数的关键是气体的流经的喷嘴结构，喷嘴结构不但决定了气体在喷嘴出口的速度，而且决定了气体喷出喷嘴后的射流流场结构。目前磨料气体射流采用的喷嘴结构多为直管喷嘴和圆锥收敛喷嘴。这种喷嘴结构使出口气体速度最大为声速，因此不能有效加速磨料，继而达到较好的冲蚀效果。因此，研究设计一种适用于高压磨料气体射流的喷嘴结构是实现其在煤层气开采等领域应用的重要基础。除了喷嘴之外，磨料特性与磨料质量流量也是影响磨料加速的重要因素。磨料在气体射流中的加速机理是明确磨料特性和流量如何影响磨料的重要理论基础。

磨料在充分加速后，获得足够大的能量对煤岩进行冲击破坏。对煤岩的破坏形式分为冲蚀破坏和应力波破坏。高压磨料气体射流的冲蚀能力能够在岩石表面形成冲蚀坑，在形成冲蚀坑的同时，高速冲击磨料的能量以应力波形式向煤岩体内部传播，造成煤岩体的体积破坏。这两种破坏形式具有不同的破坏机理，应该加以区分。

综上所述，本书开展了以下几个方面的研究，在空气动力学的基础上，提出了适用于高压磨料气体射流的喷嘴设计原则，并分析了射流流场结构，研究了磨料加速机理和分布规律，分析了影响磨料气体射流破煤岩关键影响因素，揭示了磨料气体射流冲蚀磨损机理和应力波破碎机理。

本书得到了国家重点研发计划项目“深部开采煤与瓦斯突出多相分源防控技术与装备”(2017YFC0804207)、国家自然科学基金“基于拉法尔喷嘴的超临界二氧化碳射流流场结构及破煤机理研究”(51704096)、“中原千人计划”——中原青年拔尖人才计划(ZYQR201810140)、河南省科技攻关项目“冰粒气体射流关键参数控制及剥蚀机理研究”(192102310236)的支持，在此一并致以最诚挚的感谢！同时对所引用文献的作者表示感谢！

由于作者水平有限，书中错误和不足之处在所难免，恳请读者批评指正，并提出宝贵意见，联系方式：yoonliu@hpu.edu.cn。

作　者
2020 年 3 月

目　录

第1章　磨料气体射流基础理论

1.1　喷嘴内气体流动

对于可压缩流体，流体流动特征部分决定于流体流经的管道结构。因此，对于气体射流喷嘴内部流线结构对射流具有重要影响。现有磨料气体射流使用的喷嘴结构有两种。一种喷嘴结构是收敛型喷嘴。喷砂机多采用收敛型喷嘴，在收敛段气体压缩加速，在喉管部分气体的速度达到最大，即当地声速。另外一种喷嘴结构为缩放型喷嘴，即拉瓦尔(Laval)喷嘴。磨料气体射流应用于金属等材料的切割，钻孔及去毛刺工艺多采用此种结构的喷嘴。该喷嘴结构最早于1899年由瑞典的蒸汽设计师拉瓦尔(Laval)提出，其工作原理是收敛段压缩空气将气体从亚声速提高到声速，在扩张段气体膨胀使得速度进一步增加，最终得到超声速气流。缩放型喷嘴相比于收敛型喷嘴能获得更高的气流速度，同时磨料也能获得更高的能量。缩放型喷嘴更适用于磨料气体射流破煤岩。

缩放型喷嘴共有三部分组成，分别是收敛段、喉管及扩张段。收敛段压缩空气使气流从亚声速气体加速并在喉管速度达到声速，在喉管内部，气流的速度不再变化，即为当地声速，该部分对于磨料的稳定加速有十分重要的作用；在扩张段气体膨胀使得气体速度进一步增大。为此，在一维定常等熵流动的条件下，对缩放型喷嘴的截面面积变化对气流流动性能进行分析，得到缩放型喷嘴结构对于气体速度的影响。

喷嘴内一维定常等熵流指的是垂直于喷嘴轴线上的每个截面的气体参数保持均匀一致，并且不随时间变化的流动。由流体的连续性方程可知，对于不可压缩流体，喷嘴结构的收缩使流体加速，扩张段使流体速度降低。由于不可压缩流是亚声速可压缩流的一种极限状态，因此，在亚声速阶段流体的流速变化和此情况相似。对于超声速气流，结构刚好相反，在喷嘴的收敛段内，喷嘴截面积减小引起气流加速，在扩张时截面膨胀也使得气流加速。

由气体的连续性方程(流量公式)可知：

$$\dot{m} = \rho S v = \mathrm{cons}\ t \tag{1-1}$$

对式中取对数并微分可得：

$$\frac{\mathrm{d}\rho}{\rho} = \frac{\mathrm{d}S}{S} = \frac{\mathrm{d}v}{v} \tag{1-2}$$

式中　$\dot{m}$——流体的流量；

ρ——流体密度；

S——流体横截面积；

v——流体流速。

由动量方程可知：

$$\frac{dv}{v}+\frac{dp}{\rho}=0 \tag{1-3}$$

整理后得：

$$\frac{dv}{v}+\frac{dp}{\rho v^2}=0 \tag{1-4}$$

对于量热完全的气体满足：

$$a^2=\frac{v^2}{Ma^2}=kRT=k\frac{p}{\rho} \tag{1-5}$$

将式(1-5)代入式(1-4)可得：

$$\frac{1}{kMa^2}\frac{dp}{p}+\frac{dv}{v}=0 \tag{1-6}$$

式中 α——当地声速；

Ma——马赫数(气流速度与当地声速的比值)；

k——常数，取1.4；

R——气体常数，取287 kJ/(kg·k)；

T——当地温度。

流体能量方程的微分形式可以用下式表达，

$$c_p dT+v dv=0 \tag{1-7}$$

其中比热容 c_p 满足：

$$c_p=\frac{kR}{k-1}=\frac{a^2}{(k-1)T} \tag{1-8}$$

根据式(1-7)、式(1-8)可有：

$$\frac{dT}{T}+(k-1)Ma^2\frac{dv}{v}=0 \tag{1-9}$$

由气体的状态方程 $p=\rho RT$ 微分可得：

$$\frac{dp}{p}-\frac{d\rho}{\rho}-\frac{dT}{T}=0 \tag{1-10}$$

式(1-1)到式(1-10)即为考虑缩放型喷嘴截面面积变化时的一维定常等熵流动的基本方程。若将 dS/S 当成独立量，则可从以上的方程中得到压力、密度、温度、速度的变化率与截面面积变化率之间的关系。另外马赫数的定义为：

$$Ma=\frac{v}{a}=\frac{v}{\sqrt{aRT}} \tag{1-11}$$

对该式积分可得：

$$\frac{dMa}{Ma}-\frac{dv}{v}+\frac{1}{2}\frac{dT}{T}=0 \tag{1-12}$$

联立式(1-1)至式(1-12)，可以得到气体流动的参数变化量与截面积变化率 dS/S 的关系式为：

$$\frac{dv}{v}=-\left(\frac{1}{1-Ma^2}\right)\frac{dS}{S} \tag{1-13}$$

$$\frac{dp}{p}=\frac{kMa^2}{1-Ma^2}\frac{dS}{S} \tag{1-14}$$

$$\frac{d\rho}{\rho}=\frac{Ma^2}{1-Ma^2}\frac{dS}{S} \tag{1-15}$$

$$\frac{dT}{T}=\frac{(k-1)Ma^2}{1-Ma^2}\frac{dS}{S} \tag{1-16}$$

$$\frac{dMa}{Ma}=-\frac{1+\frac{k-1}{2}Ma^2}{1-Ma^2}\frac{dS}{S} \tag{1-17}$$

根据上述方程，可得到截面面积的变化对缩放型喷嘴其余参数的影响，该关系满足表1-1。

表1-1　喷嘴截面面积变化与气流参数变化关系

参数变化	收敛段 $dS<0$		扩张段 $dS>0$	
	$Ma<1$	$Ma>1$	$Ma<1$	$Ma>1$
dp/p	<0	>0	>0	<0
$d\rho/\rho$	<0	>0	>0	<0
dT/T	<0	>0	>0	<0
dv/v	>0	<0	<0	>0
dMa/Ma	>0	<0	<0	>0

表1-1清楚地反映了缩放型喷嘴的结构变化对于气体流动参数变化的影响。

(1) 当气流以亚声速进入时，即 $Ma<1$ 时，由式(1-13)可知 dv/v 与 dS/S 的符号相反；由式(1-14)可知 dp/p 与 dS/S 符号相同。因此，当流体以亚音速流动时，随着喷嘴面积的增大，气体的流速减小，压力逐渐增大。

(2) 当气流以超声速进入时，即 $Ma>1$ 时，dv/v 与 dS/S 的符号相同，dp/p 与 dS/S 符号相反。因此，当流体以超声速流动时，随着喷嘴截面面积的增大，气流的流速增加，压力逐渐降低。

(3) 当气流以声速进入时，即 $Ma=1$ 时，dv/v 与 dS/S 的变化率为零。即在喉管部分，气体的流速一直保持声速状态，不再变化。

通过以上分析可知，缩放型喷嘴的结构能够使气流由亚声速状态增加到超声速状态，在中间喉管部分气流的最大速度为声速。

1.2　射流流场结构

喷嘴出口自由射流段的流场结构与膨胀比有很大关系。膨胀比是喷嘴出口气体射流压强 p_1 与周围环境介质压强 p_a 的比值，即 $n=p_1/p_a$。当 $n<1$ 时，称为过膨胀状态；当 $n=1$ 时，称为完全膨胀状态；当 $n>1$ 时，射流一出喷口就在周围环境中发生膨胀，称之为欠膨胀状态。其中规定 $1<n<1.15$ 时为低度欠膨胀状态，当 n 值增至 2 以上，称之为高度欠膨胀状态[1]。

(1) 完全膨胀

当 $n=1$ 时，即 $p_1=p_a$，此时称为完全膨胀状态。气体在喷管中得到了完全膨胀，这是喷管的最佳膨胀状态，又称为设计状态。此时气体射流出喷管后，既不膨胀，也不压缩，而是平行射流；由于管内流动为超声速，当外界环境发生微小扰动时，扰动的传播速度(即声速)小于流动速度，扰动不能传进喷管内部，即喷管中的流动觉察不到外界反压的变化。

(2) 欠膨胀

高压气体从喷嘴喷出，其出口压力大于大气压，即 $p_1>p_a$，属于欠膨胀气体射流。由于气体没有完全膨胀，其能量未充分发挥，气体热能未能最大限度地转变为定向流动动能，其在喷嘴出口继续膨胀形成膨胀波。当气体射流处于低度欠膨胀状态，此时气流经历一系列的膨胀压缩过程，如图 1-1 所示。气体在流过膨胀波时，其流动方向会向外扩展，射流核心区范围增大。当压力低于环境压力时，膨胀波会在边界反射，从而形成一束压缩波；在压缩波的作用下，气流流动方向改为内聚，使其向轴线流动，使射流核心区边界收缩。而且经过压缩波以后气体的压力升高，当达到射流边界，由于边界的反射作用，压缩波转为膨胀波。其相对于第一个膨胀波，压力与大气压的比值减小，第二个膨胀波的压力比小于第一个膨胀波。当气流流过时，气体向外偏折的角度减小，因此第二个波节的边界要小于前一个波节。第二个膨胀波经边界的反射，形成的压缩波与水平方向的夹角减小，使气体流向轴线。因此第二个波节长度要小于第一个波节长度。随着膨胀波和压缩波的传播，压力比逐渐减小，因此压缩波与水平方向夹角逐渐减小。当压缩波近似于水平方向时，其压力接近于大气压，不会再由边界反射形成膨胀波，此时波节消失。图 1-1 中第六个波节，其方向已近于水平，在其后方没有波节产生，其速度逐渐衰减。在一定射流压力范围内，整个气体射流过程中共形成六个波节，而且波节是依次减小的，射流核心区是逐渐收缩的。

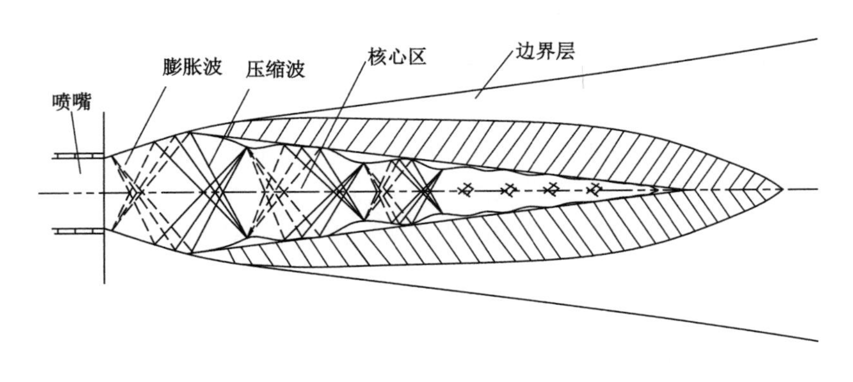

图 1-1 低度欠膨胀射流流场结构

当 n 值再增大时，射流首先在喷嘴出口产生膨胀扇区，由于气流在喷嘴出口处的压力仍然远高于周围环境压力，因此迅速膨胀。位于射流中央核心区的气流，首先经历快速的膨胀加速过程，形成马赫数突增的超声速流，而同时压力大幅度降低(远低于环境大气的压力)。这种膨胀波、反射激波与射流剪切层的相互作用，使超声速欠膨胀射流中激波结构不断重复。当 n 值增至 2 以上，就称之为高度欠膨胀射流。高度欠膨胀射流流场结构如图 1-2 所示。在初始段形成三条冲波共交的“马赫盘”结构，在到达“马赫盘”结构之前，气流全是膨胀流动区，压力迅速降低，而后伴随着“马赫盘”的产生。“马赫盘”的存在，是高度欠膨胀射流的特征之所在。

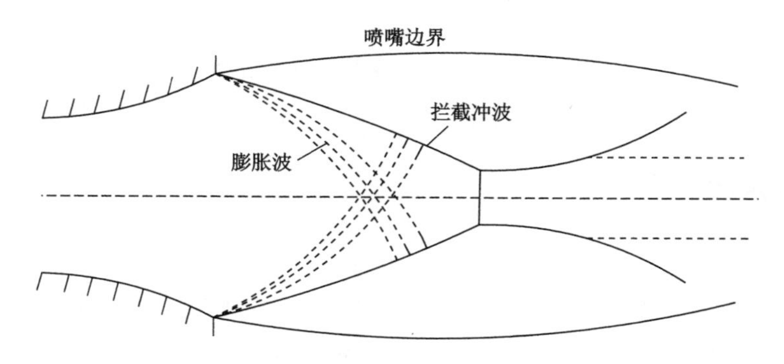

图 1-2　高度欠膨胀射流流场结构

(3) 过膨胀

当 $n<1$ 时，即 $p_1<p_a$，称为过膨胀射流。气体射流在流出喷口界面时，其静压已低于周围介质压强，此时气流一出喷口，由于受到周围介质的压迫，会因受扰动发出压缩冲波。当 n 值稍小于 1 时，低度过膨胀射流流场结构如图 1-3 所示。产生弱压缩波会在喷口首先形成锥形收缩波节，由于气流受到压缩作用，压强升高。由于压缩波相交仍产生压缩波，其后气流经压缩后使压强进一步提高，当压强增大至大于周围环境压力 p_a 时，此后的流场结构相当于低度欠膨胀射流。

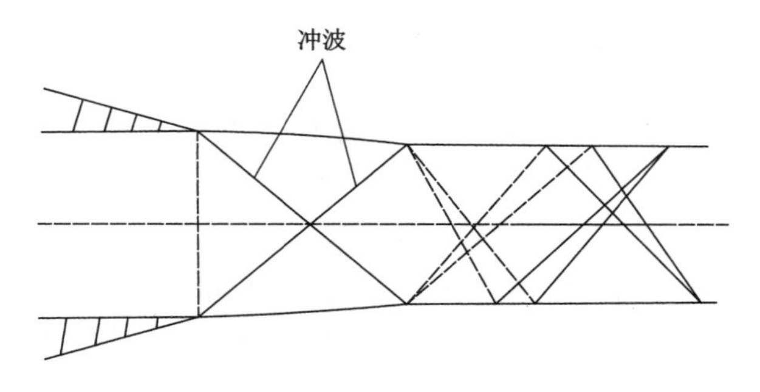

图 1-3　低度过膨胀射流流场结构

而当 n 值进一步减小时，即喷嘴出口截面的气流压强显著小于喷口外周围介质的压强，此时气流一出喷口就像遇到阻碍物，由于受压势必压强增大，压强提高的过程伴随着产生冲波，其波面形状一般是从喷口边沿上发出的收缩截锥形，称为马赫结构型冲波系。高度过膨胀射流流场结构如图 1-4所示。此斜激波在遇到射流边界后，发生反射，产生两道膨胀波

DF 和 EF，DE 面之后的流场的波系结构就和欠膨胀射流流场类似，呈“波节”结构。

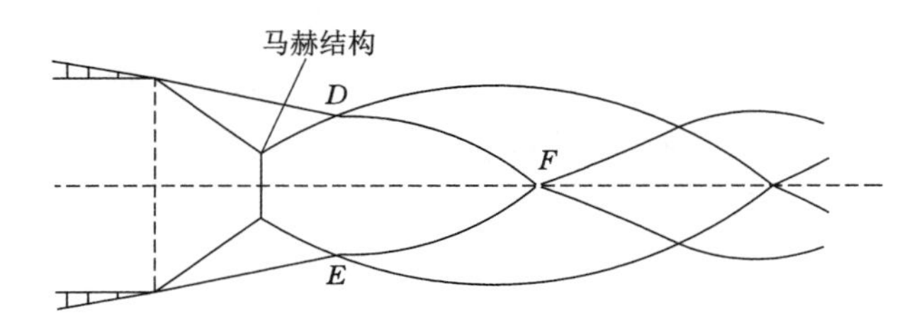

图 1-4　高度过膨胀射流流场结构

1.3　磨料加速和分布

磨料气体射流的冲击性能决定于磨料的冲击动能，磨料的冲击动能源于气体对磨料的加速。磨料的加速主要是在喷嘴内完成的，加速过程中磨料与气相之间的速度差存在较大的跨度，导致雷诺数变化较大，且加速过程中受力情况较为复杂。气体对磨料的加速可分为三个阶段：高压管道内加速、喷嘴内部加速和自由射流流场加速。磨料首先进入高压输送管而得到第一次加速，由于高压输送管内的气体流速度很低，磨料加速较慢。磨料的加速过程主要在收缩段、圆柱段以及射流的核心段内完成。在喷嘴入口处，磨料与气流保持速度平衡，两项速度差为零；在喷嘴收缩段内，磨料与气流的速度分布曲线相似，只不过磨料的速度总是落后于气流的速度，而且这个落差越来越大。磨料在喷嘴圆柱段内的加速度情况与收缩段内的正相反。粒子刚进入圆柱段时，其速度增加较快，但当粒子的速度增加到一定程度以后，其速度增加却极其缓慢。对于不可压缩流体，磨料粒子从喷嘴喷出时已经达到水流速度的 90%以上。而对于可压缩流体，由于自由射流流场段结构特征，等速核长度相对较长，磨料在自由射流段仍能够继续加速。目前对于磨料的加速研究方法主要分为两种，即基于单颗粒子受力和磨料群受力。

1.3.1　磨料受力

磨料加速过程中主要受到的力为：阻力、颗粒加速度力、流体不均匀力[2-7]。下面对这些力进行详细的分析。

1.3.1.1　阻力

所谓阻力是颗粒在静止流体中做匀速运动时流体作用于颗粒上的力。如果来流是完全均匀的，那么颗粒在静止流体中运动所受的阻力，与运动着的流体绕球体流动作用于静止颗粒上的力是相等的。在下面的论述中，对这两种情况不做严格的区分，但在利用运动流体作用于静止颗粒上的力来测量颗粒阻力时，必须设法使来流尽可能均匀。

（1）阻力计算的基本关系式

首先分析匀速、等温、不可压缩及流场尺寸无限大的理想流体（非黏性流体）绕球体流动的情况。由伯努利方程，得球面上的压强为：

$$p = p_{\infty} + \frac{1}{2}\rho_{f} v_{\infty}^{2} + \frac{1}{2}\rho_{f} v^{2} \tag{1-18}$$

式中　p_∞, v_∞——无限远处的流体压强和速度；

p, v——球面上的流体压强和速度。

由于
$$v=-\frac{2}{3}v_\infty \sin\theta$$

所以
$$p=p_\infty+\frac{1}{2}\rho_f v_\infty{}^2\left(1-\frac{4}{9}\sin^2\theta\right)$$

正如图 1-5 所示，球面上压强分布是对称的，作用于颗粒上的合力为零，即

$$F_d=\iint_\delta pn\,\mathrm{d}\sigma \tag{1-19}$$

式中　n——球面 σ 法线方向上的单位量。

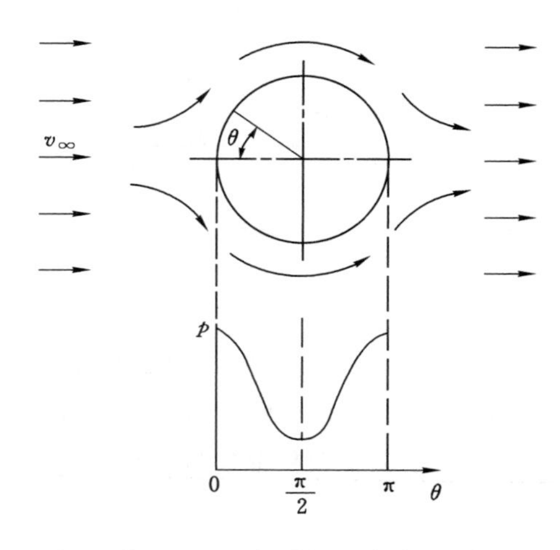

图 1-5　理想流体绕球形颗粒流动时颗粒表面上的压强分布

颗粒在理想流体中匀速运动时不受阻力，这就是流体力学中著名的达朗贝尔观点。

现在来分析匀速、等温、不可压缩及无限大流场的实际（黏性）流体绕球体流动时的情况。

由于流体有黏性，在颗粒表面有一黏性附面层，它在颗粒表面上的压强和剪切应力分布如图 1-6 所示。球面上的压强随 θ 的分布是不对称的，颗粒受到与来流方向一致的合力，称为压差阻力。另一方面，颗粒表面上的摩擦剪应力，其合力方向也与来流方向一致，称为摩擦阻力。因此，颗粒在黏性流体中运动时，流体作用与球体上的阻力有压差阻力和摩擦阻力组成。习惯上把阻力 F_d 的表达式写成：

$$F_d=C_D\frac{1}{2}\rho_f\left|v_f-v_p\right|(v_f-v_p)S \tag{1-20}$$

式中　v_f, ρ_f——分别为流体的速度和密度；

v_p——颗粒的速度；

S——颗粒的迎风面积；

C_D——阻力系数。

该式考虑了颗粒与流体间的相对运动，阻力 F_d 的方向与(v_f-v_p)的方向一致。

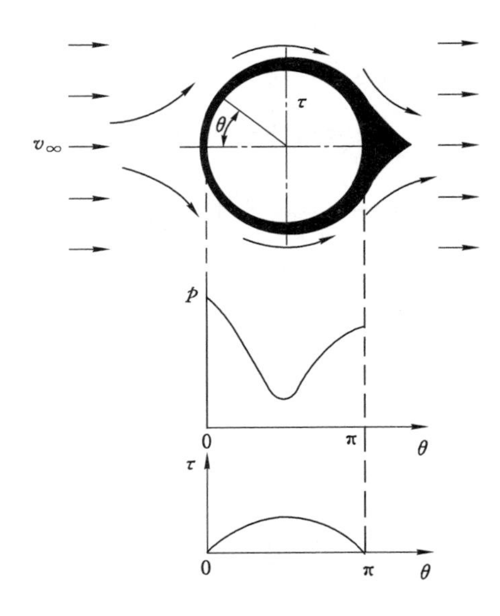

图 1-6　实际流体绕球形颗粒流动时颗粒表面上的压强和剪应力分布

（2）阻力系数

从理论上讲，阻力系数可以从不可压缩黏性流体绕球流动的纳维-斯托克斯（Navie-Stokes）方程的数值中获得。但由于球形颗粒表面的附面层非常复杂，只有极少数特殊情况可从方程组导出计算式。目前，阻力系数主要依靠实验来确定。下面先介绍若干理论结果，然后再介绍实验结果。

从理论上导出的计算公式主要有斯托克斯（Stoukes）定律和奥森（Oseen）公式。

Stoukes 定律　Stoukes 于 1850 年在理论上研究了匀速流体绕球流动。因流体速度很低，颗粒雷诺数 Re 很低，可忽略 Navier-Stokes 方程中的惯性项。他解得流体作用于球体上的力为：

$$
\begin{aligned}
F_{\mathrm{d}} &= 2\pi\mu r_{\mathrm{p}}(v_{\mathrm{f}} - v_{\mathrm{p}}) + 4\pi\mu r_{\mathrm{p}}(v_{\mathrm{f}} - v_{\mathrm{p}}) \\
&= 6\pi\mu r_{\mathrm{p}}(v_{\mathrm{f}} - v_{\mathrm{p}})
\end{aligned}
\quad (1\text{-}21)
$$

式中　μ——流体动力黏性系数

由式(1-21)可见，阻力中压差阻力占 1/3，摩擦阻力占 2/3，由于没考虑惯性项，阻力与 ρ_{f} 无关。

由阻力公式可得，阻力系数为：

$$
C_{\mathrm{Ds}} = \frac{24}{Re} \quad (Re < 1) \quad (1\text{-}22)
$$

式中　Re——颗粒雷诺数，$Re = \dfrac{2r_{\mathrm{p}}\rho_{\mathrm{f}}\,|v_{\mathrm{f}} - v_{\rho}|}{\mu}$。

式(1-22)称为 Stokes 定律，其适用范围为 $Re<1$，满足 Stokes 定律的流动称为斯托克斯流，C_{Ds}称为斯托克斯阻力系数。

Oseen 公式　Oseen 与 1910 年近似地考虑了惯性项，他得到流体作用于球体上的力为

$$F_d = 6\pi\mu r_p (v_f - v_p)(1 + \frac{3}{16}Re) \tag{1-23}$$

阻力系数为：

$$C_{Ds} = \frac{24}{Re}(1 + \frac{3}{16}Re) \quad (Re < 5) \tag{1-24}$$

该公式可改写为：

$$C_D = C_{Ds} f(Re)$$

式中，$f(Re)$为惯性效应修正因子，它是由惯性项引起的。对于奥森公式，$f(Re) = (1 + \frac{3}{16}Re)$

从实验得到的主要结果有牛顿(Newton)公式和标准阻力曲线。

Newton 公式　Newton 在 1710 年进行了球体以很大速度在不可压缩黏性流体中做匀速运动的实验。他得到流体作用于颗粒上的力为：

$$F_d = 0.22\pi r_p^2 \rho_f v_p \tag{1-25}$$

阻力系数为：

$$C_D = 0.44 \quad (500 < Re < 2 \times 10^5) \tag{1-26}$$

标准阻力曲线　经过大量实验得到的单个刚性球体在静止、等温、不可压缩及无限大流场的流体中做匀速运动时的阻力系数与雷诺数之间的关系(称为标准阻力曲线)，如图 1-7 中曲线 4 所示。图 1-7 中也示出 Newton 公式，Stokes 定律和 Oseen 公式的曲线。由图 1-7 可见，在这些公式的适用范围内，它们与标准阻力曲线基本一致。

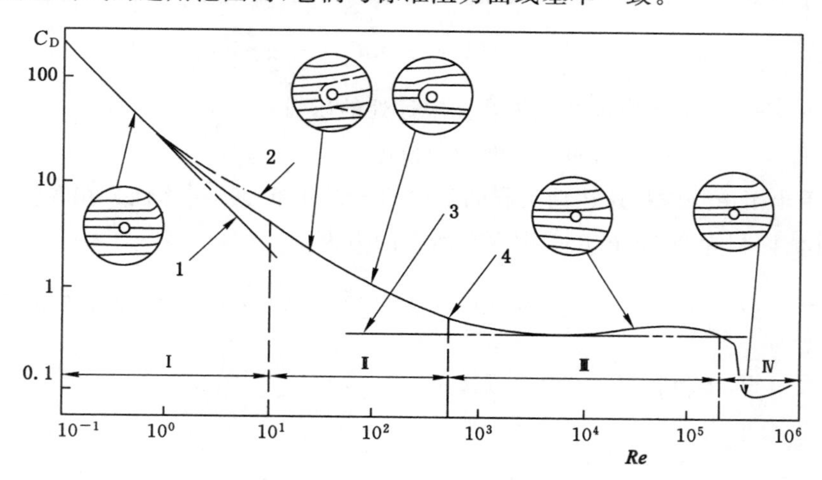

1—斯托克斯定律；2—奥森公式；3—牛顿公式；4—标准阻力曲线。

图 1-7　阻力系数与雷诺数的关系

C_D 随着 Re 的变化没有统一规律，难以用一个公式来精确地拟合。对于 $Re<0.2$ 的情况，可用 Stokes 定律；对于 $0.2 \leqslant Re \leqslant 800$ 的情况，可用下面的公式来拟合：

$$C_D = \frac{24}{Re}(1 + 0.15\, Re0.687) \tag{1-27}$$

C_D 随 Re 变化的情况复杂，这是由流体绕球流动时球表面附面层和尾流的复杂情况引起的。图 1-7 中示出了不同雷诺数时的流型图，由流型图可以把阻力曲线分成 4 个区域。

Ⅰ区（$Re<10$）：球表面为不脱体的层流附面层，尾流无脉动现象，C_D 随 Re 增加近似地按直线规律下降。

Ⅱ区（$10\leqslant Re\leqslant 500$）：球面上有层流附面层脱体，在脱体点下游形成旋涡和尾流，当雷诺数较小时，在球的后滞止点处形成小旋涡，当雷诺数较大时，涡的大小和强度进一步增长，甚至发生涡系振荡。随着 Re 增加，脱体点往上游移动，阻力曲线随 Re 增加而缓慢下降。

Ⅲ区（$500<Re<1.8\times 10^5$）：球表面上层流附面层脱体点基本上保持在从前滞止点算起的地方，涡系离开球体而形成尾流，C_D 随 Re 变化不大。

Ⅳ区（$Re>1.8\times 10^5$）：球面上存在由层流转换为湍流的附面层，附面层脱体点后移，这不仅使尾流较小，而且使球下游部分压力升高，从而大大地减小了阻力。

1.3.1.2 颗粒加速度力

颗粒加速度力是颗粒加速运动时流体作用于颗粒上的附加力。

（1）视质量力

前面已经指出，当球形颗粒在静止、不可压缩、无限大、无黏性流体中作匀速运动时，颗粒所受的阻力为零。但当颗粒在无黏流体中作加速运动时，它要引起周围流体作加速运动（注意：这不是由于流体黏性作用的带动，而是由于颗粒推动流体运动），由于流体有惯性，表现为对颗粒有一个反作用力。

颗粒在静止、不可压缩、无限大、无黏流体中作加速运动时，颗粒表面上的压强分布为：

$$p = p_\infty + \frac{1}{2}\rho_f {v_{p0}}^2 (1 + \frac{4}{9}\sin^2\theta) + \frac{1}{2}\rho_f r_p a_p \cos\theta \tag{1-28}$$

式中 ρ_f 和 p_∞——流体密度和流体在无限远处的压强；

v_{p0} 和 a_p——颗粒运动的初速度和加速度。

图 1-8 示出了由颗粒加速运动引起的附加的压强分布的不对称性。在颗粒表面上取一微元球台，其侧面积为 $2\pi^2 p\sin\theta d\theta$，则颗粒所受的力为：

$$\begin{aligned}
F_m &= -2\pi {r_p}^2 \int_0^\pi [p_\infty + \frac{1}{2}\rho_f {v_{p0}}^2 (1 - \frac{4}{9}\sin^2\theta) + \frac{1}{2}\rho_f r_p a_p \cos^2\theta]\cos\theta\sin\theta d\theta \\
&= -\pi {r_p}^3 \rho_f a_p \int_0^\pi \cos^2\theta\sin\theta d\theta \\
&= -\frac{2}{3}\pi {r_p}^3 \rho_f a_p
\end{aligned} \tag{1-29}$$

式中负号表示 F_m 与 a_p 的方向相反。

因此，颗粒在静止的无黏性流体中作加速运动，必须克服 F_m 力，即

$$F_m + F = m_p a_p$$

式中 F 是外加力。由此得：

$$\begin{aligned}
F &= (m_p + \frac{1}{2}(\frac{4}{3}{r_p}^3 \rho_f))a_p \\
&= (m_p + m')a_p
\end{aligned} \tag{1-30}$$

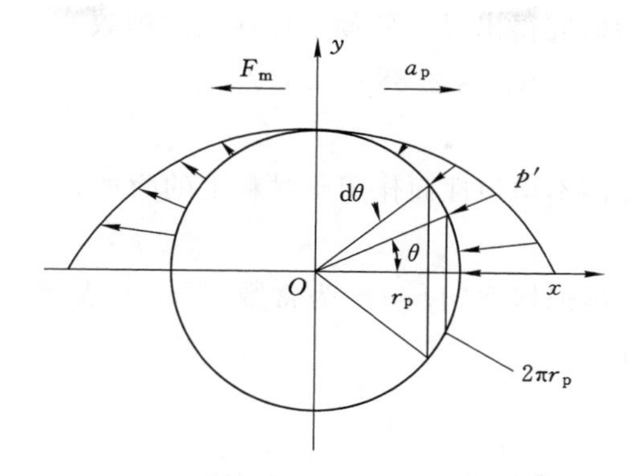

图 1-8　颗粒加速运动引起的颗粒表面附加的压强分布

式中　$m'=\frac{2}{3}\pi\cdot r_p{}^3\rho_f$。

所以，F_m 的作用好像是使颗粒质量增加了 m' 一样。因此，m' 称为视质量，它等于颗粒一半体积的流体质量，F_m 称为视质量力。对于相对运动和可压缩流体来说，视质量力可表示为：

$$F_m = \frac{2}{3}\pi\cdot r_p{}^3\rho_f \frac{d}{dt}(v_f - v_p) \tag{1-31}$$

实验表明，实际的视质量力比理论值大，视质量力一般写成：

$$F_m = K_m(\frac{4}{3}\pi r_p{}^3)\rho_f \frac{d}{dt}(v_f - v_p) \tag{1-32}$$

奥达(Odar)的实验指出，K_m 依赖于加速度的模数 a_c，其经验公式为：

$$K_m = 1.05 - \frac{0.066}{a_c{}^2 + 0.12} \tag{1-33}$$

其中 a_c 决定于气动力与产生加速的力之比，即

$$a_c = |v_f - v_p|^2/(2r_p \frac{d}{dt}(v_f - v_p))$$

对于 $\rho_{mf}\ll\rho_{mp}$ 的两相流动，$m'\ll m_p$，视质量力可以忽略不计。但对于 $\rho_{mf}\approx\rho_{mp}$ 的两相流动，视质量力的影响是很大的。

(2) 巴西特(Basset)加速度力

当颗粒在黏性流体中作直线变速运动时，颗粒附面层的影响将带着一部分流体运动，由于流体有惯性，当颗粒加速时，它不能立刻加速，当颗粒减速时，它不能立刻减速。这样，由于颗粒表面的附面层不稳定使颗粒受一个随时间变化的流体作用力，而且与颗粒加速历程有关。这个力是 Basset 首先提出的，称为 Basset 力。经推导得：

$$F_B = K_B\sqrt{\pi\mu\rho_f}\,r_p{}^2\int_{t_{p0}}^{t_p}\frac{1}{\sqrt{t_p-\tau}}(\frac{d}{dt}(v_f - v_p))d\tau \tag{1-34}$$

式中　t_{p0}——颗粒开始加速的时刻。

由式(1-34)可见，巴西特力的方向与颗粒的加速度方向相反。

Basset 经理论计算得出 $K_B=6$。

奥达(Odar)通过实验研究得出,K_B 依赖于加速度的模数 a_c,且其经验公式为:

$$K_B = 2.88 + 3.12/(a_c + 1)^3 \tag{1-34}$$

1.3.1.3 流体不均匀力

流体不均匀力是由流体不均匀性而作用于颗粒上的附加力。

(1) 压强梯度力

设颗粒所在范围内的压强梯度($\partial p/\partial x$)为常数,图 1-9 表示出了由于压强梯度引起的附加压强分布的不均匀性。

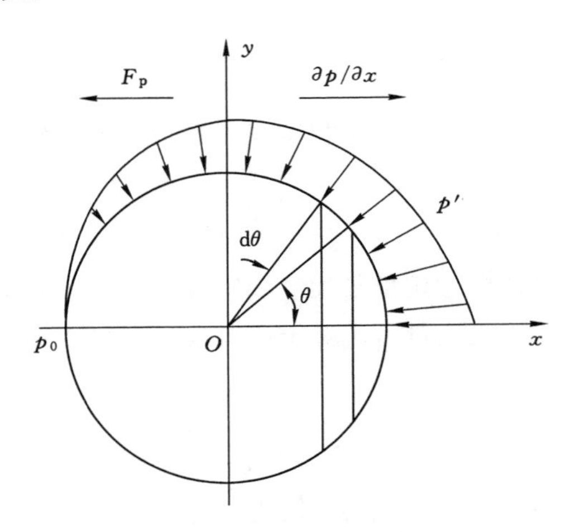

图 1-9 压强梯度引起的附加压强分布

设流体在($-r_p$,0)点的压强为 p_0,则颗粒表面由压强梯度引起的压强分布为:

$$p = p_0 + r_p(1+\cos\theta)\frac{\partial p}{\partial x} \tag{1-36}$$

流体作用在颗粒上的附加力为:

$$\begin{aligned} F_p &= -2\pi r_p{}^2\int_0^\pi \left(p_0 + r_p(1+\cos\theta)\frac{\partial p}{\partial x}\right)\cos\theta\sin\theta\mathrm{d}\theta \\ &= -\left(\frac{4}{3}\pi r_p{}^3\right)\frac{\partial p}{\partial x} \end{aligned} \tag{1-37}$$

因此,压强梯度力 F_p 的方向与压强梯度$\partial p/\partial x$ 的方向相反,其大小等于颗粒体积与压强梯度的乘积。

(2) 横向力(速度梯度力)

当颗粒在有横向速度梯度的管道中运行时,实验发现:颗粒趋于集中在离管道约 0.6 倍管半径的区域内。这说明作用在颗粒上有横向力。研究指出,作用在颗粒上有两种横向力:一种是马格努斯力(Magnus Force),另一种是滑移-剪切升力(Saffman Force)。

① 马格努斯力(Magnus Force)

流体横向速度梯度使颗粒两边的相对速度不同,可引起颗粒旋转。在低雷诺数时,旋转将带动流体运动,使颗粒相对速度较高的一边的流体速度增加,压强减小,而另一边的流体速度减小,压强增加,结果使颗粒向流体速度较高的一边运动,从而使颗粒趋于移向管道的中心。这种现象称为 Magnus 效应，使颗粒向管道中心移动的力称为 Magnus 力。

由于颗粒旋转作用于球形颗粒上的 Magnus 力为：

$$F_{ML} = \pi r_p^3 \rho_f \omega \times (v_f - v_p)(1 + 0(Re)) \tag{1-38}$$

式中　v_f——在球心测量的流体速度；

ω——球形颗粒旋转的角速度。

作用于球形颗粒上的力矩为：

$$M = -8\pi\mu r_p^3 \omega(\omega + 0(Re)) \tag{1-39}$$

② 滑移-剪切升力(Saffman Force)

萨夫曼(Saffman)研究指出，颗粒在有横向速度梯度的流场中，由于 A 处的速度比 B 处高，即使不旋转也将承受横向升力。当颗粒以低速度 v_p 沿流线通过简单剪切无限流场时，除了受斯托克斯阻力以外，还受到一个附加横向力。

1.3.2　颗粒群模型

基于单颗磨料进行受力分析磨料的运动时，均将阻力系数这一关键参数当常数处理，且未考虑巴西特力对磨料加速的影响，对磨料加速机理的描述不够完善。利用多相流动理论对磨料粒子的加速进行了研究，主要采用的理论模型如下[8-13]。

1.3.2.1　无滑移连续介质模型

无滑移连续介质模型[14]是英国帝国理工学院斯波尔丁(Spalding)教授在 20 世纪 70 年代提出的，其基本假设条件是：

(1) 颗粒群按固定尺寸分组，不同尺寸组归属不同的相，各相的温度和物质密度均相等。

(2) 颗粒相的时均速度等于流体的当地速度，颗粒相与连续相之间不存在相对速度，即相间滑移速度为零。

(3) 将颗粒相看作具有湍流扩散性质的连续介质，各颗粒相的湍流扩散系数相等，并且等于流体的扩散系数。

(4) 相间的质量、动量和能量交换类似于流体混合物中各组分间的作用，忽略颗粒相与连续相之间的阻力。

应用上述假设后，多相流体就可以采用与单相流体相类似的方法进行处理，根据连续性假设和单相流体的运动微分方程组就可以得到各相应满足的连续性方程、动量方程和能量方程。

斯威森班克(Swithenbank)等利用无滑移模型计算了涡轮发动机燃烧室中旋转回流三维液雾的燃烧过程，吉布森(Gibson)用该模型对轴对称突扩有回流煤粉燃烧进行了数值计算，得出了一些有益的结论[23]。这都为定性探讨工程实际中的多相流动问题提供了依据。

无滑移连续介质模型处理方法简单，计算方便，无须重新编制颗粒相的计算程序，只需对原有的流体相计算程序进行部分修改，添加计算颗粒源项的部分即可；但该模型没有考虑颗粒相与流体相之间的速度滑移以及相间作用力，这同实际的多相流动情况差异很大，目前这种模型已经很少使用了。

1.3.2.2 小滑移连续介质模型

20世纪60年代末，苏绍礼(S. L. Soo)[15]提出了模拟多相流动的小滑移连续介质模型，后来德鲁(Drew)[25]对小滑移连续介质模型进行了更多细致的描述。无滑移连续介质模型并非认为颗粒相与流体相之间不存在滑移，实际上颗粒相与流体相的瞬时速度并不相等，而是颗粒相与流体相的时均速度相等，颗粒相对于流体相存在湍流扩散，所以其本质也是一种小滑移模型。但Soo和Drew的小滑移模型比Spalding的无滑移模型考虑了更多的因素，其基本假设条件是：

(1) 颗粒群看作连续介质并按当地尺寸分组，不同的组为不同的相。

(2) 同一相具有相同的速度、温度、物质密度和颗粒直径。

(3) 颗粒相的速度不等于流体相的当地速度，颗粒相之间的速度也不相等，各相间存在相对滑移。

(4) 颗粒运动是由流体的运动引起的，颗粒相的滑移是颗粒相的湍流扩散所致。

根据上述假设条件，类似于多组分流体混合物的运动方程组，就可以建立起小滑移连续介质模型的运动方程组。Soo[16]利用该模型分别对反应堆冷却、流化床燃烧以及旋风除尘器中的流动进行了研究。同无滑移连续介质模型相比，小滑移连续介质模型考虑了颗粒相与流体相之间的速度滑移和温度滑移，更接近实际情况。但是在考虑相间滑移时这种模型仍然将颗粒相的滑移看作湍流扩散的结果，这同实际工程应用中的多相流动问题存在较大差别。

1.3.2.3 滑移-扩散颗粒群模型

无滑移模型或小滑移模型都假设相间不存在相对速度，但是实验研究表明，流体相与颗粒相以及不同尺寸颗粒群之间的滑移不仅是湍流扩散的结果，而且是由于相间所存在的时均速度差。通常，在多相流动中颗粒群既有沿着轨道的滑移运动，又有沿轨道两侧的扩散运动，并且前者比后者更重要。以气固燃烧炉为例，煤粉在炉内喷嘴出口处其速度和气流速度之比为0.95～0.98[13]，这时气流的拖曳力使煤粉作加速运动。同样，在煤粉输送管道中煤粉颗粒也不会加速到气流速度，它们之间总存在一定的相对速度。滑移-扩散颗粒群模型就是针对这种多相流动的实际情况而提出的，其假设条件为[17,18]：

(1) 各相初始动量的不同所引起的时均速度的差异是造成滑移的主要原因。

(2) 扩散飘移对相间滑移的贡献可以忽略。

(3) 流动空间各点上各相的速度、颗粒相尺寸和温度等物理参数均不相同。

滑移-扩散颗粒群模型不仅考虑了颗粒相的湍流扩散，而且考虑了相间由于初始动量不同所引起的时均速度滑移，能够比较全面地考察和研究多相流动。但是这种模型的计算量很大，当颗粒相输较多时，数值求解十分困难。

1.3.2.4 分散颗粒群模型

上述3种多相流动模型都是在欧拉体系中考察颗粒群和流体的运动，这样可以采用统一的形式和求解方法来处理流体相和颗粒相。但是，在处理颗粒初始尺寸不均匀以及颗粒尺寸不断变化的多相流动(如煤粉在炉内的运动和燃烧过程)过程中，上述模型的计算方法十分复杂，计算工作量巨大。对于炉内煤粉的运动情况，煤粉颗粒的体积分数并不大，即颗粒群较稀。这时,按体积平均而选择的控制体积同流场尺寸相比无法满足宏观足够小、微观足够大的条件,这种情况下连续性假设就失效了。为此,克罗(Crowe)[19]和斯穆特(Smoot)等[20]提出了分散颗粒群模型,并推导了该模型的数值求解方法(PISC算法)。该算法在Euler坐标系中考察流体的运动,而在Lagrange坐标系中研究颗粒群的运动情况。

1.4 磨料冲蚀磨损

1.4.1 磨料冲蚀磨损影响因素

高压磨料气体射流采用高压气体加速磨料粒子,形成高速磨料气体射流冲蚀煤岩,其本质为固相颗粒冲蚀磨损造成煤岩体的冲蚀破坏。冲蚀磨损的影响因素较多,总结其作用过程,影响因素主要体现在两个阶段,一个为气体-磨料的加速段,另一个为磨料-靶体的冲蚀段。磨料的加速段为磨料提供冲击动能,流动特征为气固两相流;磨料的冲蚀段为磨料冲蚀靶体的作用阶段,其主要体现为磨料气体射流的能量与靶体破碎能的转化[21]。

针对磨料气体射流磨料加速过程分析,为了达到较好的加速效果,采用缩放型喷嘴[22,23];根据颗粒动力学理论,在流-固两相流动加速中对磨料加速主要影响因素为磨料密度、磨料粒径、气体压力[24,25]。前人做了大量的实验研究,研究表明随气体压力的增加,射流的冲蚀能力逐渐提升,但冲蚀能力增加的比例逐渐减小,即随气体压力的增大,冲蚀能力在一定范围内呈比例增大[26,27]。通过对磨料密度和粒径的研究表明,当磨料粒径过小或过大时,改变磨料密度并不能有效地改变冲蚀效果;同样,当磨料密度过小或过大时,改变磨料粒径也不能有效改变冲蚀效果[28]。其主要原因为磨料粒径、密度过小或过大时,磨料不能得到充分加速[29],使得粒子冲击动能较小。随粒径、密度的组合趋于最优,磨料得到充分加速;冲击动能相应增加,使磨料作用靶体的冲击载荷增加;从而加速了靶体表面裂纹的形成与扩展,形成较好的冲蚀效果;当磨料粒径、密度继续增加,气相加速中质量大的粒子不易加速,导致磨料速度减少,即相应冲击动能减少,冲蚀效果下降。

针对磨料气体射流冲蚀段分析,根据国内外研究现状,主要研究都围绕以下几个因素展开:入射角、扩散角、冲击动能、磨料特性、温度、时间、靶体材料性能[30,31]。磨料气体射流其冲蚀过程并不是单一的入射磨料冲蚀效果,磨料粒子以固相颗粒射流冲蚀,其中不仅有入射磨料冲蚀作用,还存在反射磨料的作用,是一个错综复杂的冲蚀过程[32,33];即冲蚀过程是入射磨料和反射磨料不断循环往复的过程,射流的冲蚀形态与蒂莉(Tilly)提出的二次冲蚀理论相一致[34]。当射流冲蚀在靶体表面时,会产生水平作用和垂直作用,对于脆性材料而言,磨料以小角度冲蚀靶体主要产生切削和犁削损伤为主,磨料以大角度冲蚀靶体时,更多地以"挤压成片"的压裂破坏为主[35,36]。由于反射磨料未及时反射出射流区域,在冲蚀作用面上方形成一定的"沙垫效应"。"沙垫"会对冲蚀工作面形成一层保护膜,阻碍入射粒子的冲蚀。"沙垫效应"的阻碍效果和区域受到射流形态的影响,从而射流扩散角对冲蚀效果具有一定的影响,扩散角过大或者过小,导致粒子冲蚀能量过于分散或集中,所形成的"沙垫"阻碍能力和影响范围不一致;射流能量分散虽然导致冲蚀面扩大,但部分小能量磨料不足以破坏或者嵌入岩石[37];能量过于集中则会造成更多的粒子垂直反射,加大了反射磨料对入射磨料碰撞，也会阻碍射流冲蚀效果[38]；即扩散角过大或过小，二者均不能形成较优的冲蚀效果[39,40]。对于磨料气体射流入射角，大量实验研究表明，入射角对射流剥蚀效果具有一定的影响；对于塑性材料，如金属材料的冲蚀，随入射角的增大，冲蚀效果逐渐增大后减小，在30°时冲蚀率达到最大；对于脆性材料的冲蚀，垂直角度的入射其冲蚀率最大，随入射角的减小，冲蚀率逐渐降低[41,42]。因为塑性材料和脆性材料的冲蚀磨损机理不同，塑性材料是磨料不断冲击，造成塑性变形累加致使靶体破坏脱落；而脆性材料则是主要以压痕断裂破碎为主的破坏形式。从而对于塑性而言，沿冲蚀方向的不断犁削，更容易造成靶体的脱落；而脆性材料则是主要以垂直冲击，使得磨料垂直分量的冲量最大，更容易压裂破碎靶体。

磨料气体射流的冲蚀磨损效果，不仅与射流束的形态有关，还与磨料粒子的冲蚀特性有关。单独分析磨料粒子与靶体材料的冲击接触，磨料的冲蚀效果还将受到磨料形状的影响；不同形状的磨料粒子其接触方式不同，造成靶体破坏的类型和程度不同；随磨料棱角的尖锐，其压入靶体的深度增加，使得该磨料的冲蚀能力较优[43,44]，虽然通过实验已经证明磨料粒子的棱角相对尖锐，形成的冲蚀效果更加明显，形成的冲蚀面更粗糙，但是对于磨料形状与冲蚀能力的影响程度尚未明确。同时磨料硬度也影响了磨料的冲蚀特性，研究表明磨料与冲蚀对象的硬度比值越大，其冲蚀效果越好；但是对于磨料硬度的研究，还需要考虑磨料破碎的问题，以及破碎后的磨料二次冲蚀和“沙垫效应”的问题，从而对于磨料硬度而言，应该归纳到冲蚀能量分布的综合问题当中。

综上所述，高压磨料气体射流受到较多参数的影响，为建立准确的磨料气体射流冲蚀模型，需要先明确磨料粒径、磨料密度、气体压力对磨料粒子加速的影响以及射流扩散角、入射角、磨料形状对冲蚀效果的影响及其规律性。

1.4.2 磨料冲蚀理论及冲蚀模型

磨料气体射流作用属于固相颗粒冲蚀现象，通过其影响因素分析，其因素诸多且复杂。截至目前，研究者们提出了很多的冲蚀理论以及冲蚀模型，然而仍没有一种冲蚀理论可以全面的解释冲蚀的内在机理，仍需要进一步的深入研究并完善冲蚀模型[45,46]。目前常用的冲蚀模型如下。

（1）微切削理论及其冲蚀模型

1958年，芬尼（Finnie）提出了塑性材料的微切削理论，认为磨料通过棱角的切削造成材料的磨损损伤；同时第一次定量表述了材料冲蚀体积与冲蚀因素之间的关系。芬尼（Finnie）通过实验得出磨料冲蚀体积正比于磨料粒子的冲击动能，与靶体材料的流动动能成反比，且与冲击角度成一定的函数关系，并建立了微切削理论的冲蚀模型[47,48]，该模型从单颗磨料动能以及冲蚀角度研究了固体颗粒对材料表面的冲蚀磨损。

$$v_p = \frac{m_p u^2}{p\psi\lambda}\left[\sin(2\alpha) - \frac{6}{\kappa}\sin^2(\alpha)\right] \quad \tan\alpha \leqslant \frac{\kappa}{6} \tag{1-40}$$

$$v_p = \frac{m_p u^2}{p\psi\lambda}\left(\frac{\lambda\cos^2\alpha}{6}\right) \quad \tan\alpha \geqslant \frac{\kappa}{6} \tag{1-41}$$

式中 m_p——单颗磨料质量；

u——磨料速度；

p——气体压力；

ψ——接触深度和切削深度之比；

λ——磨料竖直方向和水平方向分力的比值；

α——磨料冲蚀角。

（2）变形磨损理论及模型

1963年，比特（Bitter）提出了变形磨损理论，认为冲蚀磨损可由两部分组成，即变形磨损和切削磨损。当磨料粒子冲击应力不足以压裂靶体表面时，磨料会造成靶体的变形，受到磨料反复冲击，当变形程度增大到一定程度时，靶体表面形成屑片脱落；反之当磨料冲击应力足够大时，造成靶体表面起裂破坏或磨料嵌入靶体内部挤压材料形成火山口状堆积变形[49]。Bitter基于单颗磨料，从能量角度出发考虑弹性碰撞能量平衡，区分了脆性材料以及弹塑性材料的冲蚀磨损，并提出了变形磨损量和切削磨损量模型；其中变形磨损模型如式（1-42）所示；切削磨损模型如式（1-43）和式（1-44）所示。

$$v_{\mathrm{pt}} = \frac{1}{2}\frac{m_{\mathrm{p}}\,(u\sin\alpha - u_0)^2}{\delta} \tag{1-42}$$

式中　u_0——发生冲蚀磨损的表面方向速度分量临界值；

δ——形变磨损系数（磨损单位体积材料所需要能量）。

对于切削磨损模型，Bitter从反射磨料是否具有水平速度分量考虑了两种情况：一个为反射磨料仍存在水平速度分量，如式（1-43）所示；另一个为反射磨料没有水平速度分量，磨料垂直冲蚀面反射，如式（1-44）所示。

$$v_{\mathrm{pc1}} = \frac{2m_{\mathrm{p}}u\,(u\sin\alpha - u_0)^2}{(u\sin\alpha)^{1/2}}\left[u\cos\alpha - \frac{C\,(u\sin\alpha - u_0)^2}{(u\sin\alpha)^{1/2}}x\right] \tag{1-43}$$

$$v_{\mathrm{pc2}} = \frac{m_{\mathrm{p}}\left[u^2\cos^2\alpha - u_0\,(u\sin\alpha - u_0)^{3/2}\right]}{2x} \tag{1-44}$$

式中　C——恒定流变应力；

x——切削磨损系数（发生切削磨损所需的能量）。

总冲蚀磨损率是两种机理产生的冲蚀磨损总和，从而得到：

$$v_{\mathrm{p}} = v_{\mathrm{pt}} + v_{\mathrm{pc1}} + v_{\mathrm{pc2}} \tag{1-45}$$

（3）尼尔森（Neilson）和吉尔克里斯（Gilchrist）改进的冲蚀理论及模型

1968年，Neilson和Gilchrist利用对弹塑性以及脆性材料冲蚀实验，分析了脆性材料（玻璃）和塑性材料（铝）的冲蚀规律[50]，并结合Finnie和Bitter的冲蚀模型进行了改进，整合了两种模型的优点，将Finnie模型中对于冲蚀角度的分析整合到Bitter的冲蚀模型当中，改进后的模型对于指定磨料冲击塑性材料和脆性材料的冲蚀规律预测较为准确，得到其变形磨损以及切削磨损的冲蚀率方程为：

$$v_{\mathrm{pt}} = \frac{m_{\mathrm{p}}\,(u^2\cos\alpha^2 - u_{\mathrm{r}}^2)}{2x} + \frac{m_{\mathrm{p}}\,(u\sin\alpha - u_0)^2}{2\delta} \quad \alpha < \alpha_{\mathrm{p0}} \tag{1-46}$$

$$v_{\mathrm{pc}} = \frac{m_{\mathrm{p}}u^2\cos\alpha^2}{2x} + \frac{m_{\mathrm{p}}\,(u\sin\alpha - u_0)^2}{2\delta} \quad \alpha > \alpha_{\mathrm{p0}} \tag{1-47}$$

式中　u_{r}——水平速度分量。

（4）绝热剪切与变形局部化磨损理论及模型

1979年，哈钦斯（Hutchings）采用钢球冲击金属材料实验，利用高速摄像机拍摄了磨料粒子运动过程，并估算了冲蚀时靶体材料的应变率[51]。通过实验观测，指出在高应变率情况下，材料温度升高很快，首先是使变形过程绝热化，然后是变形的局部化形成绝热剪切带。通过公式化冲击颗粒与金属表面间的能量守恒方程，提出了如下模型：

$$v_p = 0.033 \frac{\alpha \rho_t p^{0.5} u^3}{\sigma_c^2 H_t^{1.5}} \tag{1-48}$$

式中 ρ_t——靶体密度；

σ_c——形成唇片的临界应力；

H_t——靶体硬度。

（5）二次冲蚀理论

1973年，Tilly用高速摄像机技术和电子显微镜技术研究磨料破裂对塑性材料冲蚀的影响，提出了二次冲蚀理论[52]。他认为，随着磨料的冲蚀，部分磨料会发生破碎，破碎的磨料对冲蚀坑周围将产生二次冲蚀；部分未破碎的磨料形成反射磨料，反射磨料撞击靶体也会形成一定程度的二次冲蚀。并指出，当磨料类型一致的情况下，颗粒破裂程度一定，即二次冲蚀对于射流的影响程度不变。通过实验结果表明，采用容易破碎的软磨料，随磨料破碎程度的增大，其冲蚀率有所降低。

（6）低周疲劳冲蚀理论

1981年，利维（Levy）提出了薄片剥落磨损理论，该理论很好地解释了塑性材料的冲蚀现象，中国矿业大学的相关学者提出了以低周疲劳为主的冲蚀理论[53]。该理论认为：在90°冲击角度下，对于脆性材料，磨料的冲击作用材料产生相应的变形，当变形足够大时，材料的表面和亚表面会形成裂纹而剥落导致材料损失，类似于薄片剥落磨损理论；对于塑性材料，粒子冲击在材料表面，产生较大的塑性变形能，这种变形能大部分都转化为热能，而大多冲击变形是绝热的，因此这种热能会使变形区的温度升高，可能产生变形局部化或绝热剪切，当变形区的积累应变量达到一定程度时，材料便会脱离形成磨屑。低周疲劳理论同Bitter所提出的变形磨损理论相较而言同样提出了两种磨损方式，不同的是低周疲劳理论包含了温度的影响。其表达式为：

$$v_p = f(\Delta V_d, \varepsilon_p, \varepsilon_c) \tag{1-49}$$

式中 ΔV_d——变形体积；

ε_p——材料在一定变形体积的平均应变；

ε_c——材料的临界变形破坏应变。

（7）部分冲蚀磨损经验模型

1994年，阿勒特（Ahlert）基于不同磨料形状和冲击角对干、湿碳钢冲蚀实验，提出了冲蚀磨损速度的经验模型[54]：

$$v_p = 2.17 \times 10^{-7} (BH) - 0.59 F_s v_p^{2.41} F(\alpha) \tag{1-50}$$

$$F(\alpha) = \sum_{i=1}^{5} A_i \alpha^i \tag{1-51}$$

式中　B——位移指数；

$F(\alpha)$——磨料冲击角度函数；

A_i, F_s——根据实验参数。

2005 年，奥卡(Oka)等也提出了类似于 Ahlert 冲蚀磨损方程的经验模型，考虑了靶体材料硬度、磨料直径和磨料形状和硬度，其模型表达式为[55]：

$$v_{p(90)} = K_p (H_t)^{k_1} (u_p)^{k_2} (d \times 10^{-6})^{k_3} \tag{1-52}$$

$$f(\alpha) = (\sin \alpha)^{n_1} [1 + H_t (1 - \sin \alpha)]^{n_2} \tag{1-53}$$

$$v_p = f(\alpha) v_{p(90)} \tag{1-54}$$

式中　k_1, k_3——经验参数；

k_2——磨料硬度和形状的函数；

K_p——独立的磨料属性(形状、硬度)指数。

综上所述，前人做了大量的研究并提出了一系列的冲蚀磨损机理以及相应的冲蚀模型。整体看来，对于固相颗粒冲蚀磨损方面，其中影响因素众多，且不易定量化分析，磨料的冲蚀磨损机理对于冲蚀靶体材料的不同也存在一定的差异[56]。从最开始 Finnie 的微切削理论，到低周疲劳理论；主要考虑的冲蚀因素有磨料密度、磨料粒径、磨料速度、气体压力，其中在提出“二次冲蚀”模型之前还考虑了单颗磨料的冲蚀角度；在 Tilly 提出“二次冲蚀”的概念之后，对于磨料气体射流就需要考虑射流入射角以及扩散角的影响。

总结诸多冲蚀理论，其中统一的观点为：① 不同靶体材料的冲蚀磨损机理不同，主要分为弹塑性材料和脆性材料；对于弹塑性材料而言，主要受到磨料不断的剥蚀磨损，使材料表面累计形变造成材料的脱落损伤；对于脆性材料而言，则是受到磨料粒子冲击压裂，形成细微裂纹贯穿造成材料的流失[57]。② 磨料的冲蚀能量决定了磨料的冲蚀能力，冲击动能越大的磨料其冲蚀效果越强；同时磨料的形状也影响了其冲蚀能力，Oka 提出的经验方程中就指出，K_p 为磨料属性(形状、硬度)数值，随该参数的增大，其冲蚀率成一定比例上升，即在磨料不破碎的情况下，随磨料形状参数的增大，冲蚀率逐渐增大。③ 对于冲蚀模型而言，冲蚀颗粒和冲蚀靶体材料力学参数的确定，是冲蚀模型适用性的关键。

可见，这些冲蚀模型都具有其局限性。局限性主要反映在两个方面：一个为上述冲蚀模型大多建立在单颗磨料粒子的基础上，Tilly 提出的二次冲蚀理论也是建立在高速摄像技术的基础上对于单颗磨料的研究并推导射流的冲蚀形态，并不能准确的预测射流冲蚀现象；另一个为冲蚀模型均表述了特定的磨料以及特定靶体的冲蚀现象，对于脆性材料参数的求取已成为模型建立的关键[58-60]。这些问题均是冲蚀研究中迫切需要解决的问题。

针对高压磨料气体射流以射流束形式作用，冲蚀对象煤岩体又属于典型的脆性材料[61-64]，从而需要建立一个综合考虑射流影响因素和靶体属性的数值冲蚀模型。目前冲蚀磨损领域，数值模拟分析方法已成为解决冲击破碎、材料断裂等复杂问题的有效手段[65, 66]；可以充分分析磨料粒子的状态参数和射流形态，并采用实验手段进行验证和修正；得到一个适合于高压磨料气体射流的冲蚀模型。

1.5 磨料冲击破坏

通常对射流破煤岩机理的研究是从静载荷加载和动载荷加载两种路径开展。基于静载荷加载研究[67-70]，认为流体及磨料接触、冲击靶体料的过程属于定常载荷加载，岩石受到的平均作用力不会急剧增加或降低，可将射流破煤岩过程做准静态化处理，并提出当射流平均作用力大于门限压力时，岩石会发生破坏。其中，代表理论是准静态弹性破碎理论[71,72]，该理论认为射流对煤体冲击作用与集中荷载对半空间弹性体的加载相似，其内部应力分布相同，在冲击区正下方某一深处将产生最大剪应力，冲击接触区边界周围产生拉应力，由于煤体抗拉、抗剪强度远小于其抗压强度，虽然冲击产生的压应力达不到煤体抗压强度，而拉应力和剪应力却分别超过了煤体的抗拉和抗剪的极限强度，导致煤体破坏。该理论可用于射流平均压力大于岩石抗压强度 1/2 的情况。此时，内部产生的剪应力就基本可达到岩石的抗剪破坏强度使岩石产生裂纹，但岩石破碎速度很慢，只有射流压力再增加，岩石破碎的比能才会下降。基于动载荷加载研究[73-76]，认为射流破煤岩过程是一个涉及诸多因素的非线性冲击动力学问题，需从流体在作用靶体材料过程中的变化以及岩石中微结构损伤积累的过程耦合研究。其中，具有代表性的理论有气蚀(空化)破碎理论[77,78]以及应力波破碎理论[79-81]。空蚀破岩理论就是蒸汽或空气的空穴气泡在固体表面瞬间破灭，产生极高的瞬时压力，在射流的不断溃灭的空泡产生的极高压力反复冲击作用下，固体表面产生破坏。该理论成功解释了空化水射流破煤岩效果优于水射流，但气体射流与水射流不同，气体射流不具有气蚀、渗流作用。应力波破碎理论认为，在射流作用下，被冲击区在强大压缩波的作用下处于绝对受压状态，直到射流向外作径向流动，作用在固体表面的压力才由峰值压力降至滞止压力，由于压力急剧下降，压缩波被反射后形成强大的径向拉力，当拉力值超过岩石的抗压强度时产生裂纹。应力波产生的破坏主要发生在脆性物体内，冲击速度越大，应力脉动时间越长，裂纹越有充分的时间扩展，产生破坏的程度也就越大；冲击速度越小，应力脉动时间越短，裂纹的长度也比较短，破坏的程度就越小。当射流速度超过门限速度时，均质岩石的应力-应变值会出现以射流作用点为中心向煤岩内部呈规律性变化的形式，即应力波效应[82,83]。高压磨料气体射流破煤岩时，高频、高速的磨料粒子束是以冲击动载荷的形式加载于煤岩体，且在整个冲蚀过程中气体与磨料粒子始终伴随着速度和应力的脉冲变化，产出反复加载的效果。根据应力波破碎理论，当磨料速度大于门限速度时，能量会以应力波的形式在煤岩体内传播。因此，本书对高压磨料气体射流破煤岩的机理研究是基于应力波破碎理论。

1.6 应力波传播规律研究现状

磨料气体射流冲击过程中磨料粒子束以瞬时动载荷形式作用于煤岩体。由于煤岩体具有惯性效应，瞬时载荷携带的部分能量，会以应力波形式迅速在煤岩体内传播并耗散[84]。所以，应力波传播、衰减规律受冲击载荷和靶体材料特性共同影响[85-87]。冲击载荷的应力幅值、延续时间决定了入射波能量，冲击频率、冲击速度影响了材料应变率，进而会影响到了应力波传播过程中的能量耗散。目前，对于应力波传播及能量耗散规律的研究主要是依据霍普金森压杆实验[88]。霍普金森压杆实验是通过活塞柱为岩石提供不同波形、不同延续时间的入射波，再利用入射杆与透射杆的应变值变化反应岩石在应力波加载过程中的能量耗散。相关研究表明[89-94]，应力波加载岩石过程中，岩石吸收的能量存在有一定临界入射应力值，当入射应力小于该值时，即使应力波延续时间再长岩石也没有丝毫损伤，当入射应力大得足以在单次冲击下破碎岩石时，每一次入射应力下均存在有与其对应的临界应力延续时间。当超过临界延续时间时，岩石破坏强度和吸收能量只与应变率有关，且不同加载波形对应的岩石破坏能量阈值不同。因此，对于研究磨料射流应力波传播规律时要考虑到磨料粒子束加载靶体的入射波形以及冲击载荷的速度、频率、压力幅值。除此之外，应力波的表达形式及其传播规律要受介质材料的力学性质影响[95]。冲击动载荷作用下材料动态响应的本构关系具有应变率效应，即呈现率相关性[96]。通过对岩石材料在高应变率加载下的研究发现，材料的动态响应模型中应包含有描述应变、应变率、塑性功引起的温度上升和加载、卸载路径等影响的部分[97-99]。其中代表模型包括有黏弹性连续损伤模型和统计损伤时效模型[100-102]。上述高应变率下的岩石破坏模型中均是把岩石当作均质体处理，利用多种元件分别替代岩石力学性质，再根据实验得出来的统计规律，确定模型中的常量[103]。但由于煤体具有典型的多重孔隙、各向异性的特点，其冲击破坏过程中应力—应变参数关系需要考虑到孔隙结构的影响[104,105]。为此，比奥(Biot)通过考虑介质材料孔隙内饱和液体的有效应力，分析了应力波传播规律[106-109]。分析过程中对多孔介质做出了如下假设：孔隙均匀分布，孔隙之间相互连通，孔隙特征尺寸远小于波长；小应变，固体基质呈弹性；孔隙流体不可压缩，流体在孔隙中的流动遵循达西定律；略去热弹性影响及流体与骨架之间的化学作用。并在此基础上，描述了饱和多孔体中的弹性波传播的基本方程，并发展了包含一种可压缩黏性液体的多孔弹性固体中应力波的传播理论和多孔体中弹性波传播的基本方程，指出在双相介质中存在两个纵波和一个横波。煤体是典型的脆性材料，内部孔隙发育，符合多孔介质假设。基于多孔介质的波动方程理论，煤体的结构特性会对应力波传播规律产生直接影响，当应力波传播到孔隙壁时会发生反射或投射，若反射波幅越大、波峰越多，则透射波幅越小，能量耗散越快[110,111]。因此，本书在考虑磨料气体束冲击频率、冲击速度的基础上，结合比奥(Biot)多孔介质理论建立煤岩体内应力波传播方程，并研究应力波传播性质和能量耗散行为的差异与孔隙的演化机制之间的关系。

第2章　喷嘴结构设计和流场结构

目前对磨料气体射流的研究大多是基于传统的直型或圆锥收敛型喷嘴。对于直喷嘴，磨料射流对喷嘴进口段的冲击较大，不能完全加速磨料，圆锥收敛喷嘴对磨料的加速时间短，因此侵蚀效果差。对于 Lava 喷嘴，在收敛段可以使气速由亚音速提高到音速，而膨胀段的气体膨胀可以使气速提高到超音速。因此为了提高冲蚀效率，需要一种 Laval 喷嘴，目前对 Laval 喷嘴的设计原理和流场结构的研究还很少。本章旨在设计出流场形态最好的 Laval 喷嘴。

2.1　Laval 喷嘴设计理论

空气动力学及流体的连续性方程表明缩放型喷嘴对于气体的加速优于传统的圆锥收敛型喷嘴，使气流能够从亚声速达到超声速。根据缩放型喷嘴对于气流的加速特点，通过气体的一维等熵流动方程，设计不同型号的喷嘴型面。理论公式表明，为了产生不同马赫数的超音速喷嘴的型面结构，需要满足以下条件。

（1）喷嘴前后需要有足够的压力比，并且压力比随着出口马赫数的增加而提高，且压力与马赫数的变化满足以下关系：

$$\frac{p_0}{p_e} = (1 + \frac{k-1}{2}Ma^2)\,\frac{k}{k-1} \tag{2-1}$$

式中　p_0——入口压力；

p_e——出口压力；

k——比热比，取 1.4。

（2）出口与喉部必须有一定的膨胀比，并且膨胀比随马赫数变化，有面积的等熵公式，面积的变化与马赫数满足以下关系：

$$\frac{S_e}{S_t} = \frac{1}{Ma}\left[\left(\frac{2}{k-1}\right)\left(1 + \frac{k-1}{2}Ma^2\right)\right]^{\frac{k+1}{2(k-1)}} \tag{2-2}$$

式中　S_e——喷嘴出口直径；

S_t——喷嘴喉管直径。

喷嘴结构是影响气体射流流场结构的重要因素。对于 Laval 喷嘴（如图 2-1 所示），决定气体射流流场结构的参数是喷嘴出口的膨胀状态和喷嘴内部流线。膨胀状态用膨胀比 n 值表征，即喷嘴出口静压 p_e 和大气压力的比值；当 $n<1$ 时，为过膨胀状态，$n=1$ 为完全膨胀状态，$n>1$ 为欠膨胀状态，其中 $1<n<1.15$ 是低度欠膨胀状态，$n\geqslant 2$ 是高度欠膨胀状态。喷嘴膨胀比决定了气体射流在喷嘴出口处的压力，压力的变化是影响气体在自由射流段压缩与膨胀的关键因素，即是影响流场结构的重要因素。Laval 喷嘴内部结构包括收缩段和扩张段，气体在收缩段被逐渐压缩，速度提高，在收缩段最小断面处达到声速。收缩段长度

和曲线形式决定了气体射流压缩过程和运动过程。在扩张段气体膨胀，速度进一步增大，并在喷嘴出口处速度达到最大。最大速度决定于喷嘴进口和出口截面积的比值，气体射流的膨胀特征决定于扩张段的曲线形式。

因此，在进行 Laval 喷嘴设计时，首先需要根据所需要的气体射流速度，结合进口气体压力，计算喷嘴进出口断面比，需要在明确喷嘴内部曲线形式的同时，综合考虑膨胀比对自由射流段气体压缩规律的影响。

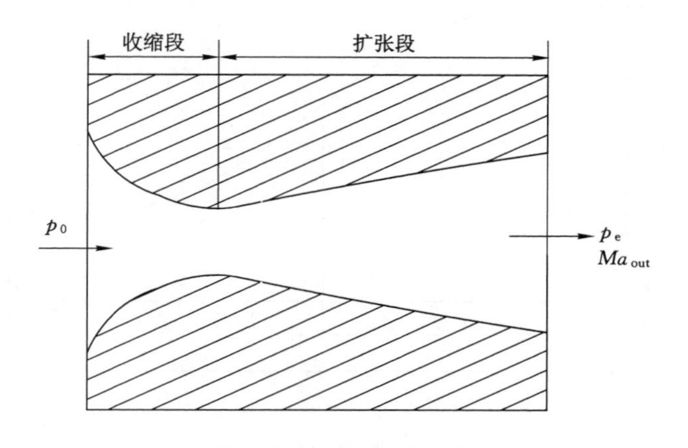

图 2-1　Laval 喷嘴的结构

膨胀比 n 值等于喷嘴出口静压与环境静压的比值，喷嘴出口静压 p_e 决定于喷嘴入口静压 p_0 和喷嘴出口马赫数 Ma_{out}。根据气体流动理论，p_e、p_0、Ma_{out}之间的关系满足

$$\frac{p_e}{p_0}=(1+\frac{k-1}{2}Ma_{out}^2)^{-[k/(k-1)]} \tag{2-3}$$

式中　p_0——喷嘴入口压力；

p_e——出口静压；

k——绝热指数；

Ma_{out}——出口马赫数。

喷嘴内任意截面的马赫数决定于该截面的面积与喷嘴出口面积的比值[112]，即

$$\frac{A_{any}}{A_c}=\frac{1}{Ma_{any}}\left(\frac{2}{k+1}\right)^{\frac{k+1}{2[k-1]}}\left(1+\frac{k-1}{2}Ma_{any}^2\right)^{\frac{k+1}{2(k-1)}} \tag{2-4}$$

式中　A_{any}——任意截面面积；

A_c——收缩段出口面积；

Ma_{any}——任意截面马赫数。

结合式(2-3)与式(2-4)可知，明确喷嘴断面的变化是设计不同膨胀比 n 值喷嘴的基础。

2.2　高压磨料气体射流 Laval 喷嘴设计

2.2.1　收缩段

收缩段的设计采用布莫乌奇库(BumowuHCKuu)提出的方法，将收缩段设计成维托辛思基曲线，能够使收缩段的涡流较小，在出口处可以获得均匀的气流和相对较高的流速[113]。收缩段上任意截面半径为：

$$R = R_c / \sqrt{1 - \left|1 - \left(\frac{R_c}{R_{in}}\right)^2\right| \times \frac{\left(1 - \frac{x^2}{3L_1^2}\right)^2}{\left(1 + \frac{x^2}{9L_1^2}\right)^3}} \tag{2-5}$$

式中，R_{in}，R_c 和 R_x 分别是收缩段进口、出口及任意 x 处的截面半径，L_1 收缩段长度（如图 2-2所示）。

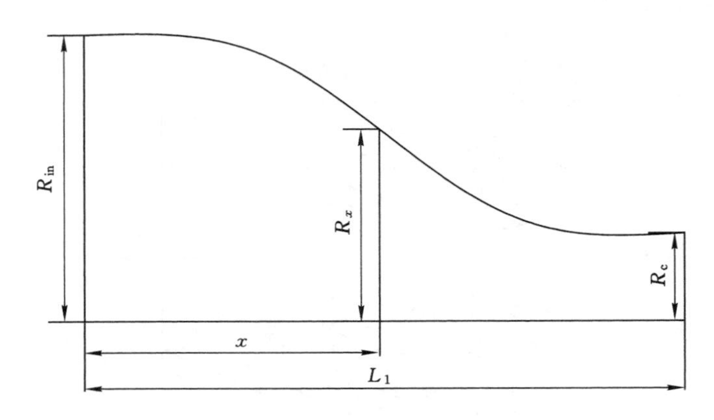

图 2-2　收缩段曲线形状

2.2.2　扩张段

扩张段曲线采用富尔士(Foelsch)方法设计[114]。超音速扩张段曲线包括三段曲线，喉部过渡段、直线段和消波段。其中喉部过渡段和直线段使气流加速，消波段将膨胀波在壁面的反射消除，以保证实现出口气流均匀。扩张段曲线形状如图 2-3 所示。

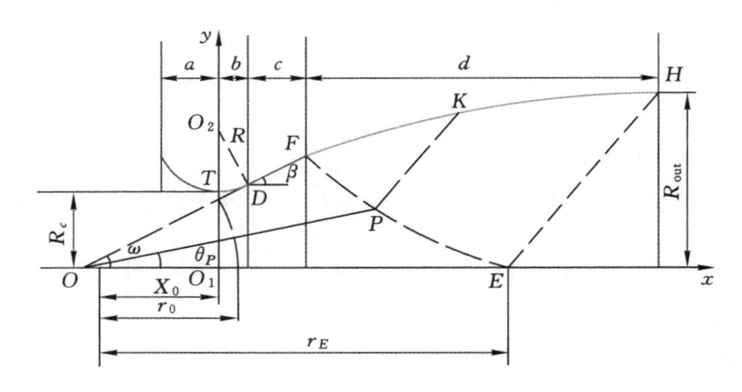

a—收缩段；b—喉部过渡段；c—直线段；d—消波段。

图 2-3　扩张段曲线形状

扩张段设计步骤如下。

(1) 计算喷嘴出口半径 R_{out}

根据收缩段出口半径 R_c、喷嘴出口马赫数 Ma_{out}，喷嘴出口面积 A_{out} 为：

$$\frac{A_{out}}{A_c} = \frac{1}{Ma_{out}}\left(\frac{2}{k+1}\right)^{\frac{k+1}{2(k-1)}}\left(1 + \frac{k-1}{2}Ma_{out}^2\right)^{\frac{k+1}{2(k-1)}} \tag{2-6}$$

式中　A_{out}——喷嘴出口面积；

A_c——收缩段出口面积；

k——气体的绝热指数(k=1.4)；

Ma_{out}——出口马赫数。

(2) 计算马赫线在 E 点的膨胀角 Ψ_E，以及 E 点的半径 r_E 和临界半径 r_0 的比值 τ_E

马赫线 FE 在任意一点 P 点的膨胀角 Ψ_P，P 点的半径 r_P 和临界半径 r_0 的比值 τ_P 的计算公式分别为：

$$\Psi_P = \frac{\sqrt{(k+1)/(k-1)} \times \arctan\sqrt{(k-1)(Ma_P^2-1)/(k+1)} - \arctan\sqrt{Ma_P^2-1}}{2} \tag{2-7}$$

$$T_P^2 = \left(\frac{2+(k-1)Ma_P^2}{k+1}\right)^{\frac{k+1}{2(k-1)}} \tag{2-8}$$

根据 Ma_{out}可计算出马赫线在 E 点的膨胀角 Ψ_E，E 点的半径 r_E 和临界半径 r_E 的比值 τ_E。

(3) 计算 F 点的马赫数 Ma_F 和 τ_F。

根据半锥角 ω 与 Ψ_F 的关系式，即：

$$\omega = \frac{1}{2}\Psi_E = \theta_F = \Psi_F \tag{2-9}$$

结合式(2-7)、式(2-8)，可以得到 Ma_F、τ_F。

(4) 计算消波段相对坐标

取马赫数 Ma_P 从 Ma_F 到 Ma_{out}变化，利用公式(2-7)计算 Ψ_P，这里 $\theta_P=\Psi_E-\Psi_P$。

$$x = \frac{y}{F(\theta_P)} \times \frac{1+[\cos\theta_P \times \sqrt{Ma_P^2-1} - \sin\theta_P] \times F(\theta_P)}{\sin\theta_P \times \sqrt{Ma_P^2-1} + \cos\theta_P} - X_0 \tag{2-10}$$

式中　x,y—— FH 段曲线的相对横坐标和纵坐标。

$$F(\theta_P) = \sqrt{\sin^2 + 2(\cos\theta_P - \cos\omega)(\sqrt{Ma_P^2-1}\sin\theta_P + \cos\theta_P)} \tag{2-11}$$

$$X_0 = \frac{D_{out}}{2\tau_E} \times \left\{\cot\omega - \left|\frac{\tau_F\cos(\frac{\omega}{2})-1}{2\cos(\frac{\omega}{2})[\sin(\frac{\omega}{2})+\cos(\frac{\omega}{2})}\right|\right\} \tag{2-12}$$

式中　D_{out}——喷嘴出口直径。

(5) 计算喉部过渡段的圆弧曲线半径 R 和直线段 DF 的长度 λ。

直线段 DF 的斜率 $\tan\beta=\tan\omega$[114]。

$$R = \lambda = \frac{D_{out}}{4\tau_E\sin(\frac{\omega}{2})} \times \frac{\tau_F\cos\left(\frac{\omega}{2}\right)-1}{\sin\left(\frac{\omega}{2}\right)+\cos\left(\frac{\omega}{2}\right)} \tag{2-13}$$

(6) 计算过渡段和直线段的相对坐标

根据 F 点的相对坐标及 DF 段的长度和斜率，可以计算出 D 点的相对坐标。根据 D 点的相对坐标以及喉部过渡段的圆弧半径 R 可以得到喉部过渡段的曲线。

根据上述方法可以设计出不同压力、不同膨胀比条件下的 Laval 喷嘴结构，以入口压力 10 MPa、膨胀比 n=1 为例，其喷嘴结构如图 2-4 所示。

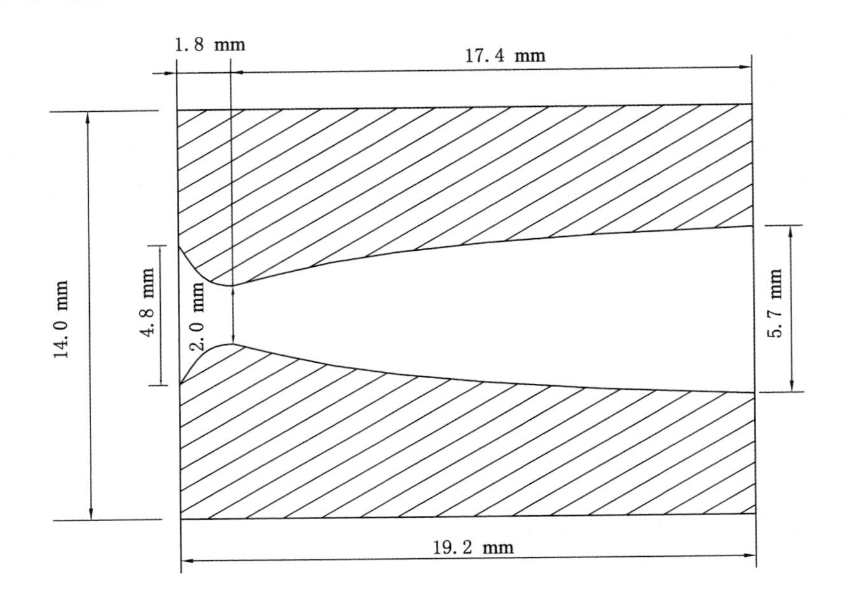

图 2-4　入口压力 10 MPa，$n=1$ 喷嘴结构

2.3　高压磨料气体射流流场结构

影响气体射流流场结构的因素有喷嘴结构、入口压力和射流本身的特性，这些因素可以通过膨胀比得到改变。良好的流场结构即喷嘴出口具有最佳的膨胀状态。气体射流的膨胀状态主要受膨胀比 n 的影响，当 n 值过大或过小时，喷嘴出口静压与周围环境压力的不匹配会在气体射流流场中产生冲击波结构，影响气体射流速度。通过改变喷嘴进口压力和喷嘴出口马赫数，可以得到不同的 n 值。根据气体射流动力学理论，在相同的入口压力下，喷嘴出口马赫数越大，n 值越小。同时，对于固定某一马赫数的喷嘴，进口压力越大，n 值越大，根据 n 值的选择，可以获得更好的射流冲蚀效果。为了研究不同膨胀状态的气体流场结构，同时对比不同入口压力喷嘴对应相同膨胀状态流场异同，这部分选取入口压力为10 MPa、15 MPa 的不同膨胀比喷嘴进行数值模拟分析。

2.3.1　气体射流数值模拟

（1）数值模拟模型

根据喷嘴参数，在远场为 200 mm 时，数值模拟几何模型如图 2-5 所示。基于网格敏感性分析，采用非结构化网格进行网格划分，网格数为 54 830。入口边界为压力入口，出口边界为压力出口。墙面为防滑墙。而入口温度均为 300 K，出口压力均为 0.1 MPa。

（2）控制方程

在本研究中，对于气相而言，RNG k-ε 湍流模型可以模拟高雷诺数的射流流动。假定气体为理想气体。RNG k-ε 湍流模型的控制方程[115-119]为：

$$\frac{\partial(\rho k u_i)}{\partial X_i}=\frac{\partial}{\partial X_j}\left(\alpha_k \mu_{\mathrm{eff}}\frac{\partial k}{\partial X_j}\right)+G_k-\rho\varepsilon-Y_M+S_k \tag{2-14}$$

$$\frac{\partial(\rho\varepsilon u_i)}{\partial X_i}=\frac{\partial}{\partial X_j}\left(\alpha_\varepsilon \mu_{\mathrm{eff}}\frac{\partial \varepsilon}{\partial X_j}\right)+C_{1\varepsilon}\frac{\varepsilon}{k}G_k-C_{2\varepsilon}\rho\frac{\varepsilon^2}{k}-R_\varepsilon+S_\varepsilon \tag{2-15}$$

其中，

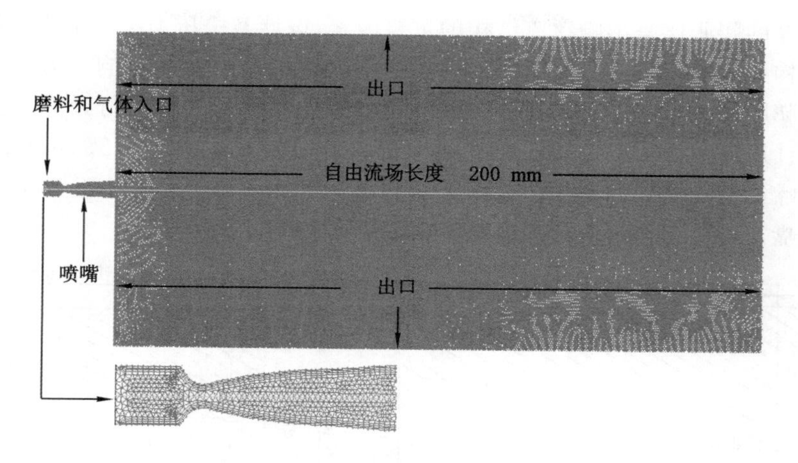

图 2-5　数值模拟几何模型

$$\mu_{\text{eff}} = \mu + \mu_{\tau}$$

$$\mu_{\tau} = \rho C_{\mu} \frac{k^2}{\varepsilon}$$

$$G_{\text{k}} = -\rho \overline{u'_i u'_j} \frac{\partial u_j}{\partial X_i}$$

$$Y_{\text{M}} = 2\rho\varepsilon \frac{k}{a^2}$$

$$R_{\varepsilon} = \frac{C_{\mu}\rho\eta^3\left(1 - \dfrac{\eta}{\eta_0}\right)}{1 + \beta\eta^3} \frac{\varepsilon^2}{k}$$

$$\eta = \frac{S_{\text{k}}}{\varepsilon}$$

式中　ρ——密度；
k——湍流动能；
ε——k 的耗散率；
t——时间；
X_i——笛卡尔坐标；
u_i，u_j——沿 i 和 j 的速度分量，它是张量的下标而不是张量；
μ——气体黏度；
μ_t——涡流黏度；
G_{k}——平均速度梯度引起的湍流动能 k 的生成项；
Y_{M}——可压缩湍流脉动扩张对总耗散率的影响；
α_{k}，α_{ε}——湍流动能和耗散率的有效普朗特数的倒数；
$C_{1\varepsilon}$，$C_{2\varepsilon}$，$C_{3\varepsilon}$——经验常数；
a——声速；
S——平均应变率张量的模量；
C_{μ}，η_0——两个常数；
S_{k}，S_{ε}——用户定义的源术语。

（3）数值模拟方案

既然喷嘴的膨胀比是影响射流结构的重要因素，设计某一压力条件下不同膨胀比喷嘴，进行射流结构的计算，并进行对比分析，得出膨胀比对射流结构的影响。为验证分析结果，采用相同的膨胀比，设计另一压力条件下的喷嘴，采用相同的方法进行计算，并进行对比分析。首先设计压力为 10 MPa，膨胀比分别为 $n=0.6$、$n=1.0$、$n=1.12$、$n=2$、$n=3$ 和 $n=5$ 的喷嘴。喷嘴结构剖面图和实物图如图 2-6 和图 2-7 所示。然后设计压力为 15 MPa 不同膨胀比的喷嘴。喷嘴结构剖面图和实物图如图 2-8 和图 2-9 所示。

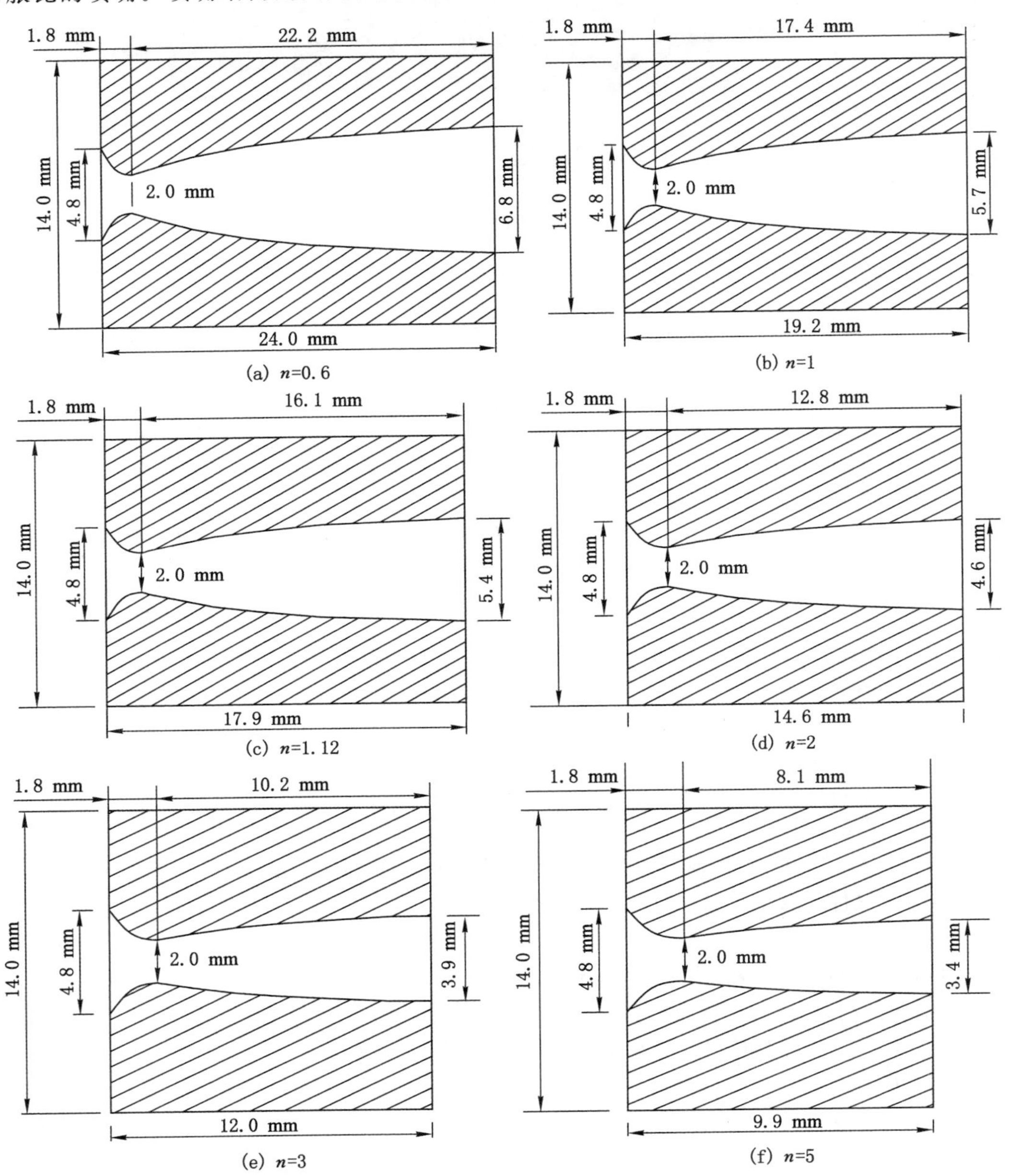

图 2-6　10 MPa 下不同膨胀比喷嘴剖面图

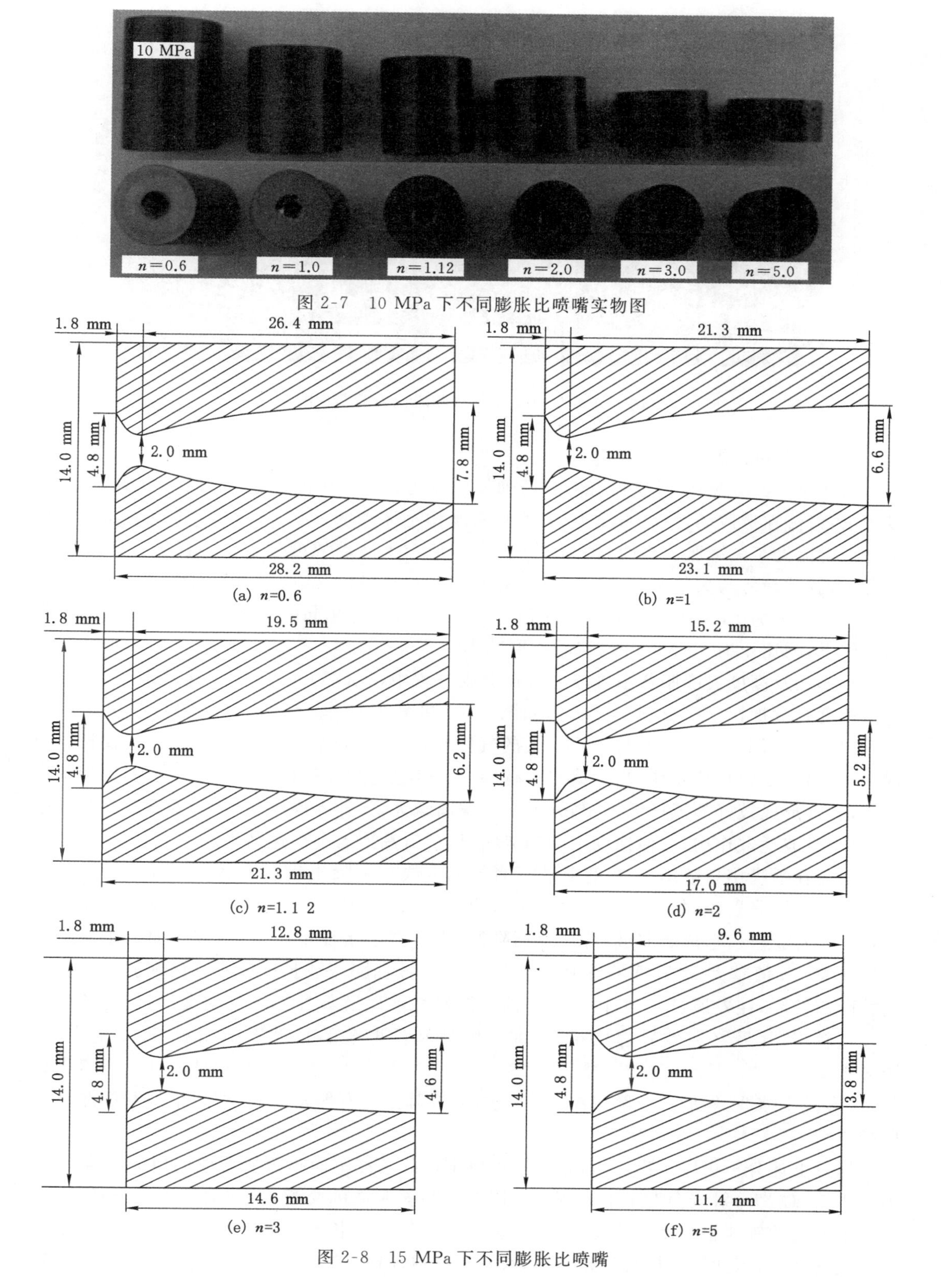

图 2-7　10 MPa 下不同膨胀比喷嘴实物图

图 2-8　15 MPa 下不同膨胀比喷嘴

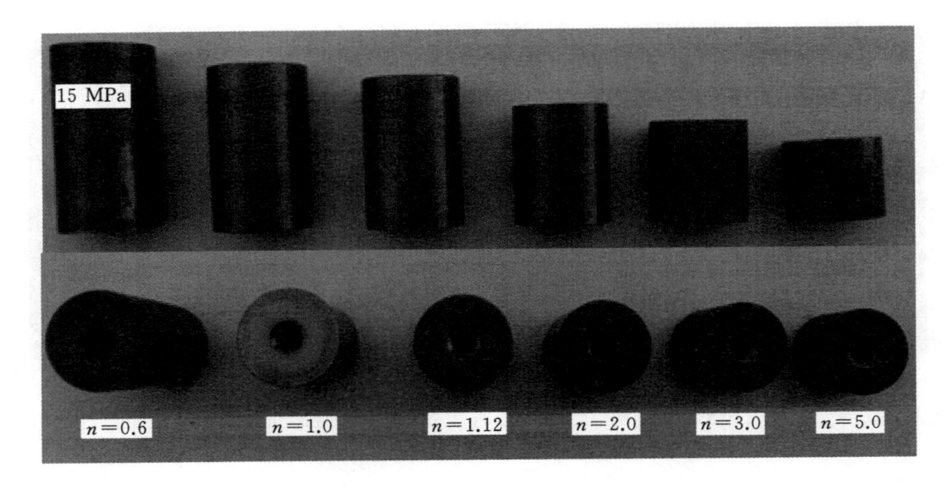

图 2-9　15 MPa 下不同膨胀比喷嘴实物图

(4) 结果和分析

图 2-10 为 10 MPa 时喷嘴自由流场轴线处压力、速度和温度变化曲线。由图 2-10 可以看出，射流在形成的过程中，压力、温度和密度均是波动的。当 $n=1$ 时，波动范围相对较小。当射流处于欠膨胀状态时，即当 $n>1$ 时，n 值越大波动幅度越大。当射流处于过膨胀状态时，波动趋势与欠膨胀状态和完全膨胀状态波动趋势相反，且波动范围比完全膨胀状态时大。当压力为 15 MPa 时，如图 2-11 所示，射流参数具有相同的变化规律。在相同的膨胀比条件下，相比压力 10 MPa 时，波动幅度减小。

过膨胀及高度欠膨胀状态气体射流在形成过程中，气体静压、温度变化范围较大，导致气体速度衰减加快，等速核长度缩短，如图 2-12 和图 2-13 所示。而 10 MPa 下 $n=1$ 以及 $n=1.12$和 15 MPa 下 $n=1$ 及 $n=1.12$ 的气体参数变化范围较小，且等速核长度较长。根据静压、温度变化特征发现：当 n 值与 1 越接近，静压变化范围越小，与环境压力差保持基本不变，能够形成较好的流场结构；当 n 值与 1 偏离越大，与外界静压差越大，温度波动范围越大，由于激波耗散作用，气体速度下降趋势明显，射流高速区会加速结束。

射流在喷嘴出口喷出后，发生膨胀或者压缩取决于喷嘴出口射流静压于环境静压的比值。对于欠膨胀射流，如 $n=2$ 时，喷出出口静压为 0.2 MPa，大于环境静压。射流喷出喷嘴后，挤压周围空气，形成膨胀波，静压逐渐降低，当压力小于环境压力时，波阵面发生反射形成压缩波。n 值越大，波阵面的反射角越大，即压缩波和膨胀波长度越小。压缩波和膨胀波交替向前发展，在发展过程中，由于波阵面的能量耗散以及与外界能量的交换，使射流的静压逐渐较小，并最终和外界静压相等，即压缩波和反射波的长度逐渐缩短，最终消失，如图 2-12和图 2-13 所示。对于过膨胀射流，$n=0.6$，具有相同的发展过程。但在喷嘴出口处，先形成压缩波，然后形成膨胀波。n 值越小，波阵面的发射角越大，即压缩波和膨胀波长度越小。

通过上述分析可以得出，通过膨胀比可以定量的表征不同喷嘴所形成的射流结构，即 n 值与 1 偏离越大，射流会发生更为频繁的压缩波和膨胀波的交替，导致射流能量损耗增大，缩短了射流的等速核长度。相反，n 值越接近于 1，等速核长度越长。磨料的速度决定于气体射流的速度，因此等速核长度越长，越有利于磨料加速。当 n 值为多大时能够使磨料加速

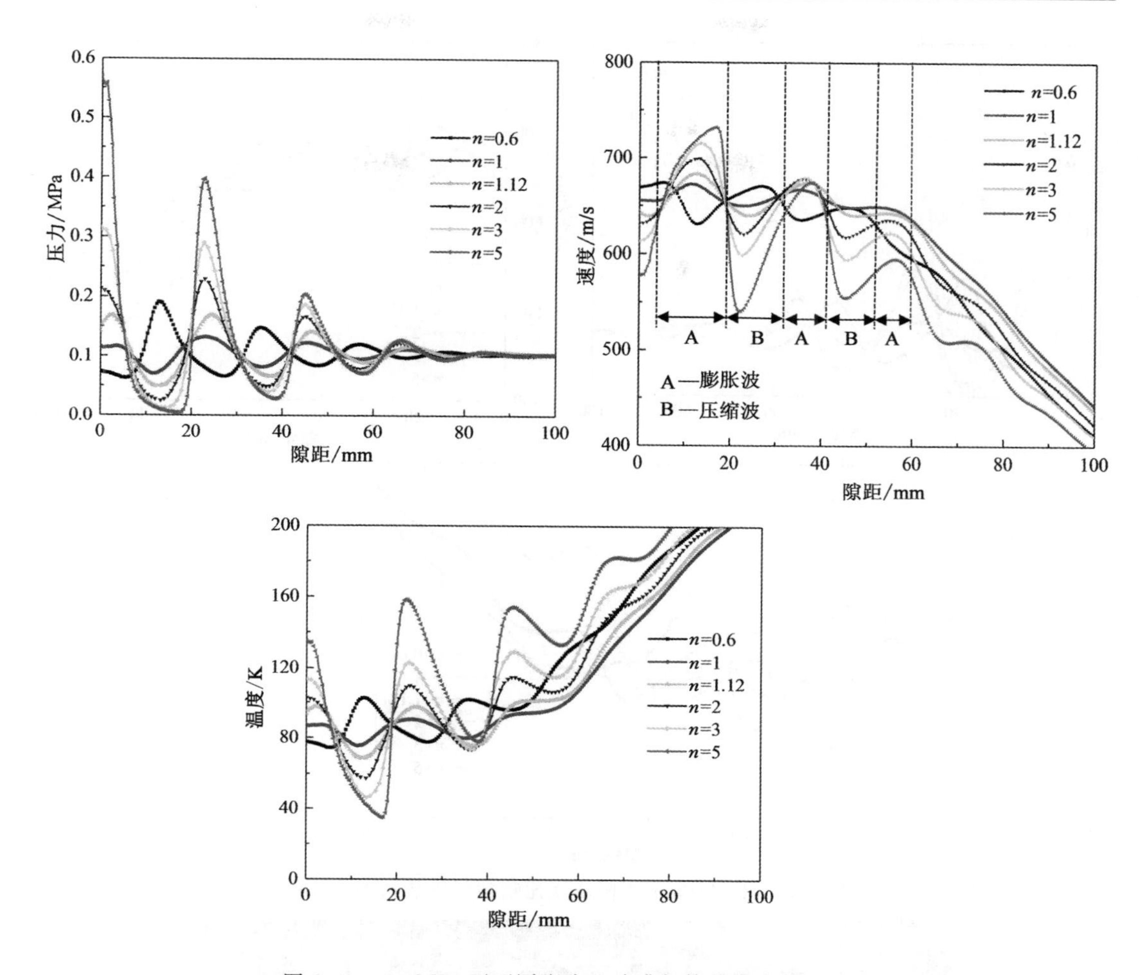

图 2-10　10 MPa 下不同膨胀比喷嘴气体状态参数变化

到最大值，尚需进一步确定。

2.3.2　气体压力测试实验

(1) 实验系统

气体射流由于速度较高，气体射流参数较难测量，尤其对于气体射流压力分布的测量。目前，多采用压力传感器进行某一点处压力测量，无法实现对于冲击面压力分布的测量。特克斯(Tekscan)公司生产的 I 型扫描(I-scan)可以对压力分布进行测量。I-scan 压力测试系统由柔性阵列式压力传感器、采集硬件、数据分析软件组成，测试量程为 0～100 MPa。I-scan 测试仪通过测量每一个施力单元的电阻变化，快速、准确的确定压力幅值和时间特征，并通过实时二维图像直观的呈现出薄膜表面压力分布规律[120,121]。采用该测试系统，可以测试气体射流不同断面处压力分布，提取数据，研究压力在径向的分布规律。

高压气体射流气体压力测试系统由空压机、气瓶、喷嘴和气体压力测试系统组成。气体压力测试系统连接示意图和组成实物图如图 2-14、图 2-15 所示。空压机压力工作范围为 0～40 MPa。测试实验前，在气瓶内充满 40 MPa 的高压气，通过喷嘴前部的减压阀调节出气压力，即喷嘴的入口压力。

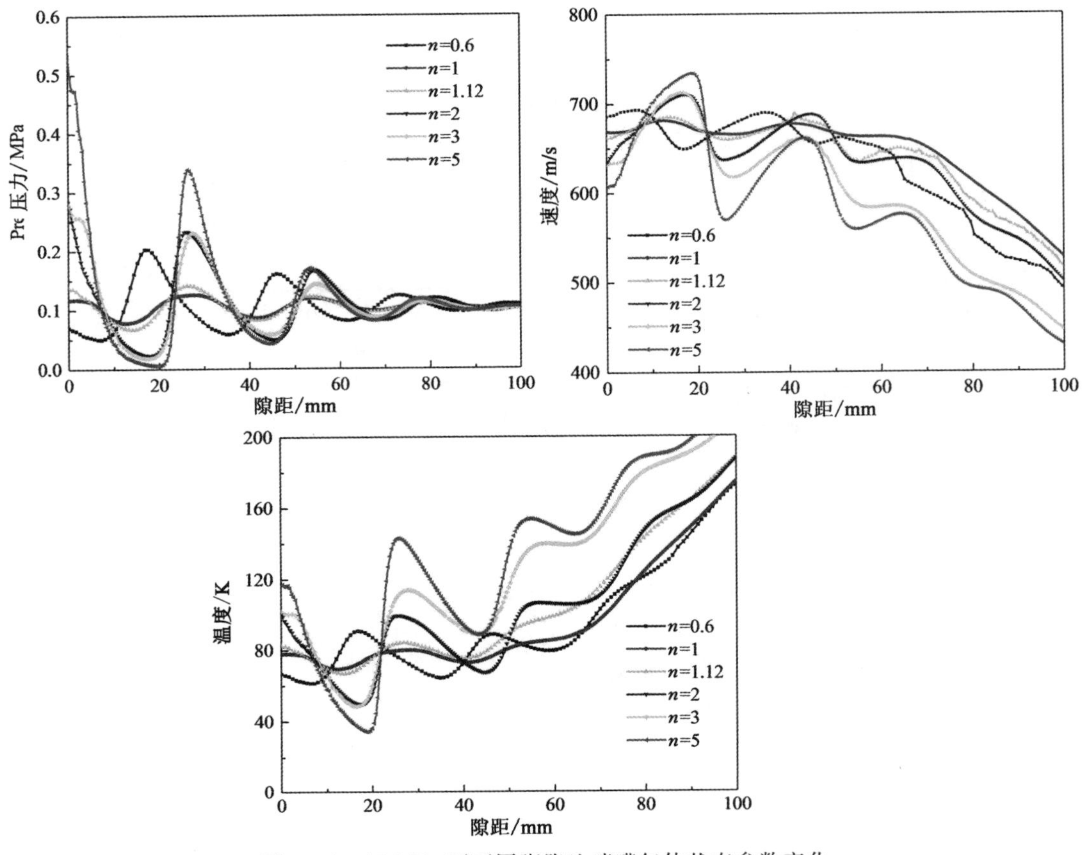

图 2-11 15 MPa 下不同膨胀比喷嘴气体状态参数变化

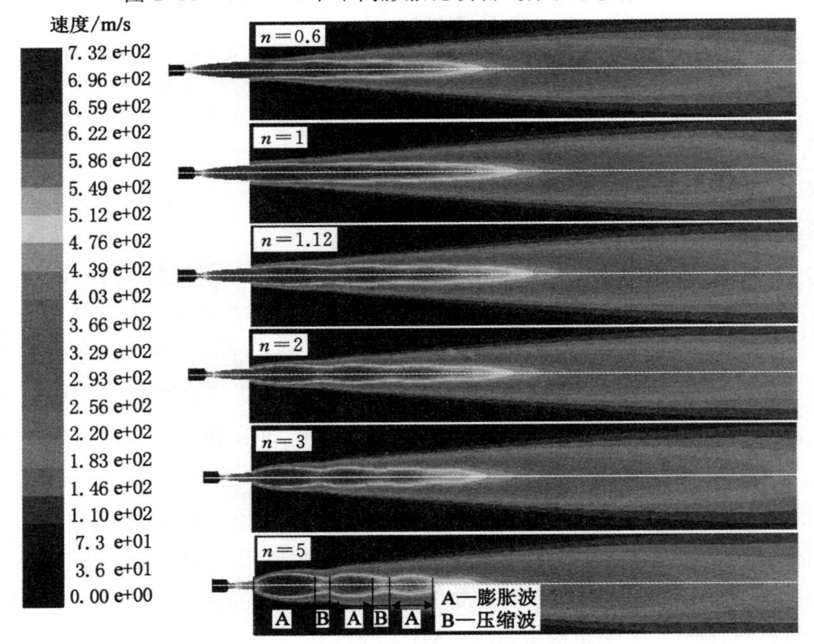

图 2-12 10 MPa 下不同膨胀比喷嘴气体速度云图

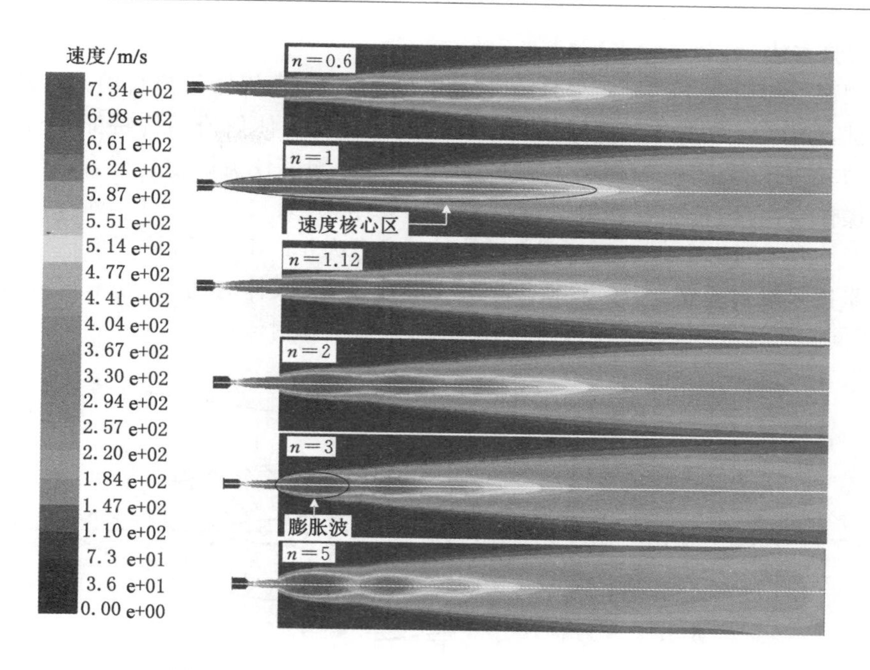

图 2-13　15 MPa 下不同膨胀比喷嘴气体速度云图

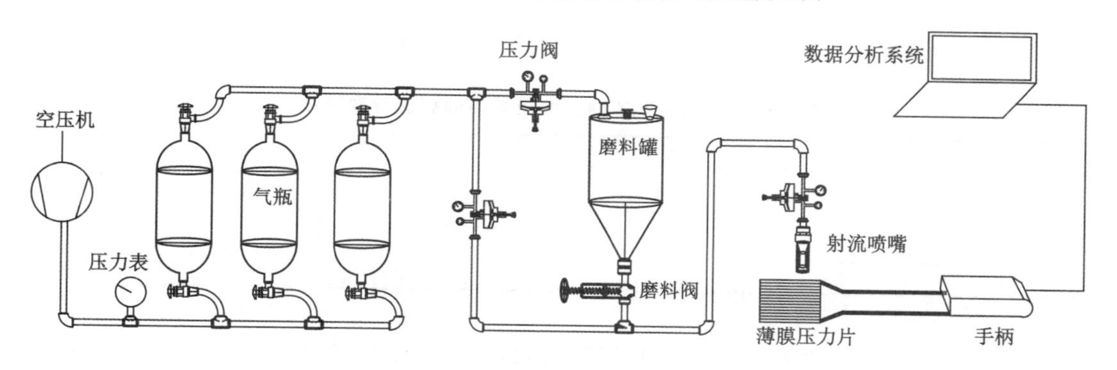

图 2-14　气体压力测试系统连接示意图

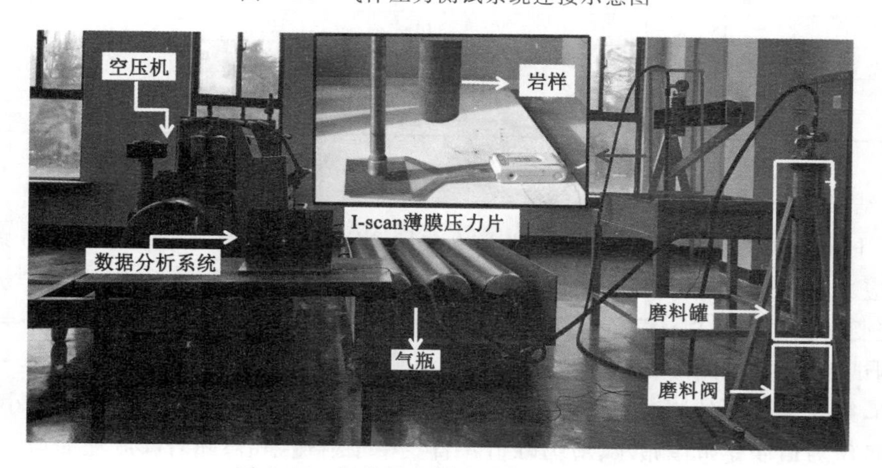

图 2-15　气体压力测试系统组成实物图

(2) 实验方法

为了测试气体射流不同靶距处冲击压力分布规律，选择气体射流自由射流段的不同断面进行测试，如图 2-16 所示。同时结合不同膨胀比喷嘴气体射流结构特征，分别调节气阀设定喷嘴的入口压力为 10 MPa、15 MPa，调节 I-scan 测试仪灵敏度选择合适量程，气流稳定后调整操作台高度；根据气体射流动压数值计算结果，入口压力为 10 MPa 时，控制射流靶距为表 2-1 中不同膨胀比喷嘴对应靶距；入口压力为 15 MPa 时，控制射流靶距为表 2-2 中不同膨胀比喷嘴对应靶距；依次垂直冲击薄膜测试片，取样时间为 25 s，取样点为 2 500 个；改变不同膨胀比喷嘴，再依次进行上述实验，采集气体射流压力信息。

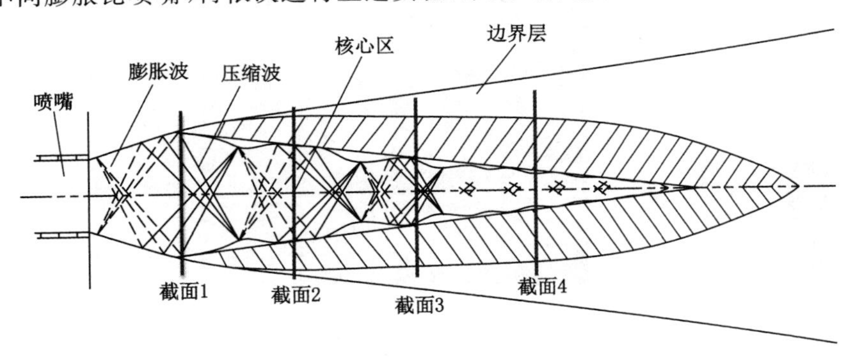

图 2-16 自由射流段气体射流压力的截面分布

表 2-1 10 MPa 下不同膨胀比喷嘴的截面位置分布

截面位置/mm	$n=0.6$	$n=1$	$n=1.12$	$n=2$	$n=3$	$n=5$
1	13	12	13	13	14	18
2	27	23	25	23	23	23
3	35	36	38	37	37	39
4	50	45	46	44	44	45

表 2-2 15 MPa 下不同膨胀比喷嘴的截面位置分布

截面位置/mm	$n=0.6$	$n=1$	$n=1.12$	$n=2$	$n=3$	$n=5$
1	18	13	14	18	18	20
2	36	28	27	26	27	27
3	46	42	43	46	46	45
4	64	52	52	54	54	53

(3) 结果和分析

根据 I-scan 实验结果(图 2-17 至图 2-28)，10 MPa、15 MPa 下，对于不同的膨胀比喷嘴，壁面应力场的分布情况有明显差别。气体射流垂直冲击断面形成的壁面应力场，其应力分布情况受射流压力及射流靶距共同作用。例如，在入口压力 10 MPa，$n=1$ 和 $n=1.12$ 时的四个测试断面处(如图 2-18、图 2-19 所示)，由于喷嘴出口压力高于环境压力，气体压力开始减小，第一个断面处测试压力较小，随着靶距的增加，壁面应力有先增加后减小、再增加的趋势，且压力值变化范围很小，应力峰值一直集中于射流中心；随着膨胀比的增加，核心区气体射流流场震荡性开始增强，流场内部膨胀波和压缩波系开始增强，气体射流穿过膨胀波所在位置，其测试断面压力增加显著，增大射流靶距，其所在压缩波位置，由于激波耗散作用，压力迅速减小；其后又经历膨胀波作用，但由于总压损失，其断面处压力增加较小。在 $n=0.6$ 的喷嘴的测试条件下，如图 2-17 所示，由于喷嘴出口压力低于环境压力，测试压力开始增加，第一个断面处压力增加到最大，第二个断面处由于压缩波的作用，压力迅速减小，其后压力虽有增大，但由于流场不稳定，气体射流压力衰减加快。

同样在 15 MPa 压力下，$n=1$ 和 $n=1.12$ 喷嘴测试条件下，超音速气体射流垂直冲击壁面过程中，其冲击薄膜测试片形成的应力场（如图 2-24、图 2-25 所示），应力场较集中，且峰值一直处于射流中心与薄膜片交点处，不同断面处气体射流动压值变化范围小，即流场周围的振荡性较弱，有效冲击面积增加。随着膨胀比的增大，气体射流在薄膜上形成的应力场发散（如图 2-20 至图 2-22、图 2-26 至图 2-28 所示），虽然气体射流在某一断面处最大压力增大，但随着靶距的增加，气体射流流场震荡效果明显，且应力场开始发散，即气体射流整体打击力减小。通过 I-scan 实验可知，气体射流在 $n=1$ 和 $n=1.12$ 处气体射流整体打击力较大，流场形态最好，且随着压力的改变，相同膨胀比喷嘴的测试结果相似，与气体射流模拟结果一致。

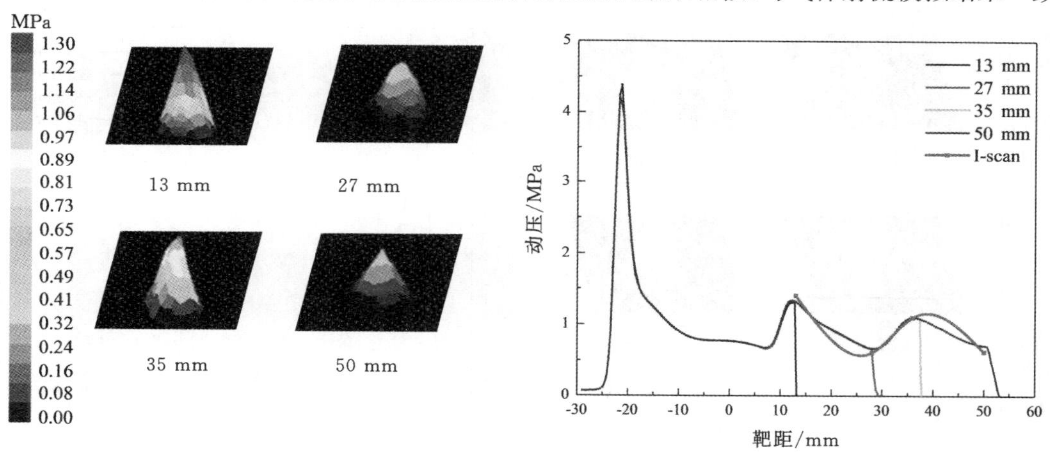

图 2-17　$n=0.6$，10 MPa 下不同靶距处 I-scan 压力分布及对应数值模拟结果

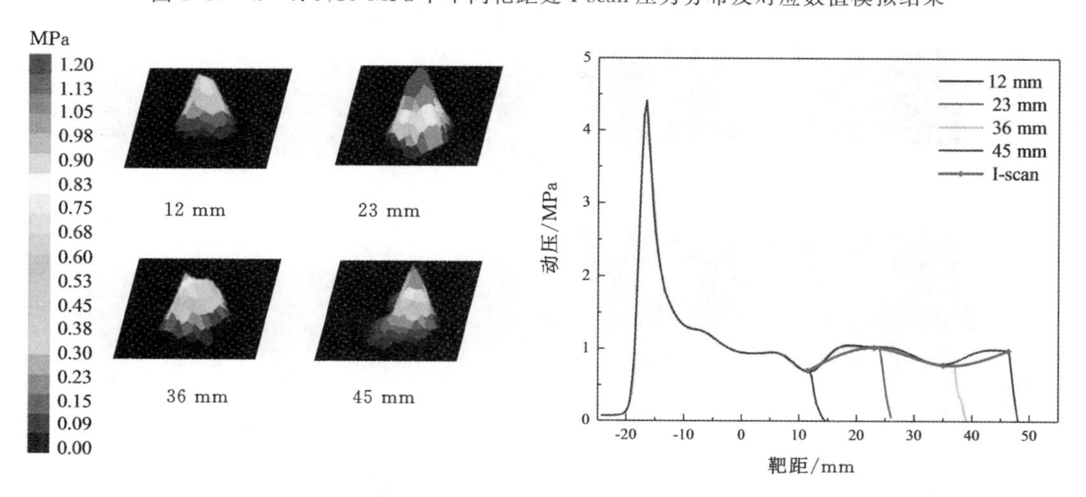

图 2-18　$n=1$，10 MPa 下不同靶距处 I-scan 压力分布及对应数值模拟结果

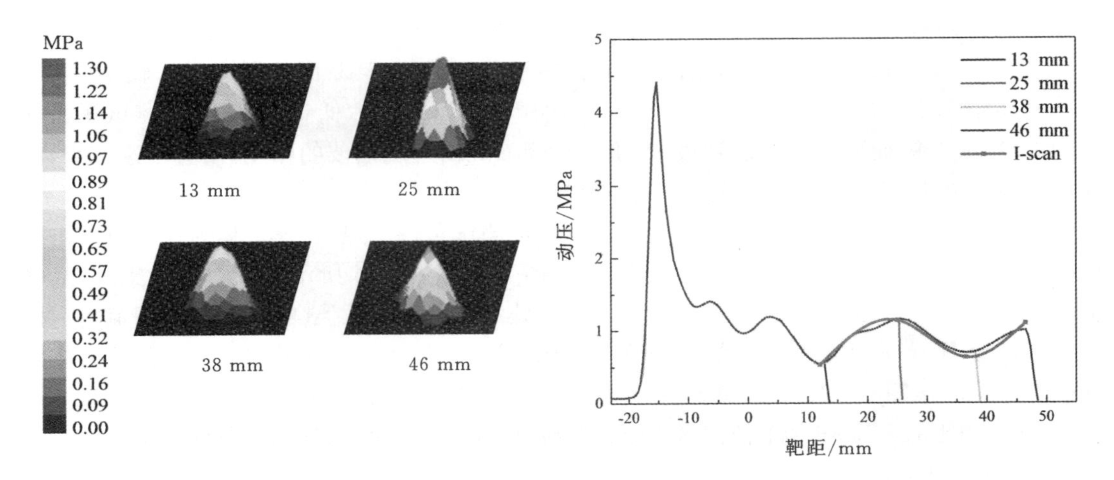

图 2-19　n=1.12,10 MPa 下不同靶距处 I-scan 压力分布及对应数值模拟结果

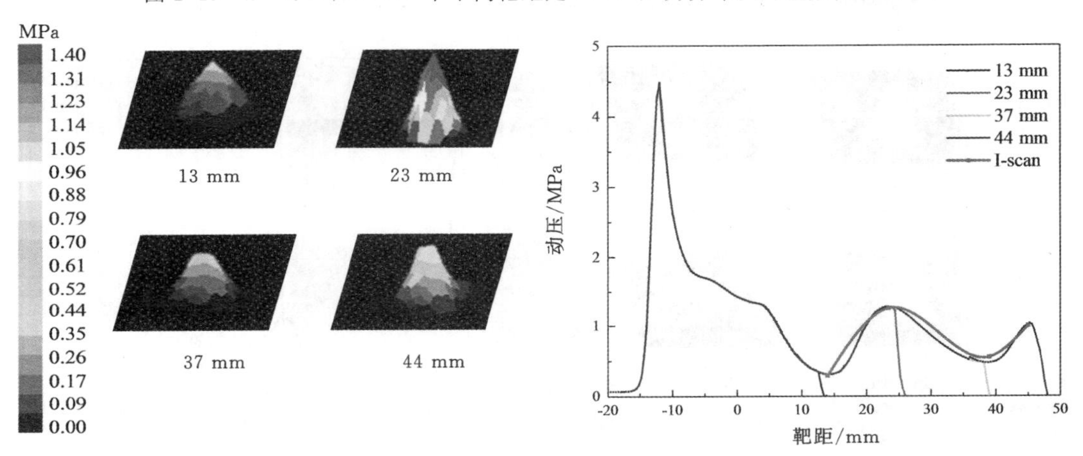

图 2-20　n=2,10 MPa 下不同靶距处 I-scan 压力分布及对应数值模拟结果

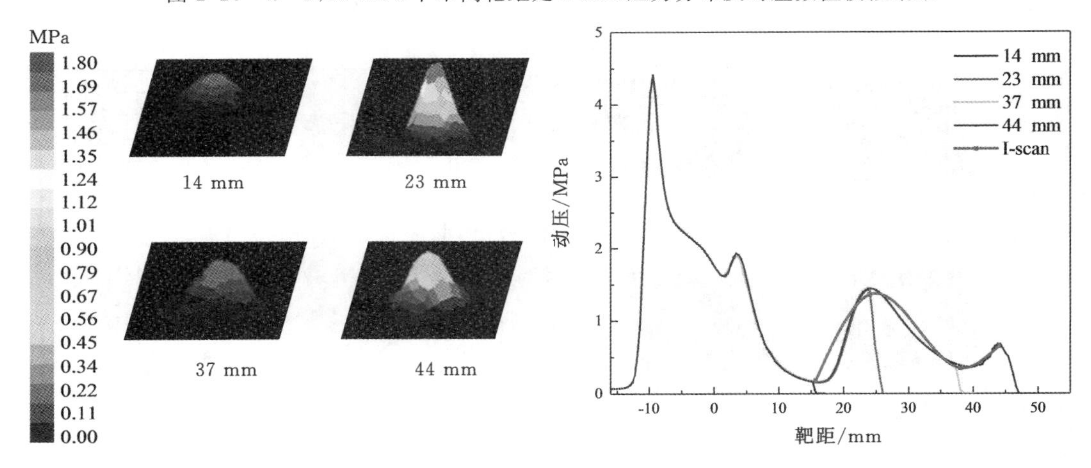

图 2-21　n=3,10 MPa 下不同靶距处 I-scan 压力分布及对应数值模拟结果

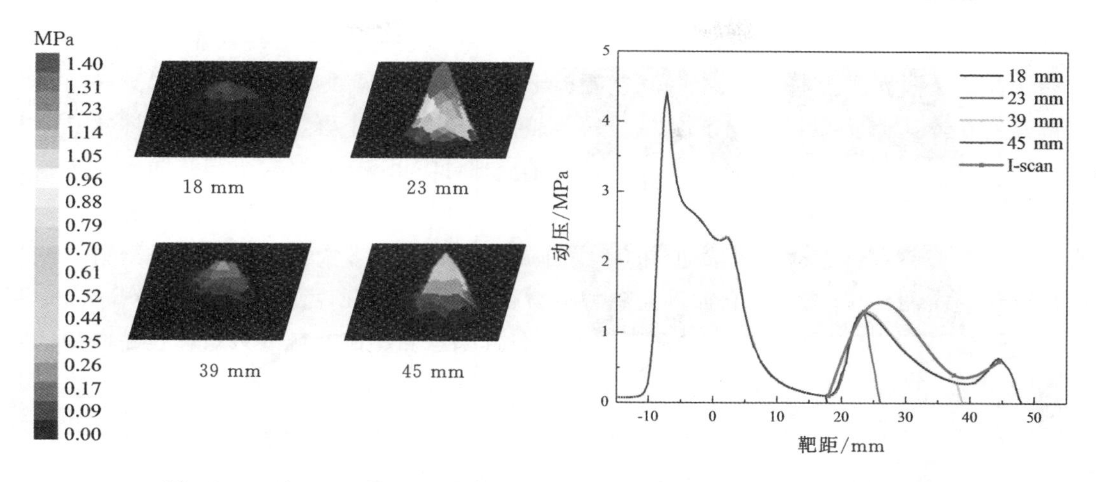

图 2-22　n=5,10 MPa 下不同靶距处 I-scan 压力分布及对应数值模拟结果

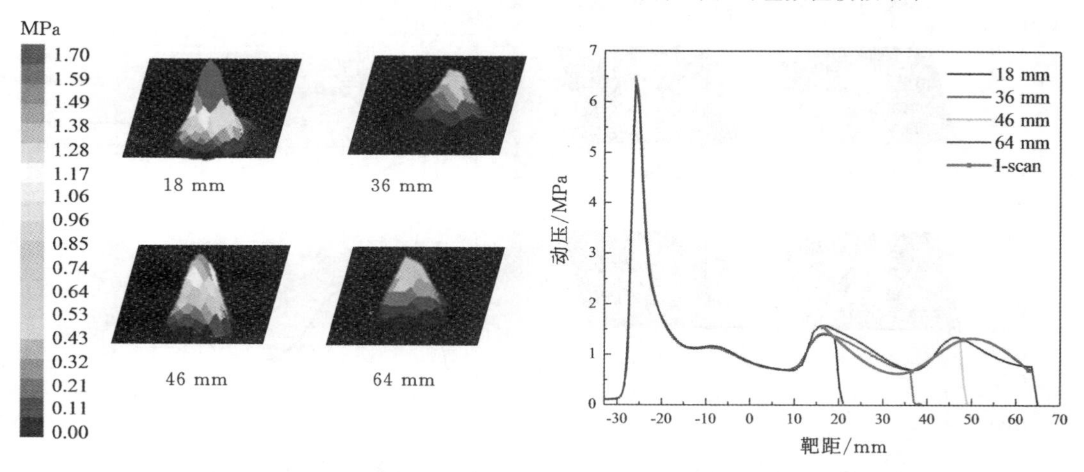

图 2-23　n=0.6,15 MPa 下不同靶距处 I-scan 压力分布及对应数值模拟结果

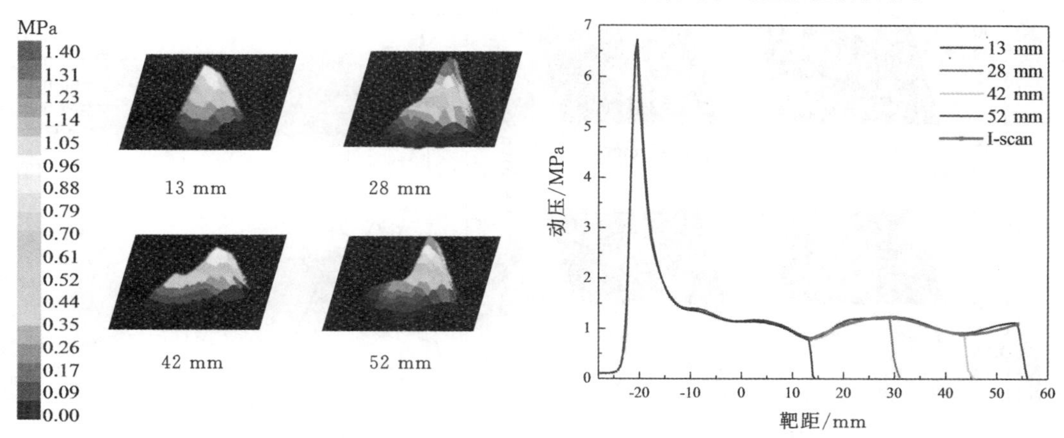

图 2-24　n=1,15 MPa 下不同靶距处 I-scan 压力分布及对应数值模拟结果

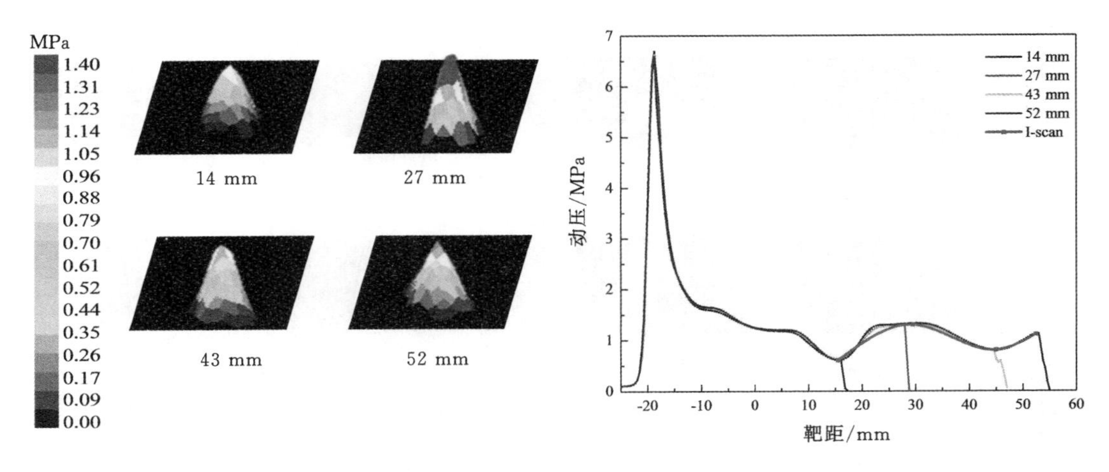

图 2-25　n=1.2,15 MPa 下不同靶距处 I-scan 压力分布及对应数值模拟结果

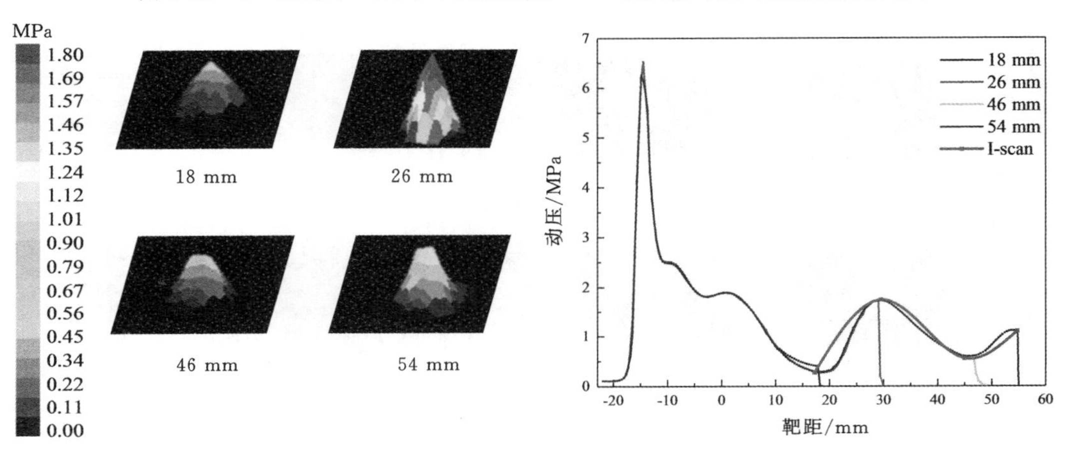

图 2-26　n=2,15 MPa 下不同靶距处 I-scan 压力分布及对应数值模拟结果

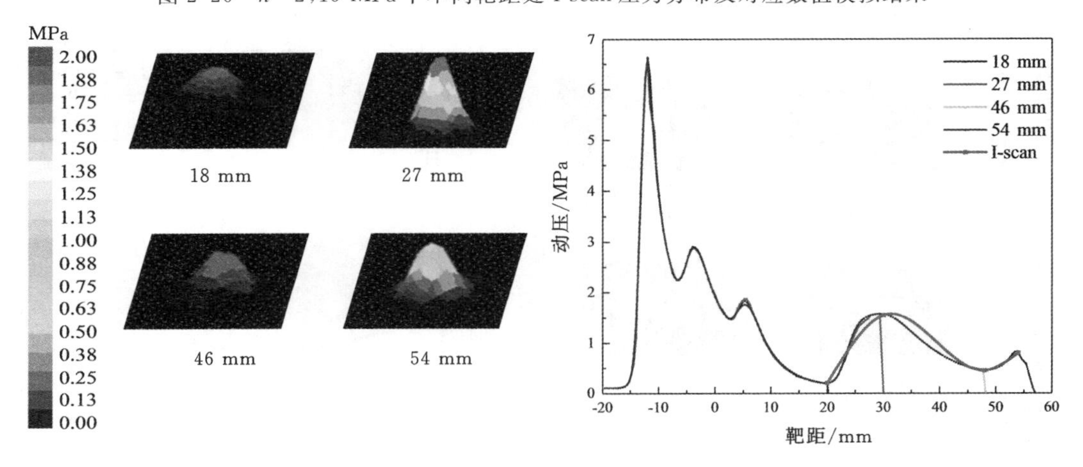

图 2-27　n=3,15 MPa 下不同靶距处 I-scan 压力分布及对应数值模拟结果

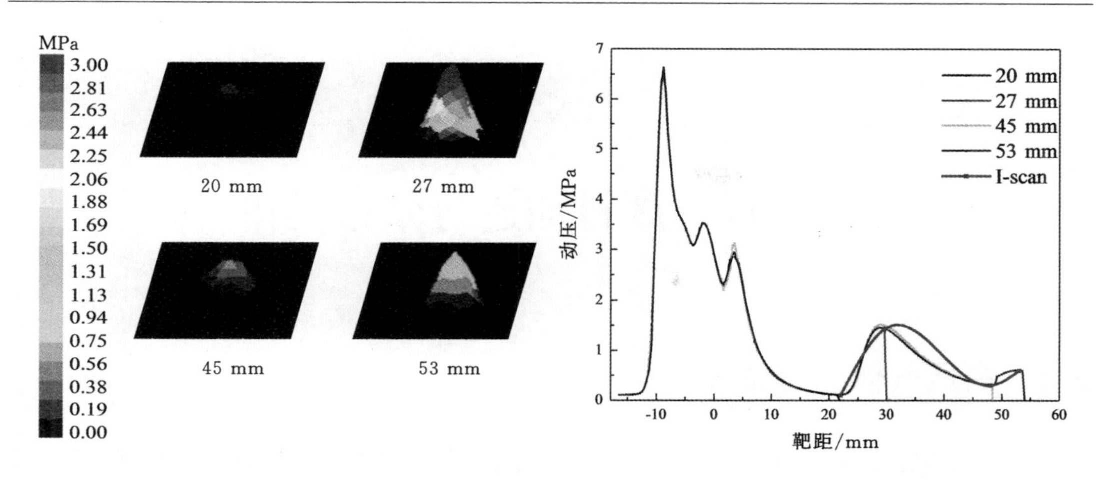

图 2-28　$n=5$,15 MPa 下不同靶距处 I-scan 压力分布及对应数值模拟结果

2.4　本章小结

本章通过研究膨胀比对高压磨料气体射流流场结构影响规律,分析不同膨胀状态下气体射流流场结构特征,及喷嘴出口马赫波、激波的形成条件,得出理想流场结构下的膨胀比。

研究了膨胀比对射流流场的影响,为喷嘴设计提供依据。通过计算流体力学软件(FLUENT)数值模拟了这些喷嘴的流场结构,并通过 I-scan 实验进行了验证。数值模拟结果表明,喷嘴的低欠膨胀可以产生较好的流场结构。I-scan 实验结果表明,$n=1$ 和 $n=1.12$ 时,动压变化范围较低。

第3章 磨料加速与分布规律

3.1 高压气体加速规律

磨料气体射流中，磨料所携带的能量完全由气体提供，因此气相流场直接影响了磨料粒子的加速效果，最终影响破煤岩的效果。超音速射流的流场主要分为射流的起始段和射流基本段，其中射流起始段是气体射流的核心区。由于气体在 $Ma \geqslant 0.3$ 以上具有可压缩性，其在喷嘴出口会形成膨胀压缩的过程，即膨胀波和压缩波的变化。因此，气体射流的核心区呈现交替性的波动过程。

3.1.1 喷嘴内气体的加速

在嘴射结构一定情况下，射流压力越高，在喷嘴出口处压力越高，与环境气体压力比越大，气体欠膨胀度越大，其起始膨胀波向外膨胀越大。气体流过膨胀波时，其向外的偏折角度越大，第一个波节的边界纵向范围较大。形成压缩波以后，气流向轴线内聚。在一定射流压力范围内，射流压力越高，波节长度越长，整个射流核心区延续越长。在研究流场结构时发现，以 $Ma=3$ 喷嘴为例，对于此喷嘴结构，在射流压力分别为 6 MPa、10 MPa、12 MPa 和 15 MPa 时，都属于欠膨胀射流，其流场结构具有相似性。

图 3-1 所示是喷嘴内气体速度、压力、温度和密度的变化。由图 3-1 可以发现，在改变射流压力的情况下，在喷嘴内部，喷嘴对气体的加速是一样的，在喷嘴出口可以达到一样的出口速度；在喷嘴收敛段气体迅速加速，在喷嘴扩张段的前半部分加速较快，之后逐渐变缓，气体经过喷嘴速度由 48 m/s 增加到 620 m/s，对于 Laval 喷嘴对高压气体的加速效果很明显。对于 Laval 喷嘴内的温度变化和速度刚好相反，其在喷嘴出口产生低温区，喷嘴出口温度为 109 K，气体经过喷嘴以后温度降低了约 191 K。对于不同压力下，密度和压力在喷嘴内的变化趋势具有相似性，其密度和压力在直管段和喉管段基本不变，在收敛段和扩张段急剧变化。在喷嘴出口其密度在 5.41～13.44 kg/m^3 之间。

对于 Laval 喷嘴，其出口速度为：

$$v=\sqrt{\frac{2k}{k-1}RT_{\mathrm{O}}\left[1-\left(\frac{p_{\mathrm{E}}}{p_{\mathrm{O}}}\right)\frac{k-1}{k}\right]} \tag{3-1}$$

式中 v——喷嘴出口速度，m/s；

k——绝热指数，$k=1.4$；

R——气体常数，$R=283$；

T_{O}——喷嘴入口温度，为 300 K；

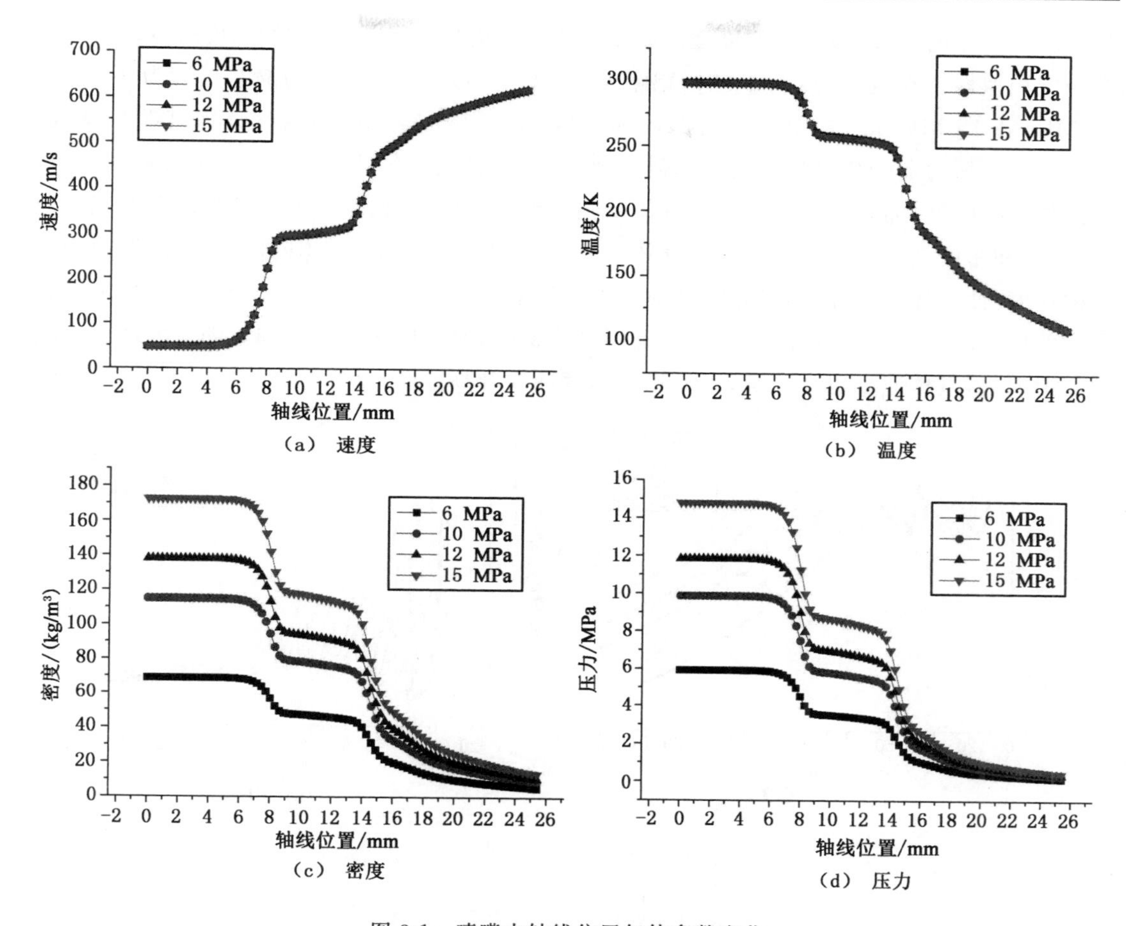

图 3-1　喷嘴内轴线位置气体参数变化

p_E——喷嘴出口压力，MPa；

p_O——喷嘴入口压力，MPa。

从式(3-1)可以看出，喷嘴出口的气体速度由喷嘴出口压力和入口压力的压比以及入口的气体温度决定。在以上四种射流压力下，其喷嘴出口压力分别为 0.17 MPa、0.28 MPa、0.34 MPa、0.42 MPa，可以发现其压比都是 0.28。因此，在改变射流压力时，气体出口速度是相同的；随着射流压力升高，喷嘴出口的压力增大。

3.1.2　喷嘴出口气体的加速

对于高压气体射流，Laval 喷嘴可以将气体加速至超音速状态，由于高速气体的可压缩性，气体轴线速度在射流核心区为波动状。图 3-2 所示为气体射流形成过程中轴线气体状态的变化。为了便于比较，绘制 15 MPa 下气体压力和速度的变化曲线，如图 3-3 所示。气体在形成膨胀波时，气体膨胀，气体速度升高，而气体压力、密度和温度降低，气体的能量转化为动能。反之，气流形成压缩波时，气体受到压缩，气体的压力、密度和温度升高，但速度减小。在射流压力为 6 MPa、10 MPa、12 MPa 和 15 MPa 时，在射流喷嘴出口喷出以后，气体速度、密度、压力和温度沿轴线都成波动变化，压力越高两个波峰间的距离越大，即波节较长。随着靶距的增大，波动的幅度逐渐降低。不同射流压力条件下，轴线速度的波动情况具有一定相似性。在压力为 6 MPa 时，靶距大于 90 mm 以后，速度衰减加快；压力为10 MPa、12 MPa 和 15 MPa 时，靶距分别在 120 mm、140 mm 和 150 mm 以后气体速度明显衰减。对于密度和压力的变化过程也具有相似性，高压气体自喷嘴喷出以后，气体在膨胀过程中，气体的压力降低，而且密度降低。当气体受到环境压力压缩时，其密度又升高。在射流过程中，压力和密度变化趋势相同。对于气体射流，其在射流过程中，气体的内能、压能转换为气体的速度，使气体获得加速。因此，在喷嘴出口以后气体速度的变化与气体的压力、密度和温度的变化是相反的。气体压力、密度和温度降低时，而气体速度在增加。随着波形的衰减到逐渐消失，气体速度也在衰减，射流场的温度逐渐升高。

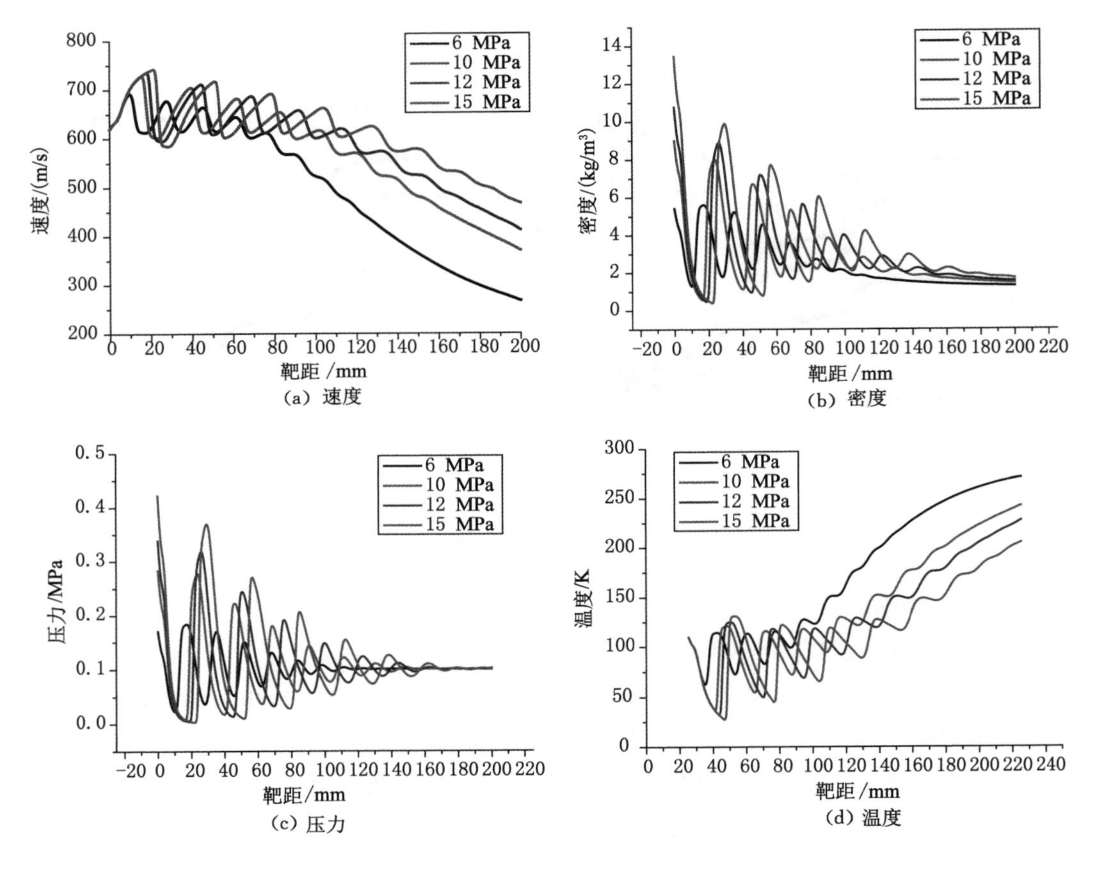

(a) 速度
(b) 密度
(c) 压力
(d) 温度

图 3-2 不同靶距下气体状态参数变化

图 3-3 所示为气体压力在 15 MPa 下不同靶距的速度和压力沿轴线的变化。在射流压力为 15 MPa 时，喷嘴出口的压力为 0.42 MPa，压力大于环境压力，气体为欠膨胀状态，其压力大于大气压。因此，高压气体经过喷嘴喷出以后，会形成膨胀波，气体加速，压力降低。当压力低于大气压时，由于周围大气压的作用，会形成压缩波。压缩波会阻碍气体的运动，使气体速度降低，而压力升高。因此，气体速度呈现周期性增大和减小，气体射流过程交替出现膨胀波和压缩波，如图 3-4 所示。

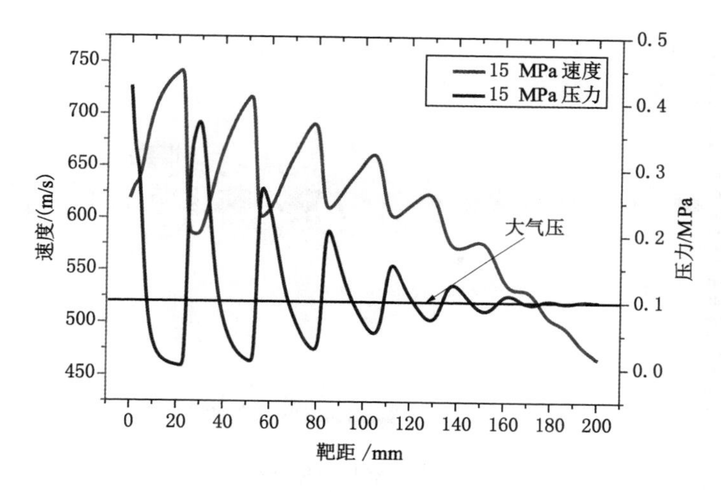

图 3-3　气体压力为 15 MPa 时不同靶距下速度和压力变化

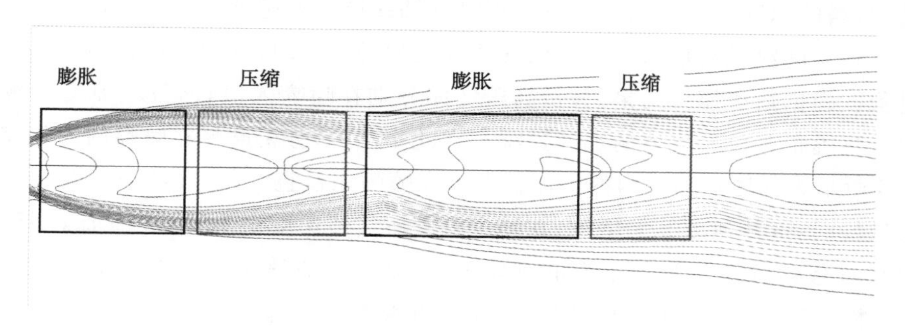

图 3-4　膨胀波、压缩波

3.2　磨料加速规律

对于前混合式磨料气体射流，磨料的加速主要在管路、喷嘴内以及喷嘴出口核心区内，磨料在加速过程中受到曳力、Basset 力、压力梯度力、虚拟质量力等多种力的作用，运动过程较为复杂，尤其在喷嘴内磨料颗粒的运动更为复杂。通过实验研究磨料气体射流中磨料在尺度较小喷嘴内的运动是相当困难的。因此，本章通过建立数值仿真模型，基于 FLUENT 软件分析磨料粒子在加速过程中受力状态，明确磨料在管路、喷嘴、射流核心区的加速情况和运动轨迹。

3.2.1　磨料加速数值模拟

以射流压力为 15 MPa、磨料质量流量为 16 g/s 时的数值模拟结果为例，分析磨料在喷嘴内各段和喷嘴外自由射流段的加速过程。喷嘴出口以外自由射流段为 200 mm×40 mm。数值模拟结果如图 3-5 所示。

(1) 喷嘴内磨料加速规律分析

高压磨料气体射流中磨料粒子的加速过程是一个十分复杂的过程，不同轴向和不同纵

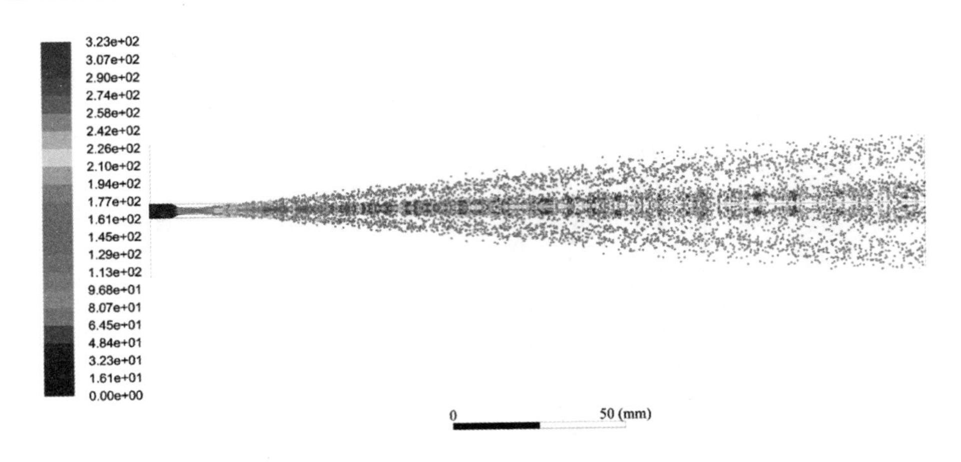

图 3-5 磨料的速度分布

向位置处,磨料的速度是不同的。通过分析喷嘴轴线位置的速度变化过程,能够得出磨料粒子的加速过程。磨料颗粒加速动力是由气体提供的,研究磨料的加速过程,首先要分析气体的加速过程。根据数值模拟结果,分析高压气体分别在喷嘴入口直管段、喷嘴收敛段、喷嘴喉管部以及喷嘴扩张段处气体的加速过程。在此基础上,分析磨料在喷嘴内的加速过程。

图 3-6 所示为气体在喷嘴内的加速情况。在喷嘴入口直管段,气体速度变化不大,在接近喷嘴收敛段时,气体速度开始增加,在整个直管段气体速度由 48 m/s 增加至 63 m/s。因为高压气体在较短管路且管径不变的管路内流动时,其流体状态基本不变,但当管径变化时,高压气体的流动参数发生变化,因此在喷嘴直管段前半部分其气体速度基本不变,在接近收敛段时,气体开始加速。

在收敛段气体加速的速率逐渐增大,因为在收敛段,其截面逐渐减小,高压气体持续膨胀加速,气体可以获得较高速度,在收敛段气体速度提高到 222.37 m/s,速度增加了 159.37 m/s。

对于喉管段,气体在刚进入喉管内 1 mm 时气体在加速,在气体流至扩张段前方 2 mm 时,气体明显加速。而在喉管中部,即喉管内 9～12 mm 时,气体的速度只是略微增加。这是由于高压气流流至截面变化处时,气体流动时受到扰动,气体的流动状态发生改变,气体加速。因此,气体在刚流入喉管段时以及将要流出喉管时,气体加速。在喉管段气体速度由 222.37 m/s 增加至 342.23 m/s,速度增加了 54%。

在扩张段内,气体的加速度呈现先增大后减小的趋势。在扩张段,喷嘴截面逐渐增大;高压气体在扩张膨胀加速,随着膨胀加速的进行,其膨胀比逐渐降低,气体加速的速率也会随之减小,经过扩张段气体速度由 342.2 m/s 提高到 620 m/s,速度增大了 81%,速度增加明显。

由上述分析可以发现,在整个喷嘴内高压气体的加速主要在收敛段和扩张段,尤其是扩张段。在气体流经收敛段和扩张段时,气体速度增加了 437.2 m/s。在收敛段以及扩张段,高压气体经过两次膨胀加速,加速效果明显。气体流动过程中,截面的变化,影响气体速度的变化,在截面突变处,速度增加较快。

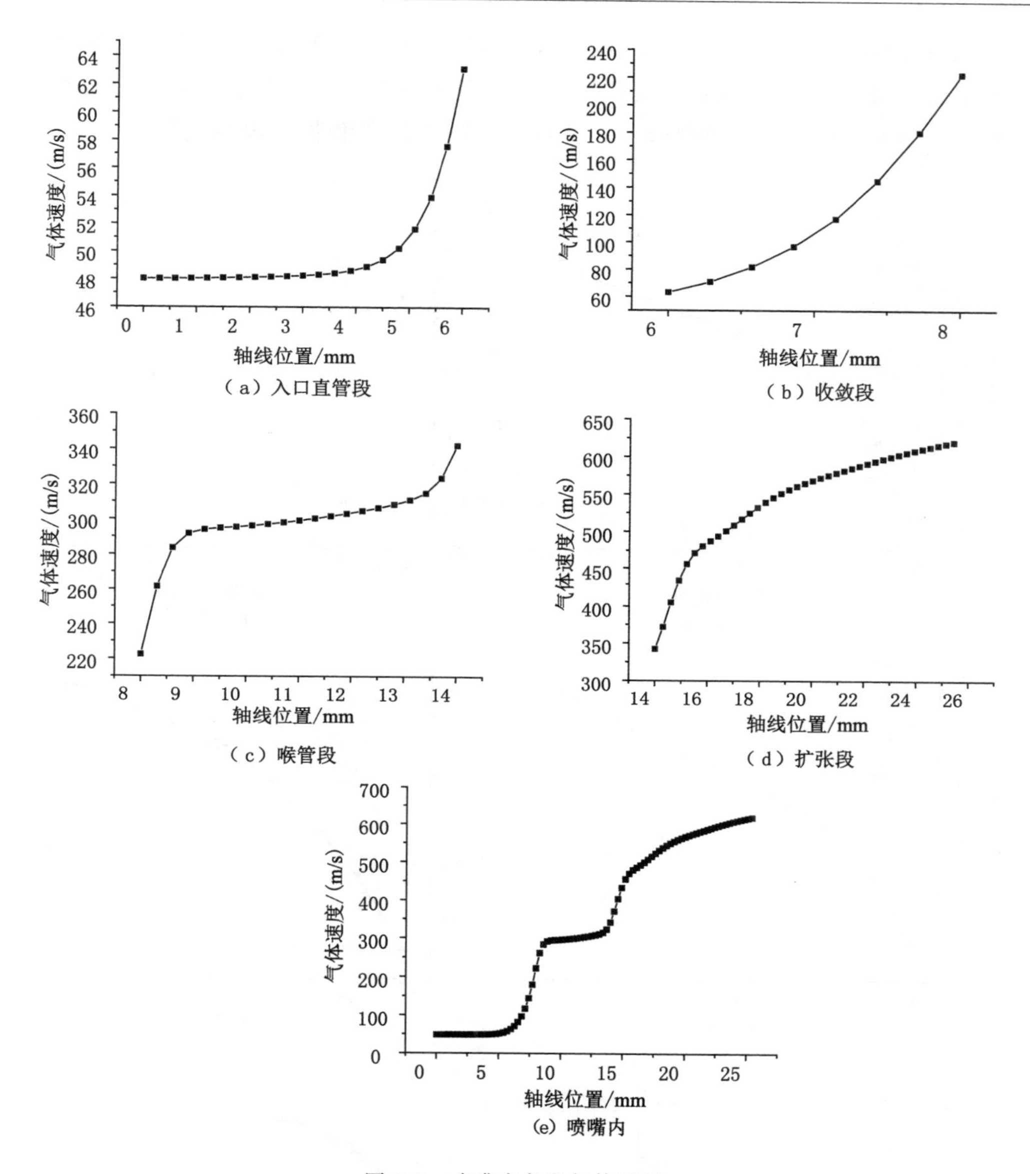

图 3-6　喷嘴内各段气体速度

磨料的颗粒的速度完全是由气体提供的。在分析气体加速的基础上，分析射流压力为 15 MPa、磨料质量流量为 16 g/s 时，磨料颗粒的加速过程。通过分析喷嘴轴线位置上的速度变化过程，分析磨料粒子的加速过程。根据数值模拟结果，分析磨料粒子分别在喷嘴入口直管段、喷嘴收敛段、喷嘴喉管部以及喷嘴扩张段的加速情况，如图 3-7 所示。

在喷嘴入口直管段，磨料颗粒一直处于加速阶段，而且磨料的加速度逐渐降低，在磨料将要运动至收敛段时，磨料加速增快。在直管段内，气体的速度基本不变，随着磨料粒子的加速，磨料和气体的速度差逐渐减小。因此，磨料的加速逐渐减缓。在收敛段前，气体开始加速，而且气体的加速要大于磨料，使磨料加速增快。在喷嘴收敛段，气体的加速增快，气体的加速要大于磨料颗粒，使磨料和气体的速度差增大。因此，磨料在收敛段一直处于加速状态，而且磨料的加速度越来越大。在喷嘴扩张段，磨料加速逐渐减缓。在整个喷嘴内，磨料的加速主要在喷嘴收敛段、喉管以及扩张段，尤其是收敛段和扩张段。磨料经过喷嘴加速，在喷嘴出口速度可以达到 240.3 m/s。磨料在喷嘴收敛段和扩张段与气体的加速具有一致性。

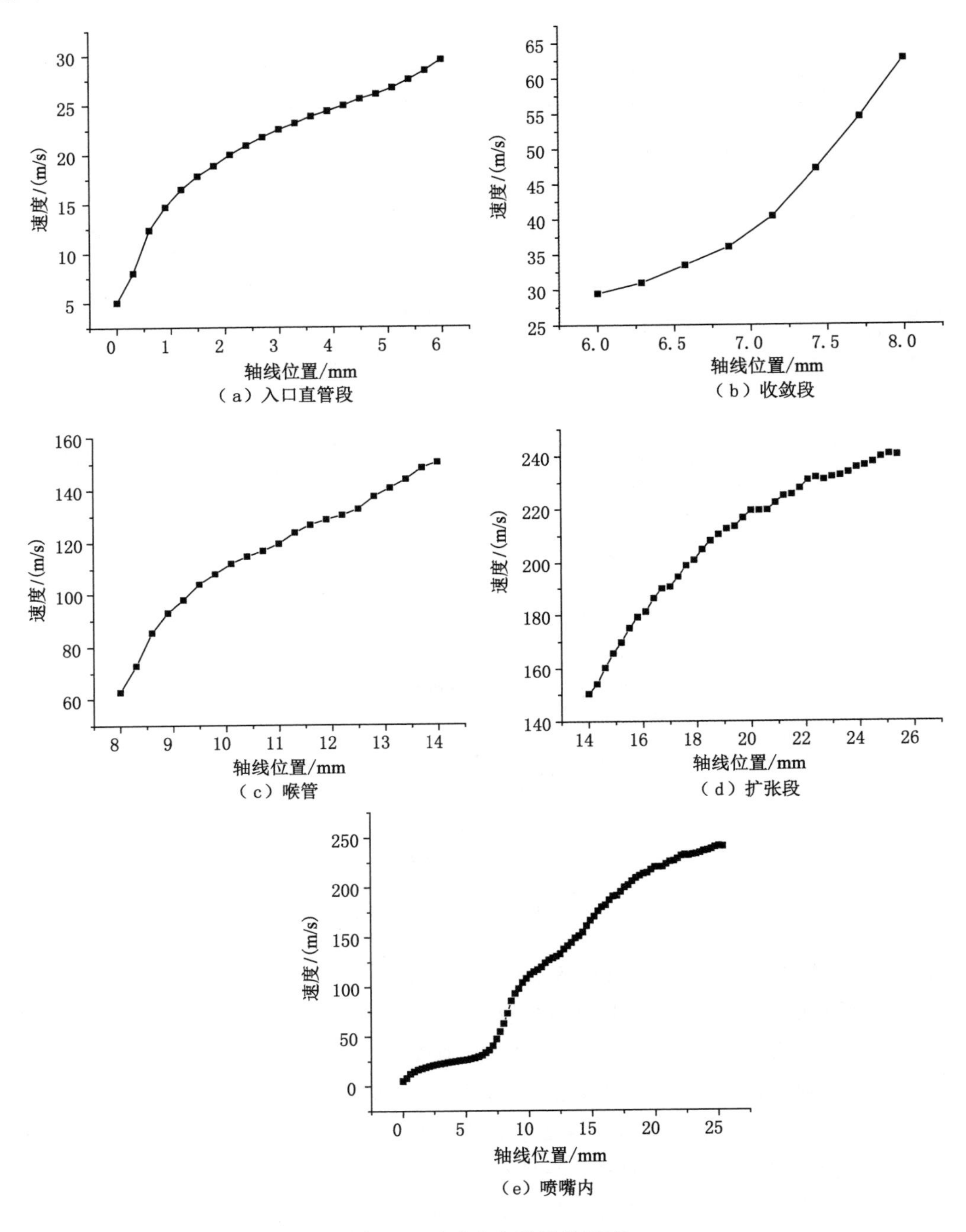

图 3-7 喷嘴内各段磨料速度

（2）自由射流段磨料加速规律分析

对于高压气体射流，其射流核心区较长，气体由喷嘴喷出后，气体速度先增大，之后在射流核心区呈波动状递减，在靶距 150 mm 以后，气体衰减加快。在靶距为 0～150 mm 范围内，气体最大速度为 741 m/s；在靶距为 150 mm 时，速度仍然达到 577 m/s。但是，磨料在喷嘴出口速度仅为 240.3 m/s，磨料与气体的速度差较大。因此，磨料在射流核心区会进一步加速。图 3-8 和图 3-9 所示分别为磨料、气体由喷嘴喷出以后的轴线速度。

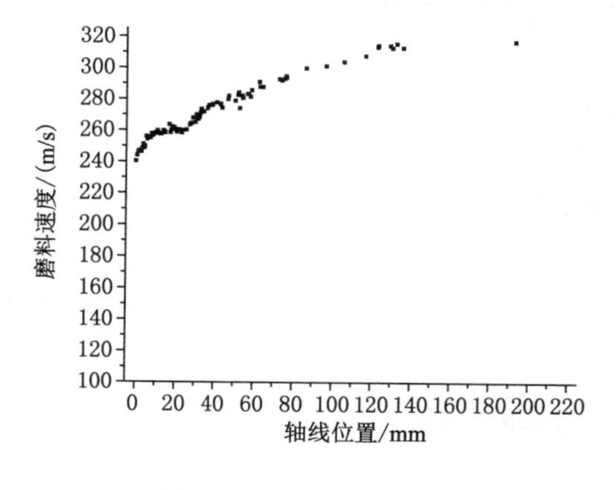

图 3-8　喷嘴外磨料速度

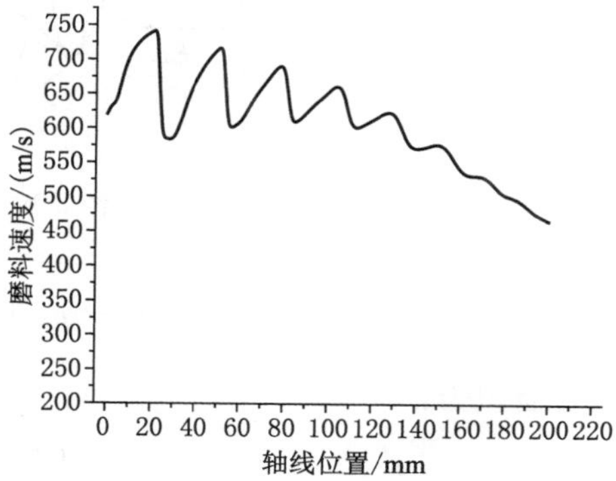

图 3-9　喷嘴外气体速度

磨料在射流核心区的加速规律受气体射流膨胀波和压缩波的影响。磨料喷出喷嘴后，速度增加，在气体出现第一个压缩波时，磨料速度减小。磨料的加速和气体的加速具有一致性，膨胀波促进磨料加速，压缩波使磨料粒子减速。磨料密度较大，磨料速度的波动要远小于气体速度的波动变化。随着压比的降低，磨料速度的波动在减弱。在整个核心区，磨料处于加速的趋势，磨料速度由 240.3 m/s 提高到 318 m/s，在喷嘴出口 130 mm 处，磨料基本达到最大速度。相比于喷嘴内，磨料在自由射流段加速效果不明显。

3.2.2　磨料气体射流磨料受力状态分析

3.2.2.1　磨料加速过程的受力分析

磨料加速过程中，受力复杂，常见的力有曳力（阻力）、压力梯度力、虚拟质量力以及 Basset 力等。

（1）曳力（阻力）

磨料粒子在气流中受到阻力的作用，其阻力为：

$$F_{\mathrm{D}} = C_{\mathrm{D}} \cdot \frac{\pi d_{\mathrm{p}}^{2}}{4} \frac{\rho_{\mathrm{g}}(u_{\mathrm{g}} - u_{\mathrm{p}})}{2} \tag{3-2}$$

其中阻力系数 C_{D} 与雷诺数 Re 有关，当雷诺数范围在 $700 \sim 2\times10^{5}$ 的内时，其阻力系数近似为常数，其平均值为 $C_{\mathrm{D}}=0.44$。

（2）压力梯度力

气体在流动过程中，其压力变化时会对磨料颗粒形成一个作用力，其受力如图 3-10 所示。

固体粒子在表面因为压力的梯度而引起的压力为：

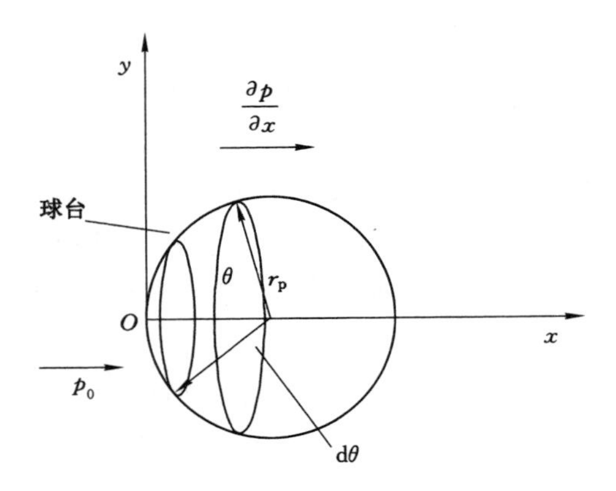

图 3-10　压力梯度作用力

$$p = p_0 + r_p(1 - \cos\theta) \cdot \frac{\partial p}{\partial x} \tag{3-3}$$

微球台面积为：

$$dS = 2\pi r_p^2 \sin\theta d\theta \tag{3-4}$$

其作用在球台微元侧面上的力在 x 方向的分力为：

$$dF_p = \left[p_0 + r_p(1 - \cos\theta) \cdot \frac{\partial p}{\partial x}\right] \cdot 2\pi r_p^2 \sin\theta \cos\theta d\theta \tag{3-5}$$

对式(3-5)从 0 到 π 积分，即可得到作用在颗粒上的压力梯度力：

$$F_p = \int_0^\pi \left[p_0 + r_p(1 - \cos\theta) \cdot \frac{\partial p}{\partial x}\right] \cdot 2\pi r_p^2 \sin\theta \cos\theta d\theta$$

$$= -\frac{4}{3}\pi r_p^3 \cdot \frac{\partial p}{\partial x} = -v_p \cdot \frac{\partial p}{\partial x} \tag{3-6}$$

式中　V_p——颗粒体积；

"—"——压力梯度力的方向与流场中压力梯度的方向相反；

$\partial p/\partial x$——压力梯度。

(3) 虚拟质量力

当颗粒相对流体做加速运动时，不但颗粒速度越来越大，而且在颗粒周围的流体的速度也会增大。推动颗粒运动的力不但用于增加颗粒本身的动能，同时也增加了颗粒周围流体的动能，因而该力将大于用于加速颗粒的力，这就好像是颗粒的质量增加了一样，所以将这部分增加质量的力称为虚拟质量力(又称表观质量效应)。

如果流体以瞬时速度 u_g 运动，颗粒的瞬时速度为 u_P 时，颗粒相当于流体的加速度为：

$$\frac{dv}{dt} = \frac{d}{dt}(u_p - u_g) = \frac{du_p}{dt} - \frac{du_g}{dt} \tag{3-7}$$

则虚拟质量力为：

$$F_{vm} = \frac{1}{2}\rho_g v_p \left(\frac{du_p}{dt} - \frac{du_g}{dt}\right) \tag{3-8}$$

实验表明，实际的虚拟质量力将大于理论值，经验常数 K_m 代替式(3-8)中的 $\frac{1}{2}$。

$$F_{vm}=K_m\rho_g v_p\left(\frac{du_p}{dt}-\frac{du_g}{dt}\right)\tag{3-9}$$

Odar 认为经验常数 K_m 依赖于颗粒加速度的模数 A_c，其关系如下：

$$K_m=1.05-\frac{0.066}{(A_c^2+0.12)}\tag{3-10}$$

A_c 为气动力与产生颗粒加速度的力之比来决定的，即：

$$A_c=\frac{|u_g-u_p|}{a_p d_p}\tag{3-11}$$

式中　a_p——颗粒加速度，

d_p——颗粒直径。

(4) Basset 力

Basset 力是由于流谱偏离定常状态而引起的对颗粒的作用，它是颗粒加速历程的瞬时阻力。Basset 力实际上是颗粒在黏性流体中作急剧加速运动时（或非稳态运动时）所受到的一种阻力。

$$F_B=\frac{3}{2}d_p^2\sqrt{\pi\rho_g\mu}\int_{t_0}^{t}\frac{\frac{d}{d\tau}(v_g-v_p)}{\sqrt{t-\tau}}d\tau\tag{3-12}$$

同时，Odar 实验研究指出 Basset 力同样依赖于加速度的模数 A_c，并对式(3-12)进行修正为：

$$F_B=\frac{K_B}{4}d_p^2\sqrt{\pi\rho_g\mu}\int_{t_0}^{t}\frac{\frac{d}{d\tau}(v_g-v_p)}{\sqrt{t-\tau}}d\tau\tag{3-13}$$

$$K_B=2.88+\frac{3.12}{(A_c+1)^3}\tag{3-14}$$

除了上述力以外，磨料颗粒还受到 Magnus 升力、Saffman 升力。

3.2.2.2　磨料加速过程力的分析

在分析磨料加速过程中的受力时，任选取一组进行分析，而且分析在轴线位置处，磨料颗粒在喷嘴入口直管段、喷嘴收敛段、喉管以及扩张段的受力大小。通过数值模拟可以得出 15 MPa 压力、质量流量为 16 g/s 的条件下，在喷嘴轴线位置的气体速度曲线、密度曲线、磨料的速度曲线以及压力等，如图 3-11 所示。

根据上节磨料加速过程中所受力的计算方法，可以计算出曳力（阻力）、压力梯度力和虚拟质量力的大小，如图 3-12 所示。

在喷嘴入口直管段，曳力和压力梯度力式中为正值，而虚拟质量力由正值变为负值，即曳力和压力梯度力为动力，虚拟质量力为阻力，而且虚拟质量力很小。随着磨料颗粒的加速压力梯度力开始基本不变，在接近收敛段时压力梯度力逐渐增大，主要由于在直管内，气体压力基本不变，在接近喉管出气体压力发生变化，压力梯度力增大。对于曳力（阻力）其先减小后增大，出现这种现象是因为气体速度在管径不变管路流动时，其速度基本不变，而磨料处于一直加速的状态，其磨料和气体速度差减小。因此，曳力会减小；在靠近收敛段时，其气体开始加速，而且气体加速要快于磨料颗粒的加速，使气体和磨料的速度差逐渐增大，出现

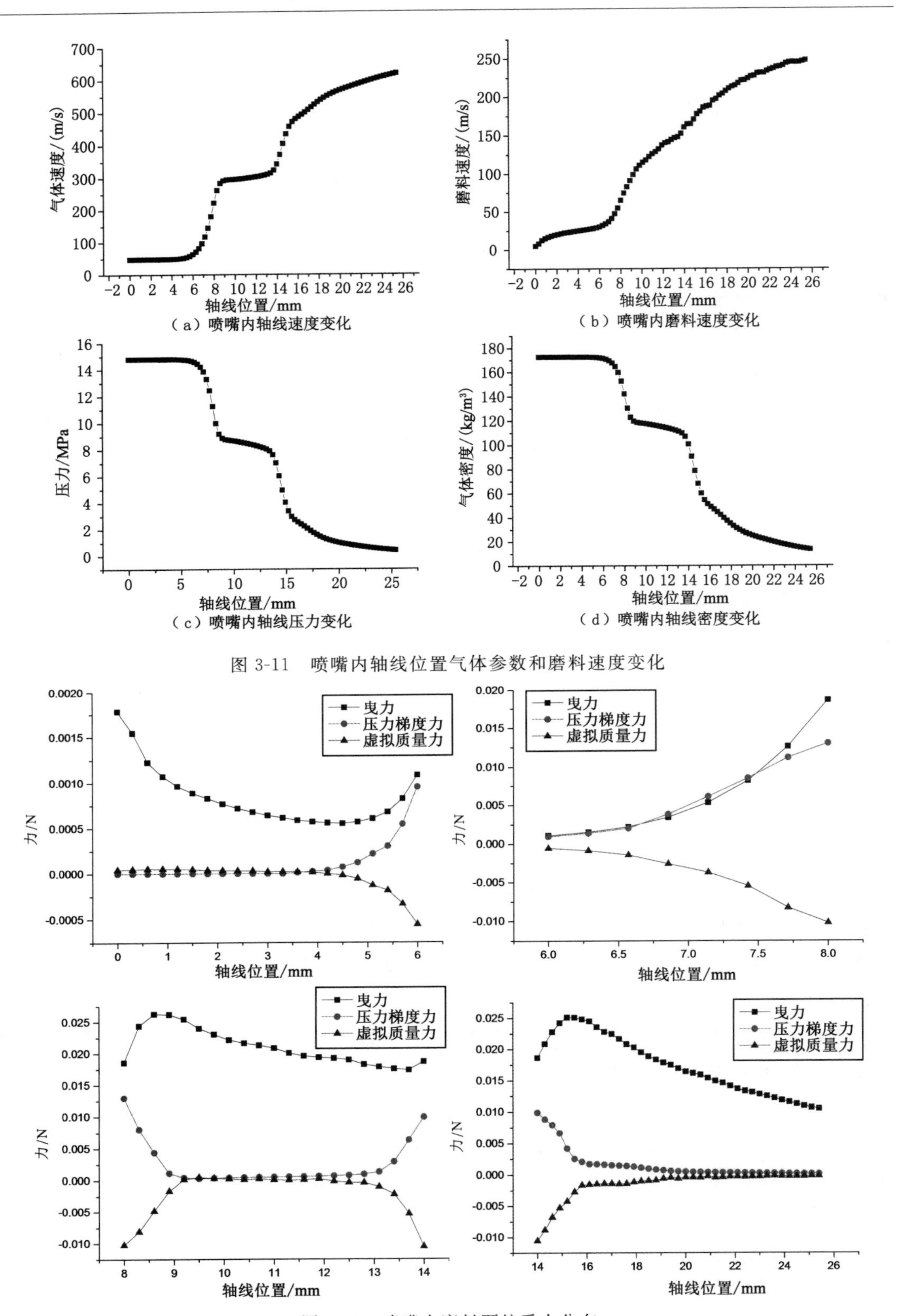

图 3-11　喷嘴内轴线位置气体参数和磨料速度变化

图 3-12　喷嘴内磨料颗粒受力分布

曳力又增大的趋势。

在喷嘴收敛段,曳力和压力梯度力持续增大,而虚拟质量力减小。在喷嘴收敛段,高压气体膨胀加速,其压力梯度逐渐增大,使压力梯度力增大;磨料的加速具有滞后效应,气体加速要明显快于磨料颗粒,使气体的磨料的速度差逐渐增大,磨料受到的曳力也逐渐增大。在喷嘴收敛段气体加速快,其加速度大于磨料加速度,使虚拟质量力始终为负数,而且一直减小。

在喷嘴喉管段,由于受喉管段两侧管径变化的影响,其在两端曳力、压力梯度力和虚拟质量力都发生波动。受管径变化影响,气体在进入喉管段时,气体加速减缓,压力梯度力减小。在喉管中部,气体流动状态基本不变,压力梯度力接近于0,靠近扩张段时,压力梯度力增大。喉管段气体速度先增大,后基本不变,最后靠近收敛段时速度又开始增大,而磨料颗粒在整个过程中是持续加速的,因此,曳力表现为先增大后缓慢减小,在靠近扩张段时稍微增大。

在喷嘴扩张段,气体膨胀加速,随着气体的膨胀,膨胀比逐渐减小,压力梯度力先减小后基本不变。气体加速主要依靠气体膨胀,进入扩张段,气体膨胀比较大,之后逐渐减小。气体的加速度先增大后逐渐减小,气体的加速逐渐变缓,磨料和气体的速度差先增大后减小,曳力在这过程中先增大后减小。

在整个喷嘴内,磨料所受虚拟质量力始终为负值,其阻碍磨料的加速。磨料在喷嘴的加速过程中除了受上述力以外,还受到 Basset 力、Saffman 升力等。在气固两相流中 Basset 力大约为虚拟质量力的十分之一,虚拟质量力在磨料加速过程中就很小。相对于前三种力,这些力较小,不再比较其大小。在整个加速过程中力的影响顺序为:曳力>压力梯度力>虚拟质量力。曳力在扩张段达到最大值 0.02 627 N,压力梯度力最大为 0.01 297 N,而虚拟质量力在直管段最大为 0.00 049 N,在整个喷嘴内为负值。

3.3　磨料分布规律

磨料的分布形态影响磨料气体射流的冲蚀性能。研究磨料气体射流磨料的分布,可以了解打击力的分布,以及冲蚀破碎煤岩中冲蚀坑直径的分布。磨料分布扩散角较小时,磨料颗粒分布集中在轴线位置,其拥有很高的能量,但是冲蚀坑的直径很小;当磨料分布较为发散时,其分布直径大,磨料能量分散,破碎能力会降低;磨料的分布是影响射流的效果的关键参数之一。

3.3.1　气体射流边界层扩散特征数值分析

磨料气体射流中,磨料的分布与喷嘴结构和气体射流分布特性有关。研究磨料的分布特征,需首先分析气体的分布特征。图 3-13 所示为不同压力下气体射流速度的分布。

对于高压气体射流,当射流进入大气环境中时,由于气体的高速流动会卷吸周围空气,射流速度降低,射流边界逐渐扩大,射流边界速度衰减较快。但是射流核心区在射流束中心,速度较高。不同射流压力下,气体射流扩散角如表 3-1 所列。在改变射流压力的情况下,气体射流的扩散夹角变化不大,射流扩散夹角约为 12.36°～12.92°。本书采用的缩放型

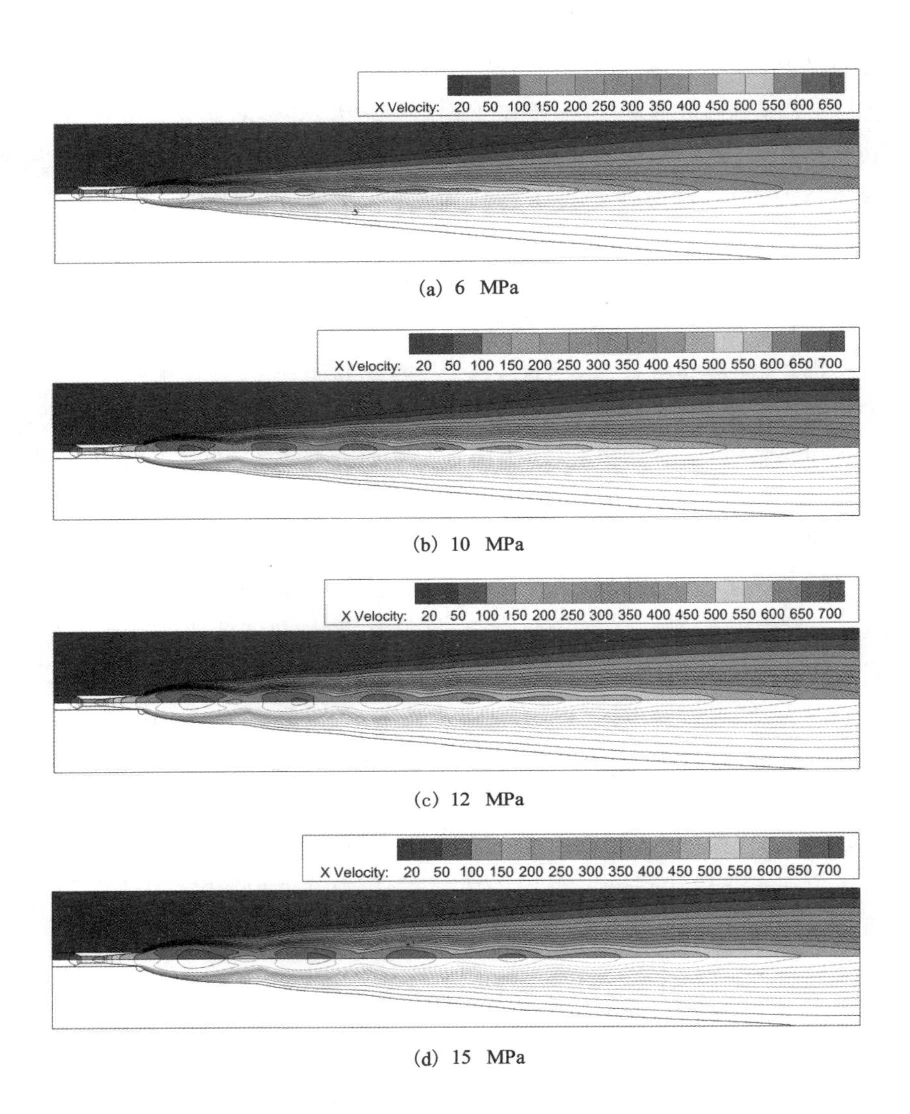

(a) 6 MPa

(b) 10 MPa

(c) 12 MPa

(d) 15 MPa

图 3-13 不同压力下气体射流速度分布

喷嘴，其扩张角为 10.6°。气体射流的扩散边界略大于喷嘴的扩张角，高压气体经喷嘴喷出后，气体为欠膨胀状态，气体膨胀加速，因此气体的扩散角大于喷嘴扩张角。通过对气体射流的分布状态的分析，可以得出，在射流喷嘴结构一定的基础上，射流压力对射流边界的扩散基本没有影响。

表 3-1 不同射流压力下射流扩散角

射流压力/MPa	6	10	12	15
扩散角/(°)	12.36	12.42	12.92	12.92

3.3.2　磨料分布规律研究

磨料气体射流磨料从喷嘴喷出以后，由于周围空气的作用，气体流场逐渐衰减并最终耗散。在磨料射流的发展过程中，磨料粒子会随着气体的膨胀向边界层运动。本节在分析气体射流分布的基础上，数值分析和实验研究了磨料射流中磨料的分布规律。

(1) 喷嘴内磨料分布规律

数值模拟中采用密度为 3 500 kg/m^3，粒径为 80 目的石榴石磨料。磨料的加速主要在喷嘴内，磨料在喷嘴内的运动直接影响了磨料在射流空间的分布状态。因此，需要分析磨料在喷嘴内的分布以及颗粒在喷嘴的运动轨迹。数值模拟中，对称轴为对称边界，粒子采取面源的方式注入喷嘴，粒子的分布具有对称性，对不同粒子从上到下，依次编号，如图 3-14 所示。其中射流压力为 15 MPa，磨料质量流量为 16 g/s。

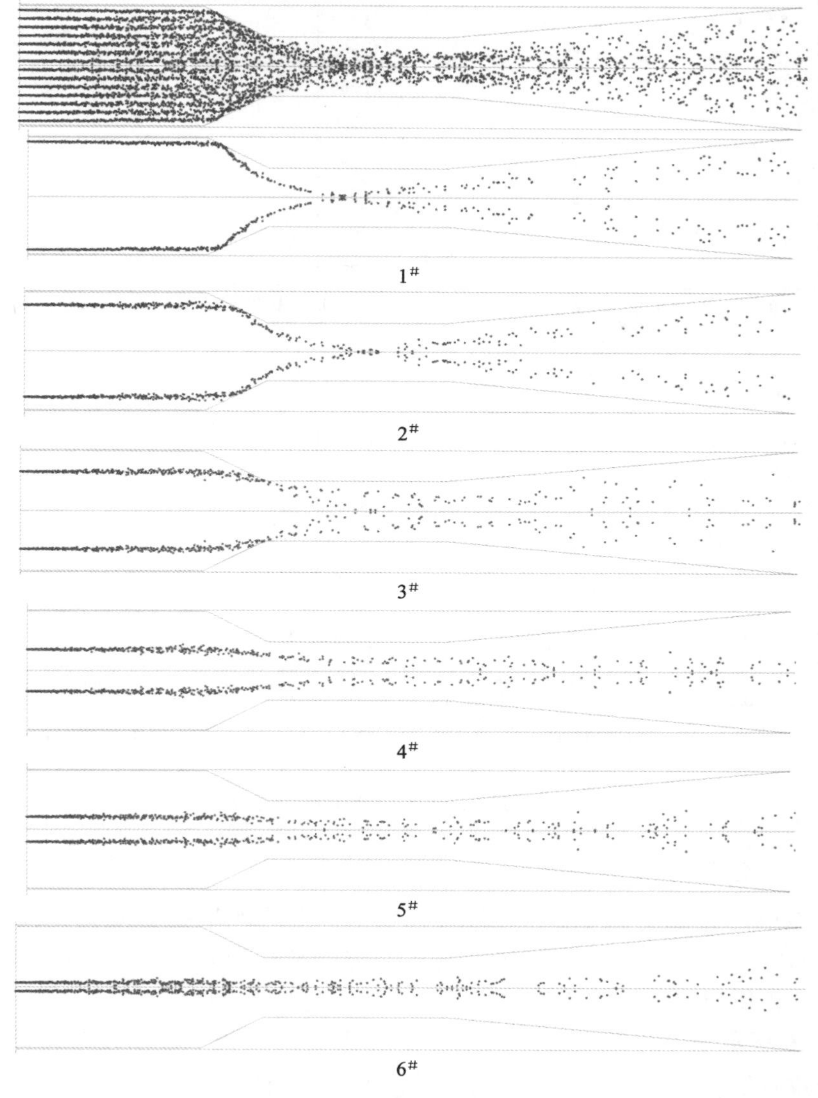

图 3-14　喷嘴内磨料粒子的分布

从图 3-14 所示中可以发现，磨料粒子由收敛段进入喉管后，磨料主要分布在轴心处，在扩张段，磨料分布开始发散。对于 1# 和 2# 颗粒，其在碰撞收缩壁面后反射，在后方气流和磨料运动的影响下，磨料向轴线运动，在喉管内运动至轴线，由于粒子的速度方向，在向后方运动时向外扩散，在喷嘴扩张段磨料分布靠近扩张段壁面。3# 粒子在喉管和扩张段分布比较分散。4#、5# 和 6# 粒子运动中没有碰撞壁面，粒子沿轴线向前运动；在扩张段，部分磨料粒子沿径向向外运动。在扩张段，气体膨胀加速。在扩张段入口和出口，轴线处压力最高，两侧逐渐降低；而在扩张段内，轴线压力最大，往两侧的压力是先降低，在靠近壁面处压力又升高，如图 3-15 所示。由于轴线位置较高的压力，在压力梯度力作用下，磨料向外边界运动。在喷嘴内，磨料的分布受喷嘴结构限制，磨料的边界基本平行于喷嘴的扩张段。

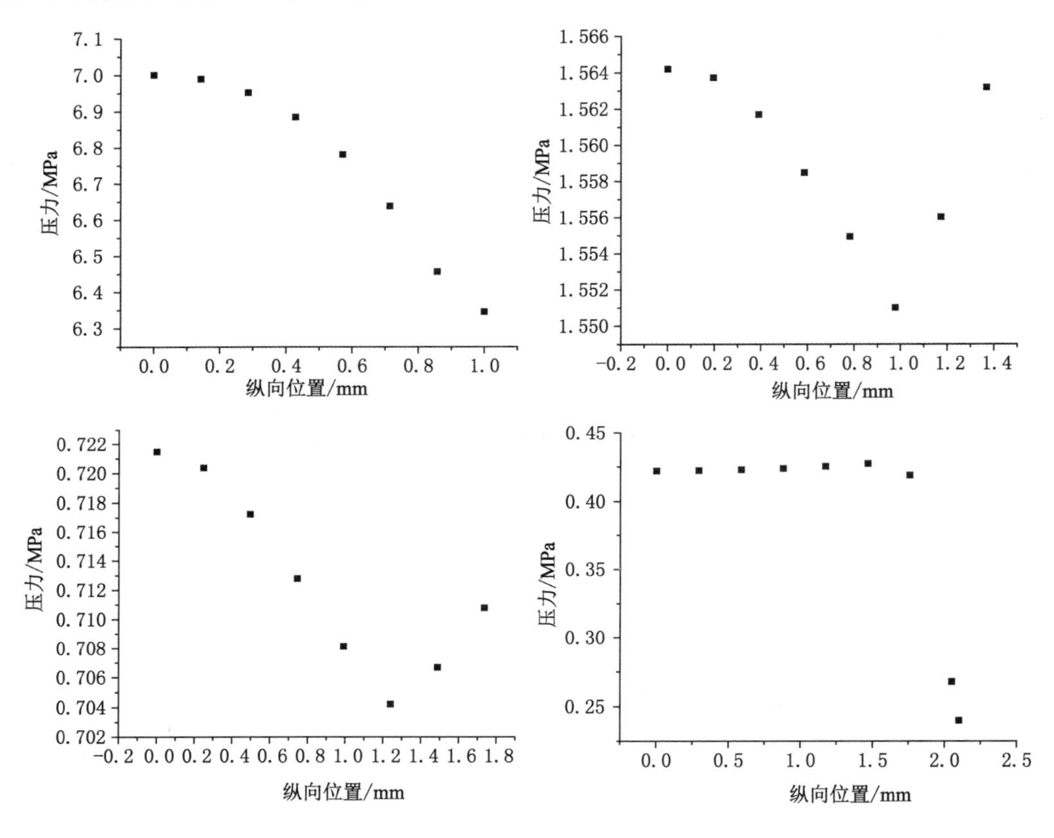

图 3-15　扩张段不同位置纵向压力分布

(2) 自由射流段磨料分布规律

在喷嘴内，尤其扩张段，磨料开始向外边界运动。在明确磨料在喷嘴内分布规律的基础上，研究磨料在自由射流段的分布规律。图 3-16 所示为 15 MPa 下、质量流量为 16 g/s 时，磨料在自由射流段的分布状态。

从图 3-16 所示中可以发现，磨料自喷嘴喷出后，磨料射流束逐渐发散，成锥形，射流外层边界近似成直线，成锥形分布。通过 AutoCAD 绘图软件测定磨料的扩散夹角，其磨料的扩散夹角约为 10.60°。和气体射流的分布特性相比，磨料的分布边界略小于气体的分布边

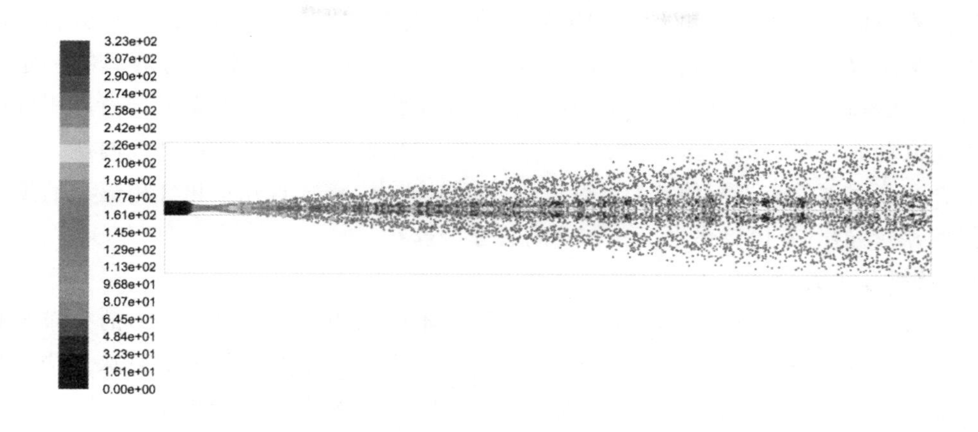

图 3-16 磨料的速度场分布

界。根据磨料的速度分布,测出在不同质量流量下,磨料气体射流中磨料的扩散角,如表 3-2所列。

表 3-2 不同质量流量下磨料扩散角

质量流量/(g/s)	10	16	32	50	75	100
扩散角/(°)	10.48	10.60	10.74	10.62	10.58	10.66

在改变磨料的质量流量时,磨料射流的扩散角在 10.60°上下波动。磨料分布的扩散角和喷嘴的扩张角是一致的。磨料的分布主要受喷嘴结构影响,磨料质量流量的改变不会影响磨料扩散边界的分布。在射流压力越高,磨料在核心区的速度高,可以维持高速的距离也越远。

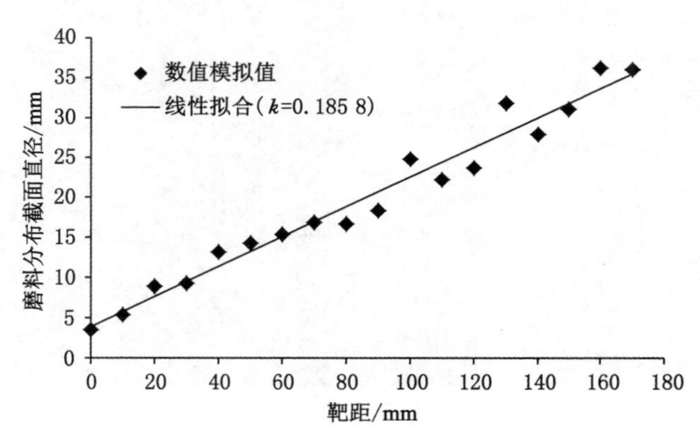

图 3-17 磨料分布边界与靶距的关系

根据不同靶距下磨料分布的截面直径,分析靶距与分布边界的关系,采用线性拟合,其斜率为磨料分布的扩散角。在射流压力为 15 MPa,质量流量为 16 g/s 的情况下,斜率为 0.185 8,扩散角约为 10.52°,与采用 AutoCAD 测量的磨料分布角度近似相等。

根据磨料的速度场分布和不同靶距条件下磨料的分布截面直径，可以发现磨料气体射流经喷嘴喷出以后扩散状，磨料的分布边界夹角约为 10.6°。磨料粒子分布具有一定的扩散角，但是高速粒子的主要分布在轴线两侧。其高速粒子分布夹角约为 2°。而高压气体射流中气相流场的分布边界夹角为 12.36°～12.92°，气体射流的核心区在轴线两侧。高速粒子主要分布在气体射流流场的核心区。磨料气体射流中，磨料的分布和气相流场的发展具有相似性，磨料的分布边界略小于气体射流的分布边界。

3.3.3 磨料分布实验分析

磨料气体射流中，磨料速度较高，打击力很大，不能采用直接测量打击力的分布来测量磨料的分布。本文采用磨料气体射流冲蚀灰岩，测定冲蚀坑直径的分布，以此来反应磨料的分布特征。实验中射流压力分别为 10 MPa 和 15 MPa，磨料质量流量为 16 g/s。实验结果如图 3-18 所示。

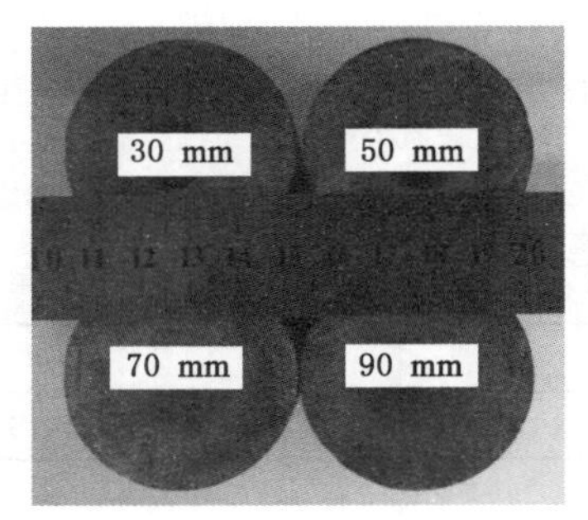

(a) 10 MPa

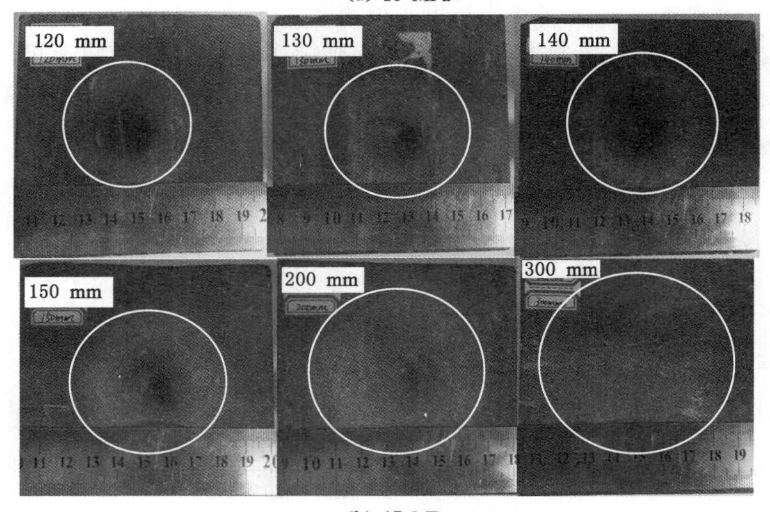

(b) 15 MPa

图 3-18 不同靶距下冲蚀坑直径效果

图 3-19 所示为不同靶距下冲蚀坑直径。通过实验结果可以看出，磨料的分布直径与靶距呈线性关系，在射流压力为 15 MPa 时，扩散率 k=0.178 6，扩散夹角约为 10.13°。而在 15 MPa 下，数值模拟得出的射流扩散角约为 10.6°，其结果近似一样。采用数值模拟研究

磨料的分布规律是准确的。在射流压力为 10 MPa 时，扩散率 $k=0.1888$，扩散夹角约为 10.69°。与射流压力 15 MPa 时，磨料的扩散角近似一致。由上分析可得，在不同射流压力下，气体射流的扩散角是一样的。因此磨料气体射流的射流压力对磨料的扩散角没有影响。

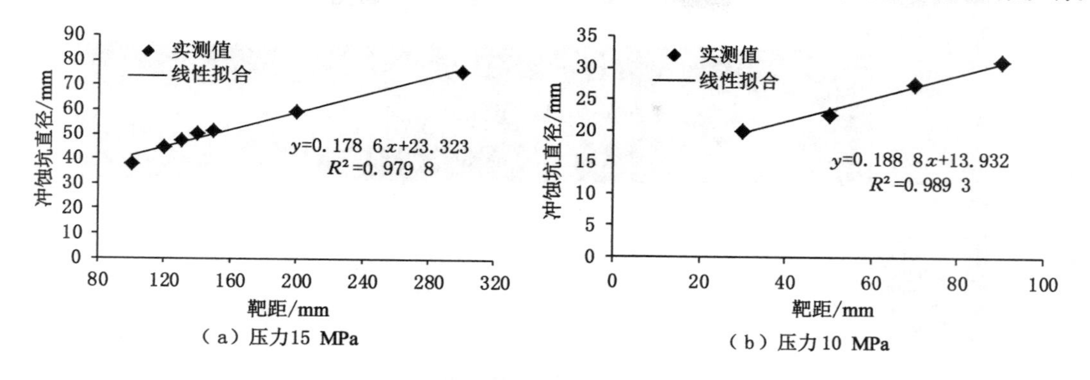

图 3-19　不同靶距下冲蚀坑直径

3.3.4　实验结果分析结论

本节通过数值模拟和磨料气体射流冲蚀实验研究了气体射流边界层扩散特征和磨料分布的规律，主要结论如下。

(1) 对于高压气体射流，气体射流的扩散角具有相似性，在改变射流压力时，气体射流的扩散角基本不变，其扩散角为 12.36°～12.92°。射流压力对气体射流的分布边界基本没有影响。

(2) 磨料气体射流中，磨料的分布和气体流场具有相似性。磨料的分布边界略小于气体射流的分布边界，其扩散夹角约为 10.6°。射流压力对射流中磨料的分布边界基本没有影响。磨料分布的扩散角与喷嘴的扩张角相等，磨料的分布受喷嘴结构影响。射流压力越高，射流核心区磨料速度越高，而且射流压力对射流分布边界没有影响。

3.4　质量流量影响规律

3.4.1　不同流量对气相流场的影响

高压磨料气体射流的流动状态复杂，尤其在喷嘴内，由于喷嘴直径较小，两相流动更为复杂。高压气体在喷嘴内和射流核心区将磨料加速，在不同磨料质量流量下，磨料在喷嘴内的加速虽然具有相似性，但是磨料质量流量越大，磨料可以加速到的最大速度在减小。

磨料加速的过程，是气体和磨料相互作用的过程，在高压气体作用下，磨料加速。反之，磨料也会影响气体的状态。磨料质量流量不同，磨料的浓度分布是不同的。因此，磨料对气体流场结构的影响也不一样。

图 3-20 所示为高压气体射流速度场。图 3-21 至图 3-25 所示为不同磨料质量流量下的气体流场结构。在质量流量较低时，对气相流场影响较小。磨料质量流量越大，在射流空间内，磨料分布的浓度增大，气体的流动所受阻力越大。图 3-26 为不同磨料质量流量下，磨料

浓度分布云图。

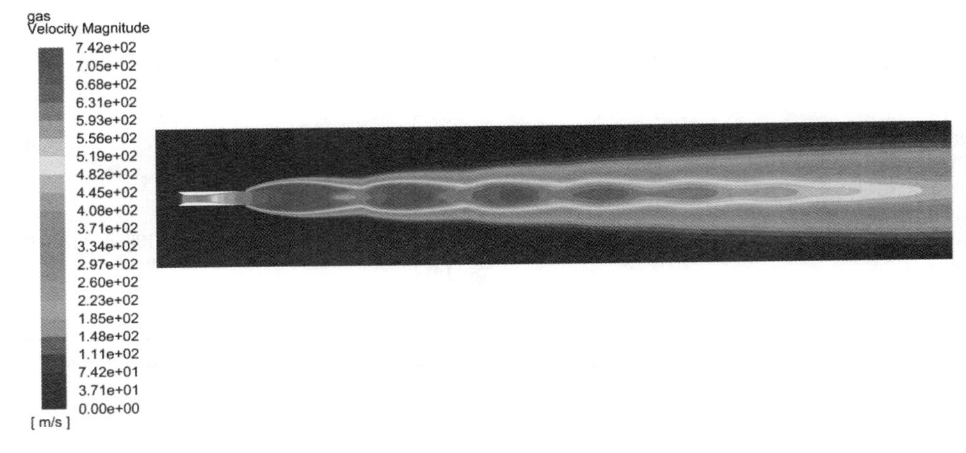

图 3-20　15 MPa 高压气体射流速度场

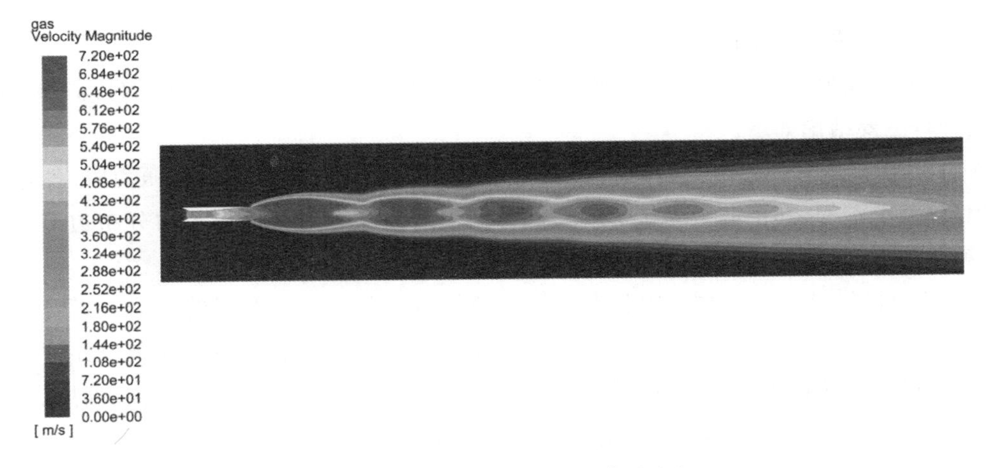

图 3-21　质量流量 16 g/s 气体速度场

在磨料质量流量为 50 g/s 时，在第一个压缩波处气体速度降低。而此处的磨料浓度为 2.3%，阻碍了气体的流动，使气体速度降低。而对于质量流量为 32 g/s 和 16 g/s 时，在同一位置处磨料浓度为 1.8%和 0.4%，对气体流场结构的影响较低。

在质量流量为 75 g/s 和 100 g/s 时，喷嘴出口之后形成低速区，气体流场的波节消失，气体流场结构沿着轴线分为上下两部分。沿轴线形成气体低速区处，磨料浓度分别达到了 5.6%和 10.5%，在这之前磨料浓度较低。磨料浓度的增大，使气体在流动时受到较大阻力，形成强激波。气体流过强激波时，气体速度迅速降低，在强激波后方形成低速区。强激波的形成对磨料加速起到抑制作用。

通过比较分析磨料质量流量对气相流场结构的影响，磨料对气相流场的影响随着磨料质量流量的增大而增强。在磨料质量流量达到一定程度时，会在射流区形成强激波影响磨料的加速。磨料在轴线位置浓度较高，因此，磨料质量流量为 75 g/s 和 100 g/s 时，

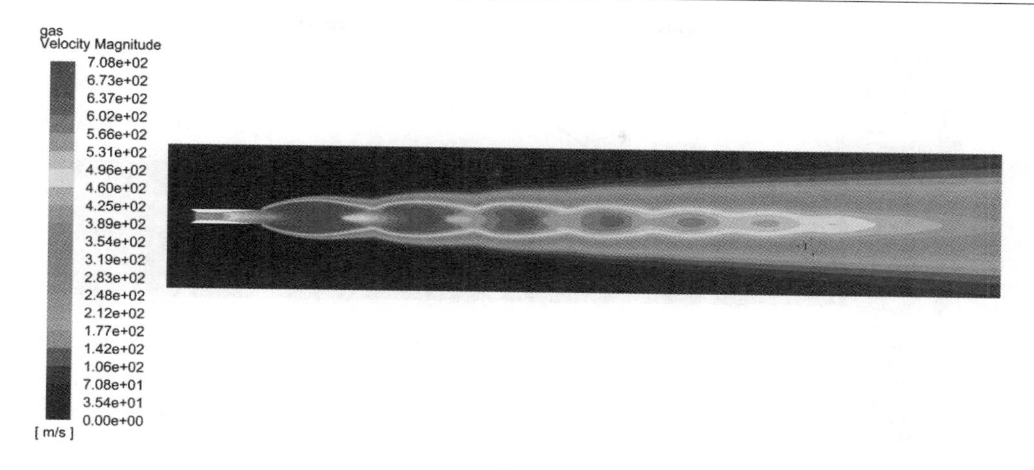

图 3-22　质量流量 32 g/s 气体速度场

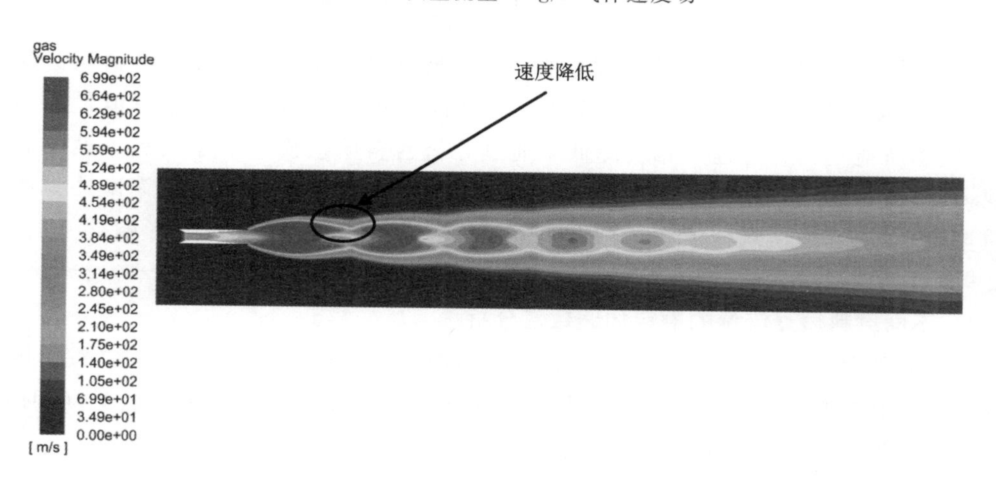

图 3-23　质量流量 50 g/s 气体速度场

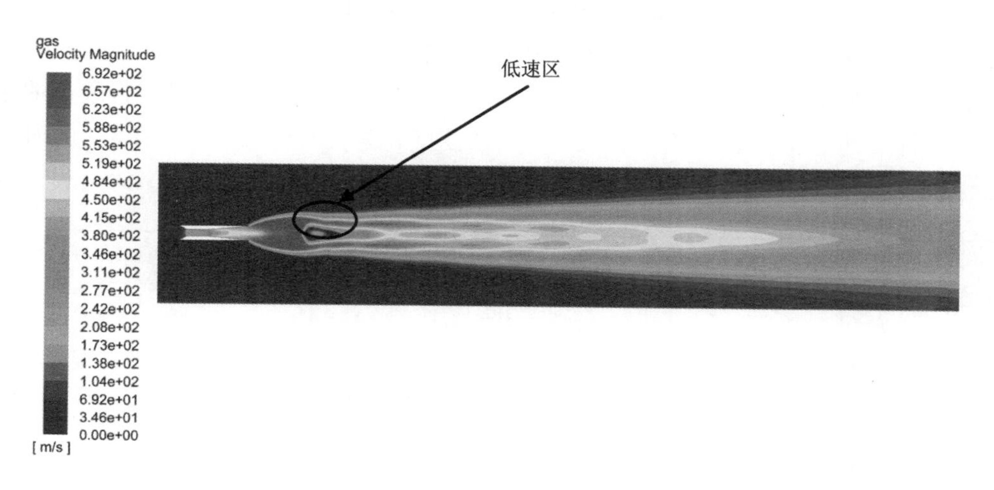

图 3-24　质量流量 75 g/s 气体速度场

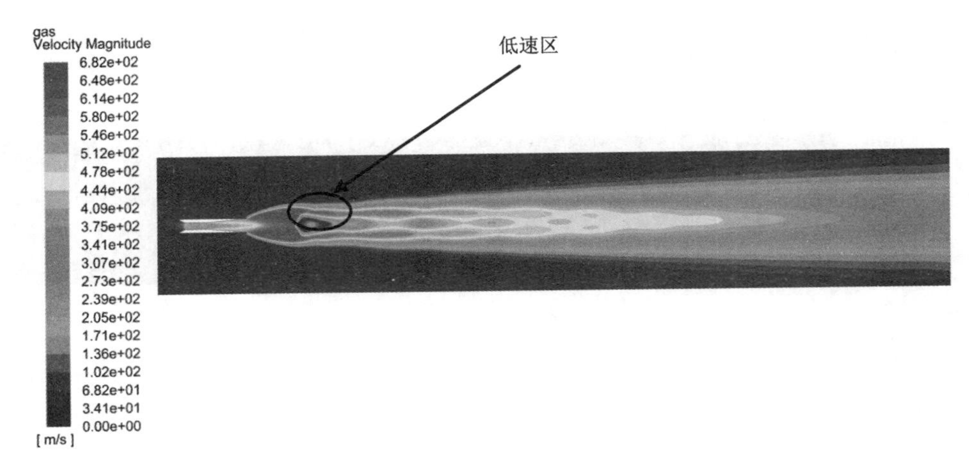

图 3-25　质量流量 100 g/s 气体速度场

在强激波后方，气体速度沿轴线速度较低，在轴线两侧速度较高。而且磨料质量流量影响了波节长度和气体射流核心区的长度。射流核心区长度随着磨料质量流量的增大而减小，气体所能达到最大速度相应降低。通过分析磨料质量流量对于磨料加速的影响时发现，质量流量越大，磨料从喷嘴喷出以后，在射流核心区加速的幅度逐渐减小。因为磨料质量流量过大时，使气体流场结构发生本质变化，出现的强激波更是影响粒子的加速。因此，磨料加速受限。

3.4.2　不同磨料质量流量的磨料加速数值分析

在射流压力为 15 MPa 的情况下，改变磨料的质量流量，分析磨料的加速情况，因为磨料的加速主要在喷嘴内和射流核心区，因此在考虑磨料质量流量对磨料加速的影响时，主要分析喷嘴内和射流核心区磨料的加速过程。在磨料质量流量分别为 32 g/s、50 g/s、75 g/s 和 100 g/s 时，磨料速度分别如图 3-27 至图 3-30 所示。

通过对比不同磨料质量流量时磨料粒子速度分布图可知，在改变磨料质量流量情况下，其速度分布具有相似性，较高速度粒子主要分布在轴线两侧，在射流边界外层，磨料速度降低。磨料粒子在喷嘴入口直管段，其速度很低，磨料经喷嘴加速以后可以获得较高的速度。在改变磨料质量流量情况下，磨料在喷嘴出口的速度和磨料的最大速度如表 3-3 所列。

表 3-3　喷嘴出口磨料速度

磨料质量流量/(g/s)	喷嘴出口磨料速度/(m/s)	磨料最大速度/(m/s)
16	240.3	323
32	222.5	297
50	208.7	275
75	187.4	253
100	173.5	249

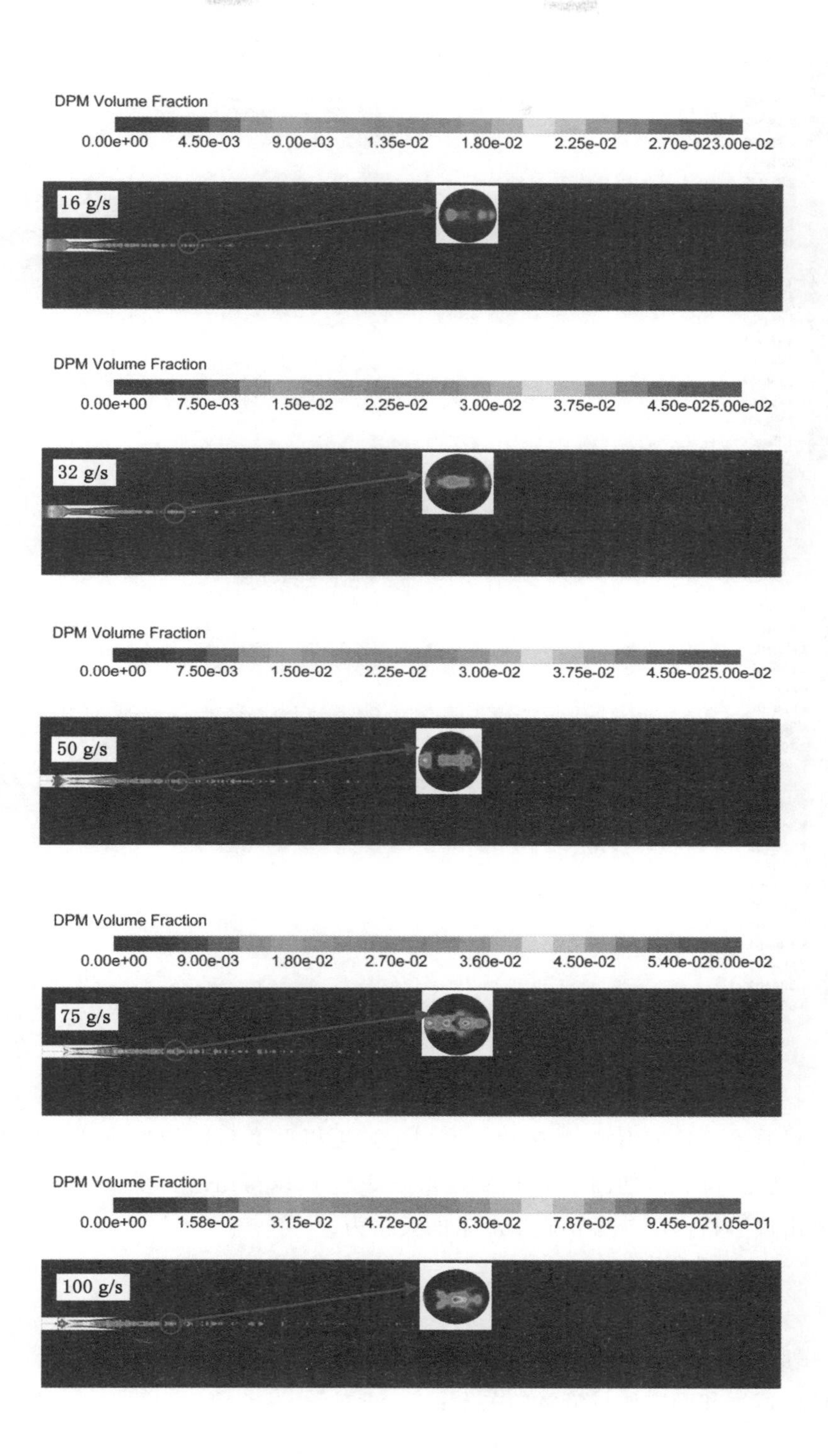
DPM Volume Fraction
0.00e+00 4.50e-03 9.00e-03 1.35e-02 1.80e-02 2.25e-02 2.70e-02 3.00e-02
16 g/s
DPM Volume Fraction
0.00e+00 7.50e-03 1.50e-02 2.25e-02 3.00e-02 3.75e-02 4.50e-02 5.00e-02
32 g/s
DPM Volume Fraction
0.00e+00 7.50e-03 1.50e-02 2.25e-02 3.00e-02 3.75e-02 4.50e-02 5.00e-02
50 g/s
DPM Volume Fraction
0.00e+00 9.00e-03 1.80e-02 2.70e-02 3.60e-02 4.50e-02 5.40e-02 6.00e-02
75 g/s
DPM Volume Fraction
0.00e+00 1.58e-02 3.15e-02 4.72e-02 6.30e-02 7.87e-02 9.45e-02 1.05e-01
100 g/s

图 3-26　磨料浓度云图

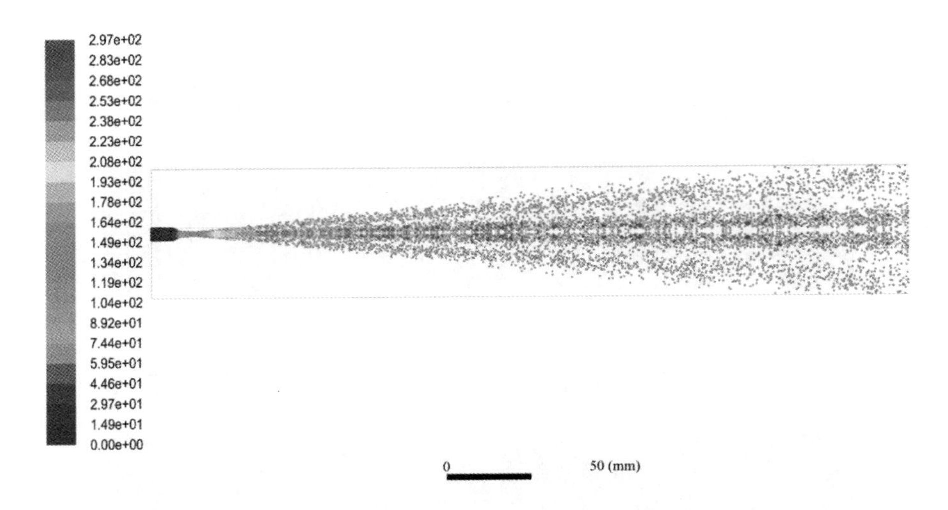

图 3-27 质量流量为 32 g/s 时磨料的速度分析

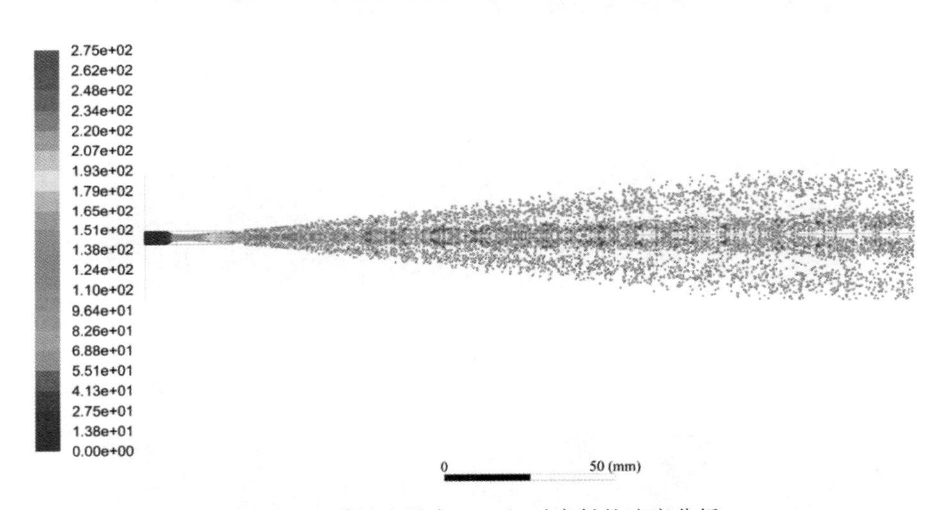

图 3-28 质量流量为 50 g/s 时磨料的速度分析

随着磨料质量流量的增加，喷嘴出口磨料的速度以及磨料所能加速到的最大速度都降低，对磨料速度进行拟合，如图 3-31 所示。由图 3-31 可以得出磨料质量流量和磨料速度的关系。喷嘴出口磨料速度与磨料质量流量的关系为：

$$v_1 = 0.0034q^2 - 1.1834q + 258.06 \tag{3-15}$$

式中 v_1——喷嘴出口磨料速度；

q——磨料质量流量。

磨料最大速度和磨料质量流量的关系：

$$v_{max} = 0.0112q^2 - 2.1916q + 355.52 \tag{3-16}$$

式中 v_{max}——磨料最大速度，m/s；

q——磨料质量流量，g/s。

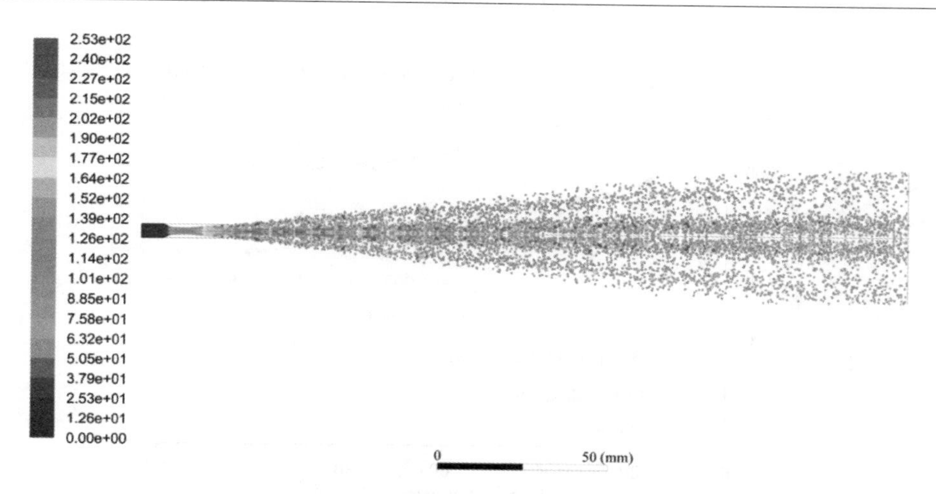

图 3-29　质量流量为 75 g/s 时磨料的速度分析

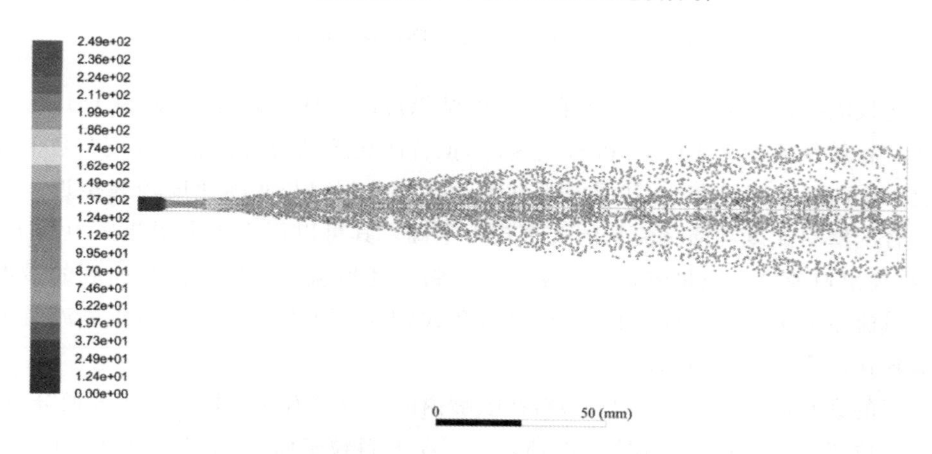

图 3-30　质量流量为 100 g/s 时磨料的速度分析

拟合公式(3-15)和公式(3-16)的相关性系数分别为 0.998 6 和 0.999 2。拟合公式精确度较高。为了检验拟合公式的可靠性,计算磨料质量流量分别为 10 g/s 和 80 g/s 时,喷嘴出口磨料的速度和磨料的最大速度如表 3-4 和表 3-5 所列。

表 3-4　喷嘴出口磨料速度

质量流量/(g/s)	10	80
磨料速度/(m/s)	247.4	186.3
拟合速度/(m/s)	246.6	185.2

表 3-5　磨料最大速度

质量流量/(g/s)	10	80
磨料速度/(m/s)	334.78	251.07
拟合速度/(m/s)	335.74	250.61

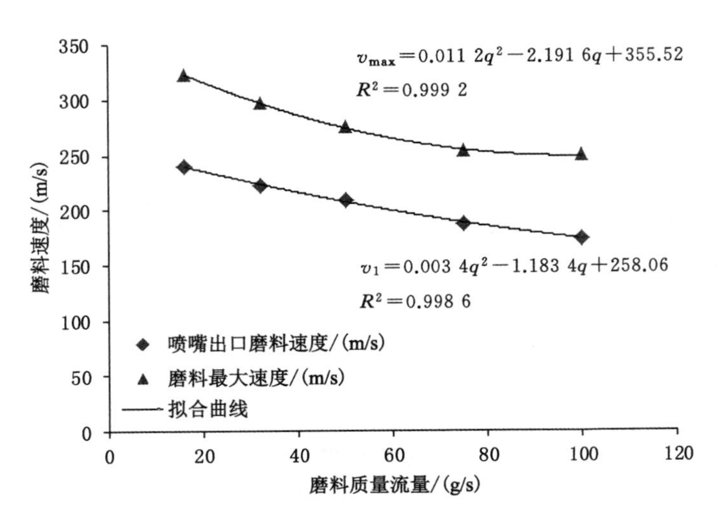

图 3-31　磨料质量流量与磨料速度的关系

通过比较喷嘴出口磨料速度与拟合计算的结果可以发现，其差值最大为 1.1 m/s，误差较小。而且在质量流量为 10 g/s 和 80 g/s 时，拟合曲线所求的磨料最大速度与数值模拟的结果相差 0.96 m/s、0.46 m/s，其误差为 0.29% 和 0.18%，与实际速度较为接近。说明采用二阶拟合的磨料速度和质量流量的关系较为准确。其可以用来表征射流压力为 15 MPa 时，磨料喷嘴出口速度与质量流量的关系以及磨料气体射流中磨料所能加速到的最大速度和磨料质量流量的关系。因此，通过式(3-13)和式(3-14)可以计算出不同质量流量下喷嘴出口处磨料速度和最大磨料速度。

在不同的磨料质量流量条件下，磨料在喷嘴内的加速具有相似性。为了方便分析，分析磨料沿轴线位置的加速过程，如图 3-32 所示。对于磨料粒子而言，由于密度大，在加速过程中需要一定的时间；在其刚加入管路中时，其获得初始速度较低，在不同磨料质量的条件下，初始速度为 4～5 m/s，磨料在以后的加速过程中，质量流量越大磨料的速度越低。对于收敛段和扩张段，磨料颗粒加速过程和气体加速具有相似性，加速效果明显。在磨料质量流量为 75 g/s 和 100 g/s 时，磨料进入喉管段时出现速度降低的现象。因为磨料质量流量大，磨料颗粒数较多，由收缩段进入喉管时，磨料向轴线方向运动，进入喉管后，磨料颗粒间作用加强，阻碍磨料加速，使磨料速度降低。

在自由射流段磨料粒子的加速不明显，在磨料质量为 16 g/s 时，磨料在喷嘴外速度由 240.3 m/s 增加至 318.2 m/s，同样，当磨料质量流量为 32 g/s、50 g/s、75 g/s 和 100 g/s 时，速度分别增加至 296.5 m/s、269.2 m/s、232.4 m/s 和 221.3 m/s。随着磨料质量流量增大，磨料在自由射流段速度的增大是减小的。例如，16 g/s 时，速度增加了 77.9 m/s；在 32 g/s 时，速度增加了 74 m/s；在 75 g/s 时，速度增加了 56 m/s；在 100 g/s 时，速度仅仅增加了 47.8 m/s。

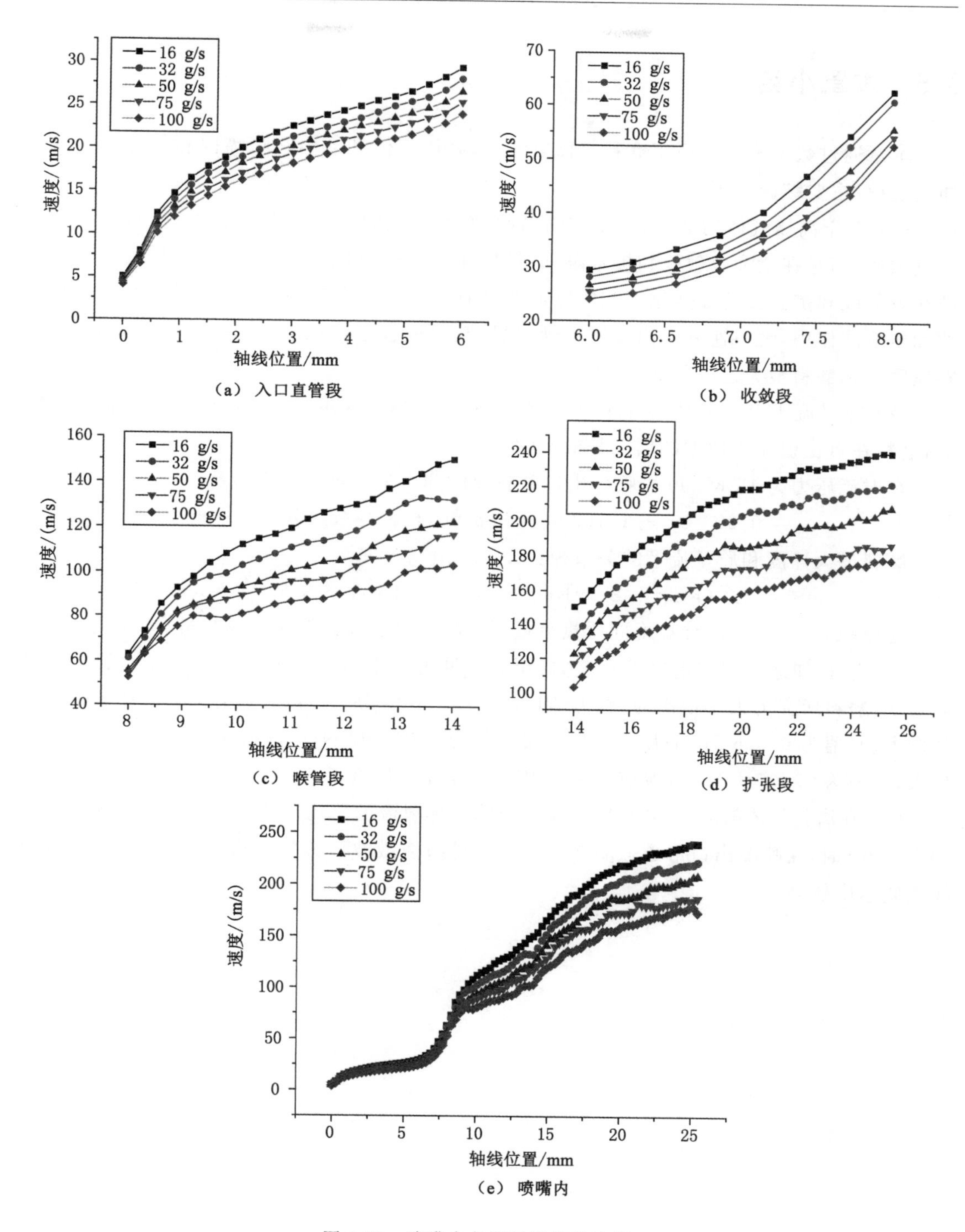

图 3-32　喷嘴内各段轴线磨料速度

3.5 本章小结

本章通过数值模拟分析了磨料气体射流中，高压气体和磨料在喷嘴内和自由射流段的加速过程，主要结论如下。

(1) 对于高压气体的加速，主要在喷嘴收敛段和扩张段，对于磨料粒子，在整个喷嘴内一直加速，但是在喷嘴收敛段和扩张段，磨料加速较快；磨料加速主要是在喷嘴内。磨料颗粒在收敛段和扩张段的加速过程和气体加速具有一致性。在自由射流段，磨料加速受膨胀波和压缩波作用，磨料速度也出现波动性，但波动幅度较小。在喷嘴出口 130 mm 以后，磨料速度达到磨料最大速度的 90%以上。

(2) 在射流压力一定时，磨料的质量流量越大，磨料的速度越小。随着磨料质量流量增大，磨料在自由射流段速度的增大是减小的。

在射流压力为 15 MPa 时，喷嘴出口磨料速度和质量流量的关系为：

$$v_1 = 0.003\,4q^2 - 1.183\,4q + 258.06\text{，相关性系数 } R^2 = 0.999\,2$$

磨料最大速度和质量流量的关系为：

$$v_{\max} = 0.011\,2q^2 - 2.191\,6q + 355.52\text{，相关性系数 } R^2 = 0.996\,3$$

通过拟合公式，可以计算不同质量流量下的喷嘴出口处磨料速度以及最大磨料速度。

(3) 磨料加速过程中主要受到曳力、压力梯度力和虚拟质量力。通过计算力的大小可以发现：磨料所受力大小依次为：曳力(阻力)＞压力梯度力＞虚拟质量力。曳力在扩张段达到最大，其值为 0.026 27 N；压力梯度力最大值为 0.012 97 N；而虚拟质量力在直管段达到最大，其值为 0.000 49 N，在喷嘴收敛段和扩张段都为负值。

(4) 在磨料气体射流中，磨料质量流量影响气体射流的流场结构。在质量流量为 75 g/s 和 100 g/s 时，在喷嘴出口形成强激波，出现低速区；强激波后方气体沿轴线速度较小，而轴线两侧速度较高。

第 4 章　高压磨料气体射流冲蚀磨损岩石机理

4.1　磨料气体射流冲蚀煤岩影响因素数值模拟研究

高压磨料气体射流采用高压气体为动力源，通过喷嘴对磨料粒子进行加速，高速的细微磨料对靶体造成高频率的粒子冲击，实现靶体材料的冲蚀破坏。由于气体射流冲蚀性能较小，决定冲蚀效果的关键在于磨料的冲蚀性能。冲蚀性能主要表现为冲击动能、冲击方式以及磨料特性；冲击动能即粒子能量，根据动能定理，冲击动能决定于磨料密度、磨料粒径和冲击速度；冲击方式表现为冲击动能转化率，射流能量分布受到射流扩散角和入射角的影响；同时磨料粒子的形状一定程度上也影响了射流的冲蚀性能。

影响磨料气体射流的冲蚀性能的重要因素之一为气体压力，在实际应用中，受空气压缩设备生产工艺的限制，不宜过多的提高气体压力增大磨料气体射流的冲蚀效果。因此，在有限的射流压力下，分析射流参数对磨料气体射流冲蚀能力的影响显得尤为重要。针对磨料气体射流的作用方式，首先通过 FLUENT 模拟磨料加速阶段，再通过动力分析程序（LS-DYAN）采用光滑粒子-耦合有限元（FEM-SPH）方法建立磨料气体射流的冲蚀模型，分析射流参数的影响规律，为冲蚀模型的建立提供理论借鉴。

4.1.1　冲蚀参数的选取

磨料气体射流冲蚀能量来源于磨料的冲击动能，磨料的冲击动能来源于管路和喷嘴中高压气体的加速。冲击动能决定于磨料速度和磨料质量，即冲击动能与磨料速度、磨料粒径、磨料密度相关。虽然实验手段不易准确测量和捕捉磨料粒子速度，但是借助数值模拟方法可以准确地分析磨料加速规律。FLUENT 可对不可压缩到高度可压缩范围内的复杂流动进行计算；采用了多种求解方法和多重网格加速收敛技术，能达到最佳的收敛速度和求解精度。其中，喷嘴入口条件为压力入口，入口温度为 300 K；壁面为无滑移壁面条件，出口设置为压力出口，操作压力为 0.1 MPa。使用二维 DPM 离散型计算模型，在 FLUENT 中设置定义 DPM 粒子影响半径以及粒子密度；计算区域主要包括喷嘴和自由射流区域。模拟得出磨料质量流量为 0.016 kg/s 情况下，不同气体压力、磨料粒径、磨料密度粒子通过喷嘴加速后磨料速度值，其模拟参数表如表 4-1 所示。

表 4-1　磨料加速模拟参数

磨料密度/(kg/m^3)	磨料粒径/μm	气体压力/MPa
2660(石英砂)	75/125/180/410	5/10/15/20/25
3500(石榴石)	75/125/180/410	5/10/15/20/25
3750(棕刚玉)	75/125/180/410	5/10/15/20/25
3950(碳化硅)	75/125/180/410	5/10/15/20/25

通过对磨料加速数值模拟结果提取，数值模型中沿轴线位置磨料速度如图 4-1 所示。由图 4-1 可以看出，在轴线位置 29.4 mm 处，磨料粒子从喷嘴出口射出，磨料速度持续增加，直至59.4 mm后保持稳定；通过纵向对比稳定后的磨料速度，发现随磨料粒径和密度的增加，磨料速度先增大后减小。通过对轴线位置 45 mm 后的稳定数据拟合得到 15 MPa 情况下；不同磨料粒径、密度与磨料粒子冲击动能之间的关系，如图 4-2 所示。可以看出，随磨料粒径以及密度的增加，在射流气体压力一定时，磨料粒径和密度存在最优组合值，磨料粒子具有最大的冲击动能。例如，射流压力为 15 MPa 时，针对常用磨料，最优磨料参数为 180 μm 石榴石；当磨料粒径过小或过大时，改变磨料密度并不能有效地改变冲蚀效果。同样，当磨料密度过小或过大时，改变磨料粒径也不能有效改变冲蚀效果。

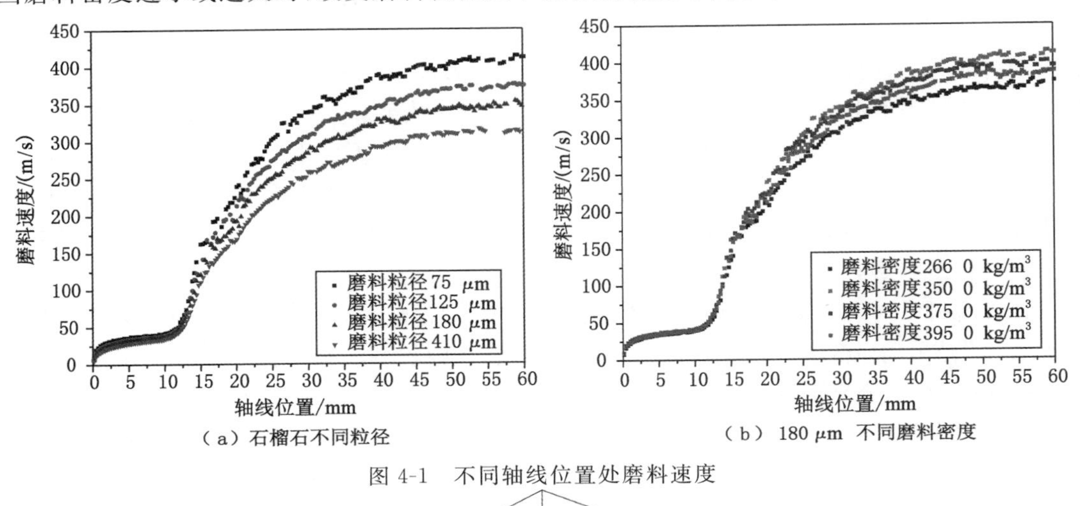

图 4-1　不同轴线位置处磨料速度

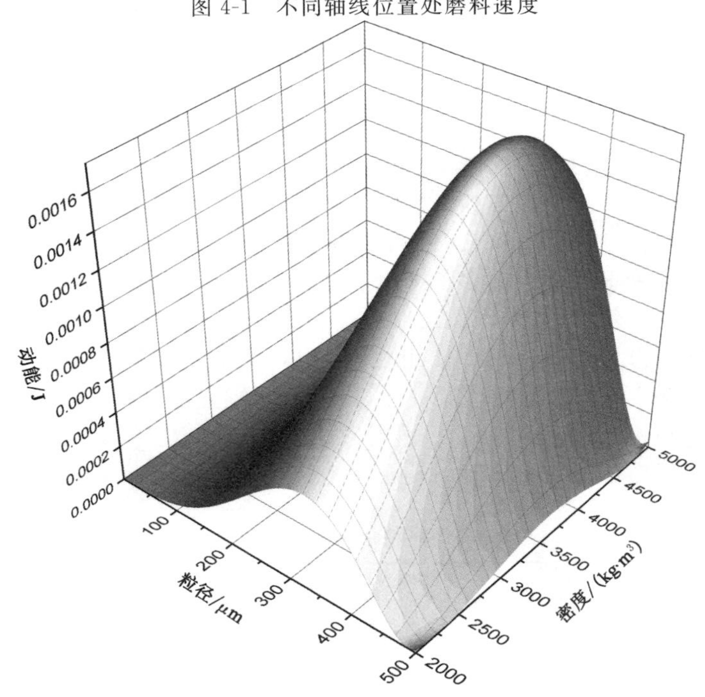

图 4-2　不同磨料粒径、密度与磨料粒子冲击动能之间的关系

分析原因，得到的结论为磨料气体射流中磨料粒子的加速，在质量流量相同的条件下，当磨料粒径较小时，颗粒数量较大；由于质量流量相同，可以认为总的冲击动能相同；虽然粒径小的磨料加速后磨料速度较大，但是由于磨料粒径较小，从而单颗粒子的动能偏小。同理，当磨料密度过大或过小，导致磨料粒子的惯性较大或较小；当粒子惯性较小时，虽然速度有所增加，但是由于磨料颗粒数量过多，单颗磨料冲击动能偏小；当粒子惯性较大时，磨料粒子保持原来运动状态的能力增强，气体对其加速效果减弱，使得磨料速度较低，冲击动能也随之降低。即磨料粒径、密度过小或过大时，磨料不能得到充分加速，粒子冲击动能较小；随粒径、密度的组合趋于最优，磨料得到充分加速，冲击动能相应增加；当粒径、密度继续增加，气相加速中质量大的磨料不易加速，其相应冲击动能减少。

综上所述，磨料气体射流的冲蚀参数受到磨料密度、磨料粒径、以及气体压力的影响；即磨料密度、粒径和气体压力通过对磨料加速的影响，确定了磨料粒子的冲击动能。通过计算求取的磨料速度以及冲击动能等条件，带入磨料气体射流的冲蚀模型中作为初始条件，完善冲蚀模型的全面性。

4.1.2　数值模拟冲蚀模型的建立

高压磨料气体射流冲蚀过程较为复杂，为了简化模型，假设磨料在接触靶体前磨料粒子间没有碰撞，即磨料气体射流在冲蚀靶体前射流形态保持稳定；将磨料加速分析得出的磨料速度等参数作为磨料气体射流的初始参数；采用 LS-DYNA 显示计算分析岩石靶体受力分布；并结合射流影响因素，分析磨料气体射流的冲蚀能量分布规律及冲蚀效果。

（1）数值模拟软件介绍

LS-DYNA 是著名通用的非线性有限元软件，采用中心差分格式的时间积分法，具有多种求解算法，以拉格朗日(Lagrange)算法为主，兼有欧拉算法(ALE)、Euler 算法、SPH 光滑粒子算法和边界元法 BEM(boundary element method)；以显式求解为主，兼有隐式求解，适合求解高度非线性问题；能够模拟各种复杂问题，特别适合求解各种二维、三维非线性结构的高速碰撞、爆炸和金属成型等非线性动力冲击问题，同时可以求解传热、流体及流固耦合问题。在材料模型方面，拥有超过 200 种的金属和非金属材料的本构模型，涵盖了弹性、弹塑性、复合材料、蜂窝材料、丝织物、胶类物、生物肌体、炸药、推进剂、混凝土、土壤、地质、超弹性、橡胶、泡沫、玻璃、黏性流体、刚体等各种材料模型。提供了流体动力材料可附加状态方程，可以考虑材料的失效、损伤、黏性、松弛、各向异性、温度相关以及应变率相关等动力学因素，还配有材料主应力、等效应力、主应变、剪切应变、等效应变、静水压、极限应力等失效准则。在接触方面，提供了 20 多种接触计算模型，还提供了三种接触分析的算法，即惩函数、分配参数法、节点约束法，可以分析各种对象的接触行为。

高压磨料气体射流为固体颗粒的碰撞冲蚀问题，采用 LS-DYNA 软件，采用有限元法(FEM)以及 SPH 离散项模型计算磨料气体射流束的冲蚀作用，通过有限元分析岩石应力分布以及单元网格的失效，可以用于分析不同参数对磨料气体射流的影响。

（2）SPH-FEM 耦合算法介绍

LS-DYNA 中基于 Lagrange 算法的 FEM 方法，主要应用于求解计算固体力学问题。而 SPH 方法作为一种无网格 Lagrange 粒子法，其计算精度不受物质变形程度的影响，能够求解大变形以及高应变率问题。SPH 无网格方法非常适宜于高速或超高速的碰撞和冲击动力学问题的数值仿真，在模拟离散介质动力问题时有较大的优势，但计算效率低，耗时长；而 FEM 有限元算法在计算连续介质的固体力学问题时有更高的准确性和效率。于是很自然地想把两者的优势结合起来，在小变形区域使用有限元算法，在大变形或者离散介质的情况下使用无网格方法，以最大限度的发挥两种算法的优势，既保证计算精度又提高计算效率。该算法本质上与传统有限元法中的“点-面”罚因子接触算法相类似，将 SPH 粒子视为主动接触体的“节点”，被动接触面为有限体单元的外单元表面，当接触对的“节点”和单元发生接触干涉时，通过罚因子法计算两者间的接触力，其中罚因子为接触刚度，与相应接触的材料刚度属性有关。

由此可见，SPH 和 FEM 两种方法的适用对象和领域各不相同，两者间具有一定的互补性。耦合算法能够研究磨料气体射流束冲蚀岩体的冲蚀情况。SPH 和 FEM 耦合可以通过接触算法实现，在 LS-DYNA 中通过点对面(NODE-to-SURFACE)接触定义，SPH 粒子作用于有限单元表面的作用力，在定义这种算法时，将 SPH 粒子定义为从体，将 FEM 单元定义为主体。

(3) 模型参数以及边界条件

基于 LS-DYNA 数值模拟软件采用 SPH-FEM 方法模拟射流束冲蚀岩石。磨料射流冲蚀模型如图 4-3 所示。射流束模型通过 SPH 模型建立，为清楚分析粒子轨迹、靶体受力和冲蚀坑成型情况，采用等比例的建模方法模拟射流实体模型的 1/10，平行于靶面磨料个数为 5×5，垂直靶面磨料个数为 20；靶体模型通过 FEM 建立，采用 60×60×20 的网格划分。

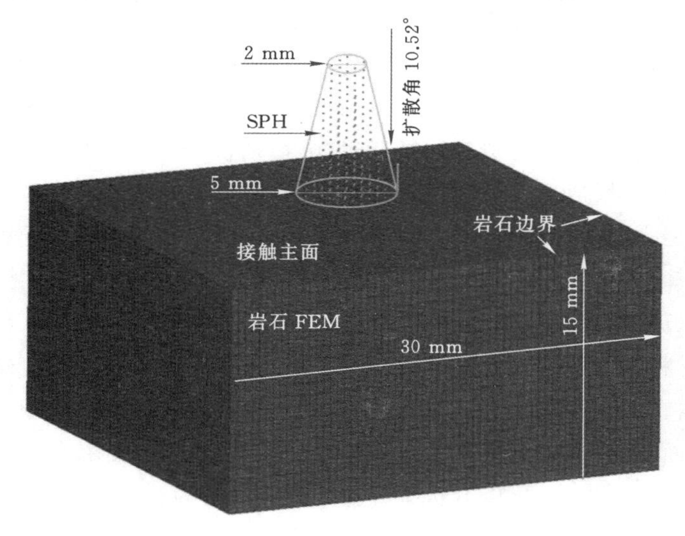

图 4-3　磨料射流冲蚀模型

① 模型参数

为了清楚的分析磨料粒子的运动轨迹，结合模拟低气体压力 4.09 MPa 下，即射流束垂直入射速度为 200 m/s，将得到的磨料速度参数代入 LS-DYNA 冲蚀模型的初始条件中；由于采用 Laval 喷嘴加速，喷嘴扩张段存在一定角度，因此射流束存在一定的扩散角。冲蚀模拟扩散角等同于喷嘴扩张角，将其设定为 10.52°。射流束采用离散相 NULL 材料模型，其密度 3 500 kg/m³、弹性模量 60 GPa、泊松比 0.3。

对于冲蚀对象的选择，煤是一种特殊的岩石；对于冲蚀破碎特性而言，煤岩区别的本质为力学参数的不同；数值模拟模型中煤岩靶体材料选用 SOLID164 单元 Johnson-Cook 材料模型[122-127]。由于煤体实验参数不易测定，在 4.2.3 节中有详细的阐述；相比较于煤体，岩石的属性更加稳定，实验参数的测量更为准确。为了冲蚀实验验证的方便，选用灰岩力学参数作为数值模拟的冲蚀靶体。灰岩材料参数如表 4-2 所示。Johnson-Cook 材料模型为各向同性材料。对于大变形问题，其破坏形式由累计损伤法则控制，材料的失效应变 ε_f 为：

$$\varepsilon_f = (d_1 + d_2 e^{d_3(\sigma_p/\sigma_e)})(1 + d_4 \ln(\frac{\varepsilon_p}{\varepsilon_0}))(1 + d_5(\frac{T - T_r}{T_m - T_r})) \tag{4-1}$$

式中 σ_p—— 压应力；

σ_e—— 等效应力；

ε_p—— 等效塑性应变率；

ε_0—— 应变速率参考值；

d_1, d_2, d_3, d_4, d_5—— 材料常量参数；

T—— 室温；

T_r—— 温度参考值；

T_m—— 材料融化温度。

当破坏参数 $D = \sum \frac{\Delta\varepsilon_f}{\varepsilon_f}$ 为 1 时，材料就会发生破坏。

表 4-2 灰岩材料参数

密度/(kg/m³)	杨氏模量/GPa	泊松比	熔体温度/K	环境温度/K	比热
2 800	44	0.34	1 793	294	4.4×10^{-6}
失效应力/MPa	材料常数 d_1	材料常数 d_2	材料常数 d_3	材料常数 d_4	材料常数 d_5
90	0.05	3.44	−2.12	0.002	0.61
当地音速 C/(m/s)	体积声速 S_1	Gruneisen 常数 γ_0	一阶体积矫正系数 a	初始相对体积	
475	1.33	1.67	0.43	1	

Johnson-Cook 材料模型采用 Gruneisen 状态方程控制。压缩材料的压力为：

$$p_r = \frac{\rho_0 C_r^2 \delta_r [1 + (1 - \frac{\gamma_0}{2})\delta_r - \frac{a}{2}\delta_r^2]}{[1 - (S_1 - 1)\delta_r - S_2 \frac{\mu_2}{\delta_r + 1} - S_3 \frac{\mu^3}{(\delta_r + 1)^2}]^2} + (\gamma_0 + a\delta_r)E_R \tag{4-2}$$

膨胀材料的压力为：

$$p_r = \rho_0 C_r^2 \delta_r + (\gamma_0 + a\delta_r)E_R \tag{4-3}$$

式中 C_r—— 冲击波前后质点粒子速度曲线的截距；

ρ_0—— 初始密度；

S_1, S_2, S_3—— 冲击波前后质点粒子速度曲线的斜率函数；

E_R—— 单位质量内能；

γ_0——Gruneisen 常数；

a——γ_0 和 $\delta = \frac{\rho_{Rock}}{\rho_0} - 1$ 的一阶体积修正量 。

(2) 边界条件以及接触定义

射流束 SPH 算法通过 LS-PREPOST 前处理设置,每个计算步的执行步骤如图 4-4 所示。SPH 和 FEM 的耦合在 LS-DYNA 中,通过点对面接触算法计算 SPH 粒子作用于 FEM 表面的作用力,将 SPH 粒子定义为从属粒子,FEM 单元定义为主体。

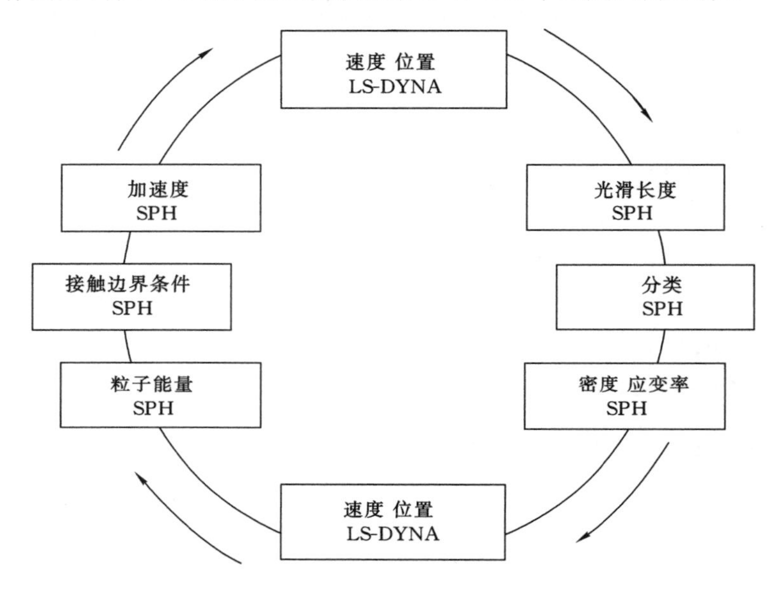

图 4-4 LS-DYNA 中 SPH 计算步骤

4.1.3 岩石应力分布

设置模型解算终止时间为 60 μs,采用关键字 Constrained-Global 定义边界约束。为明确冲蚀过程中岩石内部应力变化,对冲蚀 10 μs、15 μs、20 μs、30 μs、40 μs 和 60 μs 时的岩石范式等效应力(Von Mises Stress)。它是基于剪切应变能的一种等效应力,其值为$[(a_1 - a_2)^2 + (a_2 - a_3)^2 + (a_3 - a_1)^2]^{1/2}/\sqrt{2}$,其中 a_1、a_2 和 a_3 分别指第一、第二和第三主应力。对于本数值模拟研究,当材料的单位体积形状改变的弹性位能达到某一常数并维持一定时间后,材料开始屈服破坏)进行分析,如图 4-5 所示。对解算后的模型冲蚀纵截面取标记点分析,由于模型采用对称约束,轴线两侧应力变化基本相同,从而标记点仅取一侧即可,如图 4-6所示;标记点的时间与应力变化曲线如图 4-7 所示。

射流在接触岩石的初始阶段,在岩石表面施加冲击载荷,冲击载荷以球面波的形式在岩石内部传播,如图 4-5(a)所示。岩石内部应力值随着应力波传播深度的增加而减小,在接触

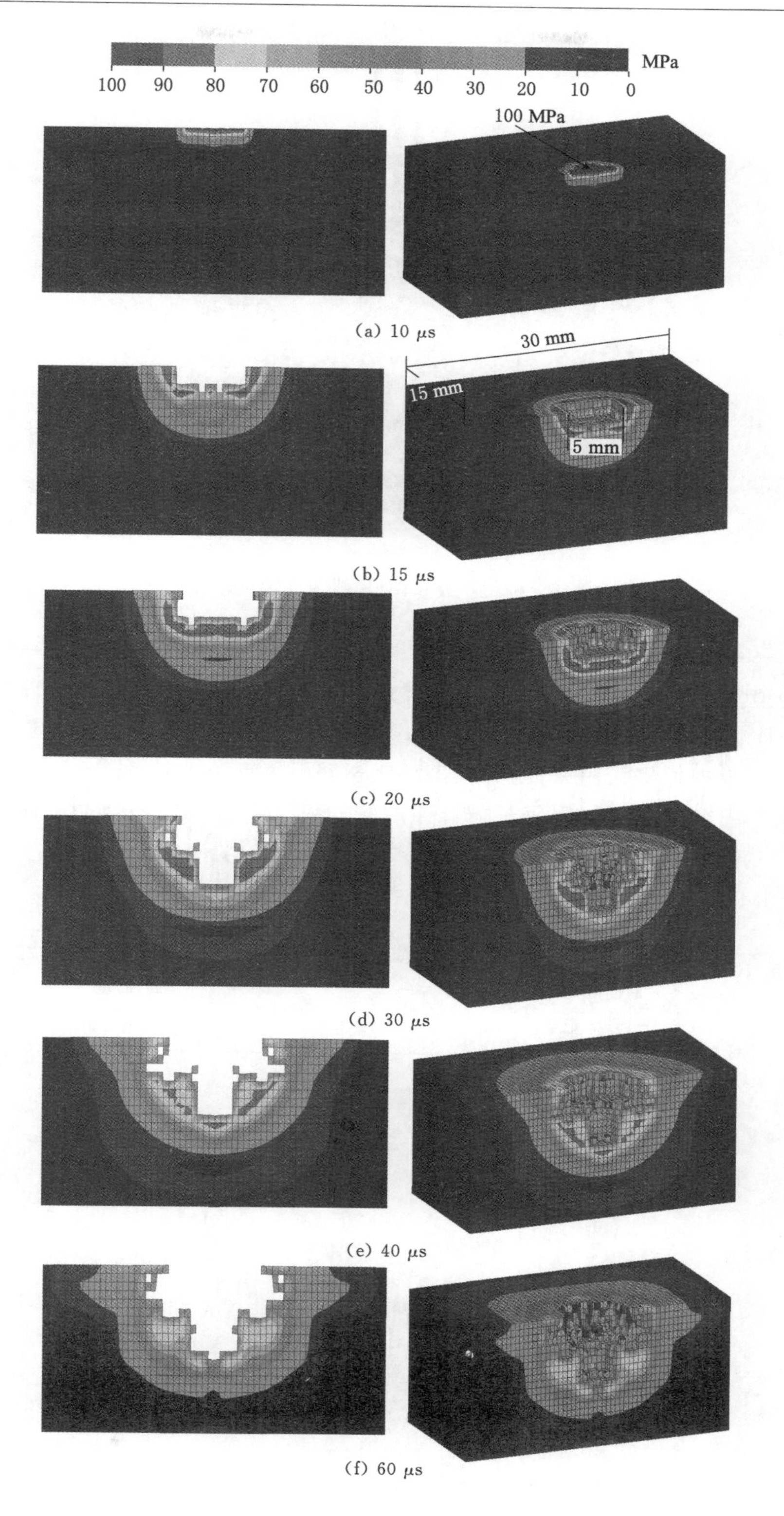

图 4-5　岩石 Von Mises Stress 分布

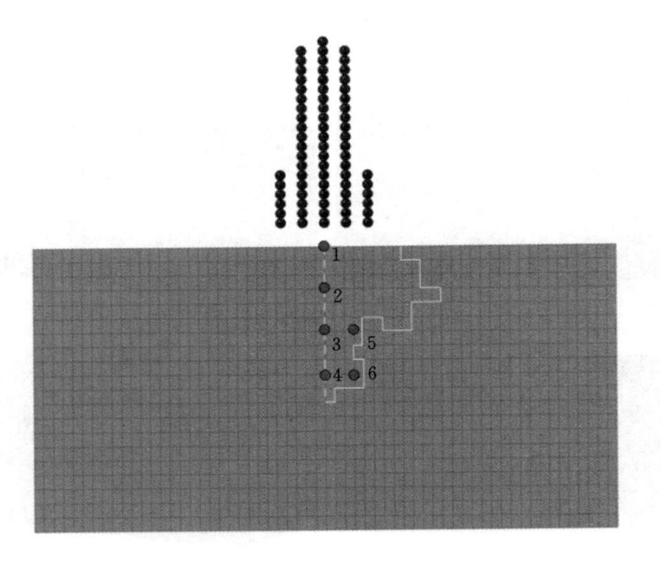

图 4-6 标记点分布图(白线为冲蚀坑轮廓)

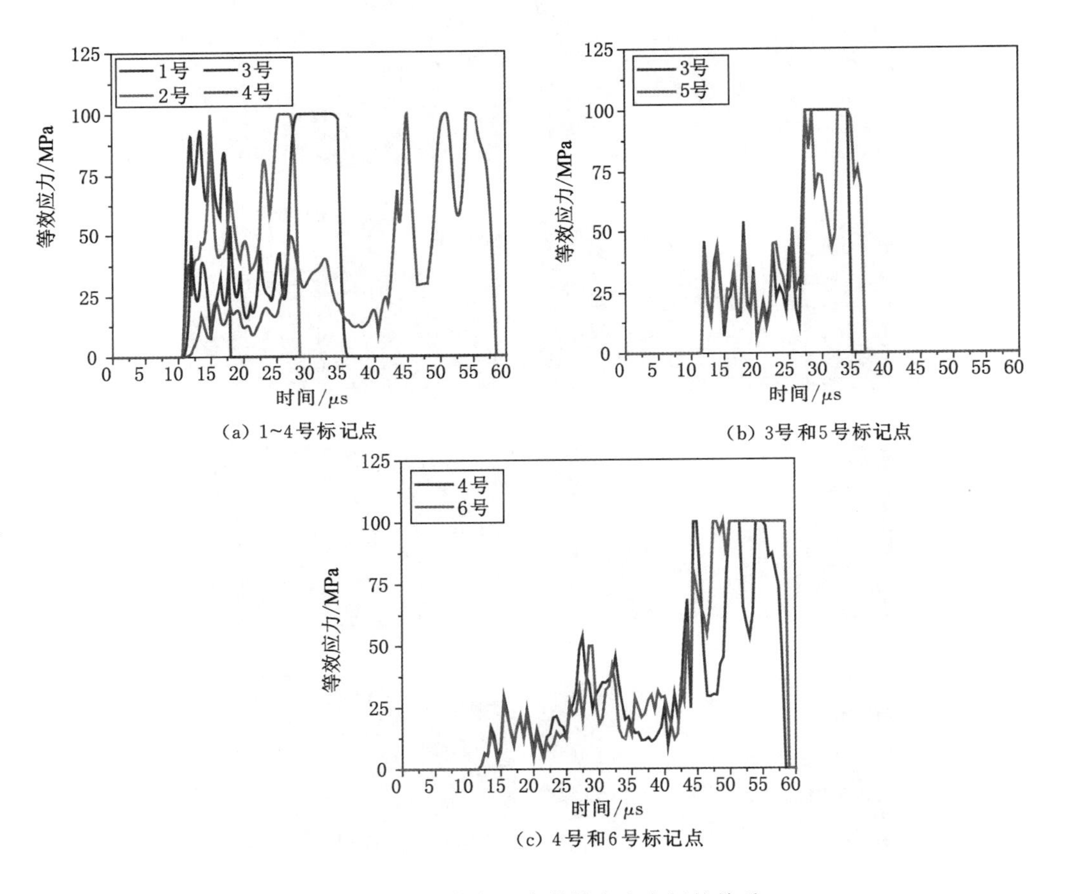

图 4-7 时间与标记点等效应力之间的关系

面中心处应力最大为100 MPa;由于作用时间短,应力波传播范围小,岩石表面没有出现破坏。随着冲蚀时间的增加,应力波向岩石深部传播,随着应力波不断的反射和叠加,岩石内部积聚的弹性能和剪切应变能逐渐增加。岩石中心处的应力值达到最大,随着应力波传播距离的增大,应力值不断减小。因此,在冲击接触中心处的应力值首先大于岩石破坏的临界值,并发生破坏,形成冲蚀坑;且此时冲蚀坑直径上下相同,等于射流直径[128,129]。

根据冲蚀坑形态,可以初步判断,在15 μs时反射磨料并没有参与冲蚀坑的冲蚀,如图4-5(b)所示。根据冲蚀坑周围应力分布可以看出,冲蚀坑侧面应力值较大,冲蚀底部应力值分布并不均匀,在冲蚀坑底部中心处应力值较小,两侧应力值较大与冲蚀坑侧面基本相同。根据射流冲击理论,可以初步判断,此时磨料在冲蚀坑底部已经开始形成"沙垫效应",导致冲蚀坑底部中间应力值降低。同时壁面射流开始形成,壁面射流的冲击使底部两侧的应力值增大。

当冲蚀时间为20 μs时,冲蚀坑深度继续增大,如图4-5(c)所示。冲蚀坑直径在不同横断面处的变化并不一致,冲蚀坑底部直径变大,但冲蚀坑口直径没有发生变化。造成这一现象的直接原因是冲蚀坑侧壁所受应力较大,导致侧壁处单元格失效,使冲蚀坑直径增大。而冲蚀坑口处所受应力并不能使冲蚀坑口处的单元格失效和直径的增大。同时,在冲蚀坑底部中间所受应力较大。相比15 μs时,球面应力波传播范围更广,随着应力波在岩体内的持续传播和叠加,岩体内部应力逐渐增大,尤其在冲蚀坑底部中间形成了较大范围的高应力区。

当冲蚀时间为30 μs时,冲蚀坑底部中间的高应力促使大面积单元格失效,但此时冲蚀坑底部边缘和冲蚀坑侧面失效单元格数较少,如图4-5(d)所示。此时,冲蚀坑出现一种新的形态,在冲蚀坑底部进一步形成了一处较深的冲蚀坑。通过对比1~4标记点的等效应力变化如图4-7(a)所示,可以看出随冲蚀时间的增加,1~4号标记点位置的应力值呈波动特征,且振幅在单元失效前达到最大,并累计持续一定时间后单元失效。对比3号和5号标记点,如图4-7(b)所示;其中3号标记点,其应力值逐渐累积至100 MPa,在30 μs时刻应力突然下降,形成单元格失效;5号点的应力曲线与3号点的基本相同,但在5号点失效前,应力值释放并重新累积到100 MPa。冲蚀坑表面单元格(如3号点)的应力集中和累积,使岩石内部的应力值暂时释放(如5号点),当表面的单元格失效后,5号点成为冲蚀坑表面,应力值在此处继续累积并促使其失效。从应力分布特征可以看出,促使这一现象形成的原因如下:应力波在岩石内部的叠加,使岩石内部积聚的弹性能不断增加,受冲蚀坑形状和先前应力波传播特征状态的影响,同一波阵面在岩石内部的衰减规律并不相同,导致在不同位置处的积聚的弹性能也不相同。通过对比15 μs、20 μs和30 μs的岩石表面和冲蚀坑底部的应力分布,也可以看出,随着冲蚀深度不断增加,岩石表面的应力逐渐减小,冲蚀坑底部的应力值不断增大。即离磨料冲击位置越远,岩石内部应力值越小,离粒子冲击位置越近,应力值越大。因此,应力波在冲蚀坑底部中间位置衰减较小,叠加后应力值较大,相较于其他冲蚀位置,冲蚀坑中间位置内部单元格率先失效。内部单元的失效导致冲蚀坑底部中间表面的单元格失效,从而形成了较深的冲蚀坑底部。

从30 μs到40 μs之间,冲蚀坑下部一直存在高应力区,应力值在70 MPa以上的区域,呈规则的球面波叠加的形态；其中应力在 80～90 MPa 区域的应力分布并不是规则的球面应力波形态，在 60 μs 时这种不规则性尤为明显。若应力值在 80～90 MPa 间的单元格失效，那么冲蚀坑底部和上部侧面将连成一体，形成倒圆锥形冲蚀坑。但在冲蚀时间为 40 μs 时，高应力区单元格并没有失效，反而应力降低；且在 40 μs 时，冲蚀坑的口部和中间位置直径增大了，但增大的幅度并不一致，冲蚀坑中间位置处直径增大幅度较大，如图 4-5(e)和图 4-5(f)所示。同时冲蚀坑侧面与底部连接处单元格失效，这导致冲蚀坑深度增加。通过对比 30 μs 和 40 μs 应力分布可以看出，在这段时间冲击粒子形成的高应力区，并没有使单元格失效；但是，冲蚀坑底部单元格的失效，为高应力区的弹性能释放提供了渠道，使应力降低。冲击磨料形成的应力波在冲蚀坑底部及其附近继续传播和叠加，使弹性能继续积聚，形成高应力区。在冲蚀时间为 60 μs 时，冲蚀坑底部的单元格失效，使底部的深度继续增大。

对比 4 号与 6 号标记点应力曲线，如图 4-7(c)所示，可以看出在 45 μs 时 4 号标记点应力达到最大值，然后应力值循环累积和释放，在 57 μs 时刻单元失效；而 6 号标记点则是在 47 μs 应力集中达到最大值，持续一段时间后在 60 μs 时刻失效破坏；可以推断，冲蚀坑底部受到一定的循环增大的应力作用，而冲蚀坑侧面则受到一定持续应力作用造成破坏。这说明冲蚀坑底部直径的增大是由于冲蚀坑侧壁表面的单元格失效造成的；而不是由于岩体内部高应力区单元格失效，致使的表面单元格失效形成的。反而表面单元格的失效使高应力区的弹性能释放，使应力降低。因此在 60 μs 时，冲蚀坑底部、平台和侧面同时扩大，形状与 30 μs 和 40 μs 时的基本相同；并依次反复循环推进。

4.1.4 磨料运动轨迹分析

为明确磨料气体射流冲蚀岩石应力分布特征形成原因，对冲蚀 10 μs、15 μs、20 μs、30 μs、40 μs 和 60 μs 时刻的粒子轨迹进行分析，如图 4-8 所示。冲蚀坑成型后 40 μs 粒子轨迹形态示意图如图 4-9 所示。

磨料气体射流刚接触煤岩表面，还未形成反射磨料，磨料运动方向保持不变，垂直与岩石表面，如图 4-8(a)所示。随着入射磨料继续运动，磨料的冲击载荷向岩石内部传递，促使岩石破坏，当磨料的冲击动能降低为 0 时，在反作用力的作用下开始反弹形成反射磨料。受入射磨料阻挡，反射磨料沿冲蚀坑壁面流动，形成壁面射流，在 20 μs 时壁面射流进一步形成，并开始作用于冲蚀坑底部和侧面，使冲蚀坑底部和侧面应力值不断增大，如图 4-8(c)所示。随着冲蚀坑形态的逐渐形成，壁面射流开始向冲蚀坑外流动，对冲蚀坑侧面的冲击作用区域增大，使冲蚀坑侧面的应力不断累积，造成冲蚀坑直径扩大。受冲蚀坑空间的影响，反射磨料不能及时排出，积聚在冲蚀坑底部，形成“沙垫效应”，阻碍了入射磨料的冲击，降低了入射磨料的冲击速度。从图 4-8(c)所示中可以看出，仅有一小部分磨料在冲蚀坑底部能够保持较高速度，且集中在底部中间处，使该处应力值不断增大，导致单元格失效，形成了如图 4-5(d)所示的冲蚀坑形态。

随着“沙垫效应”的不断增强，入射磨料在冲蚀坑底部的速度逐渐减小，部分反射磨料的速度逐渐增大。反射磨料在向冲蚀外流动的过程中，不断冲蚀冲蚀坑侧面。从粒子轨迹可以看出，反射磨料的冲击方向大致分为垂直与冲蚀坑侧面和平行于冲蚀坑侧面[如图 4-8(d)，(e)和(f)所示]。即在壁面射流形成之初，反射磨料运动方向垂直与冲蚀坑侧面，从而使冲蚀坑

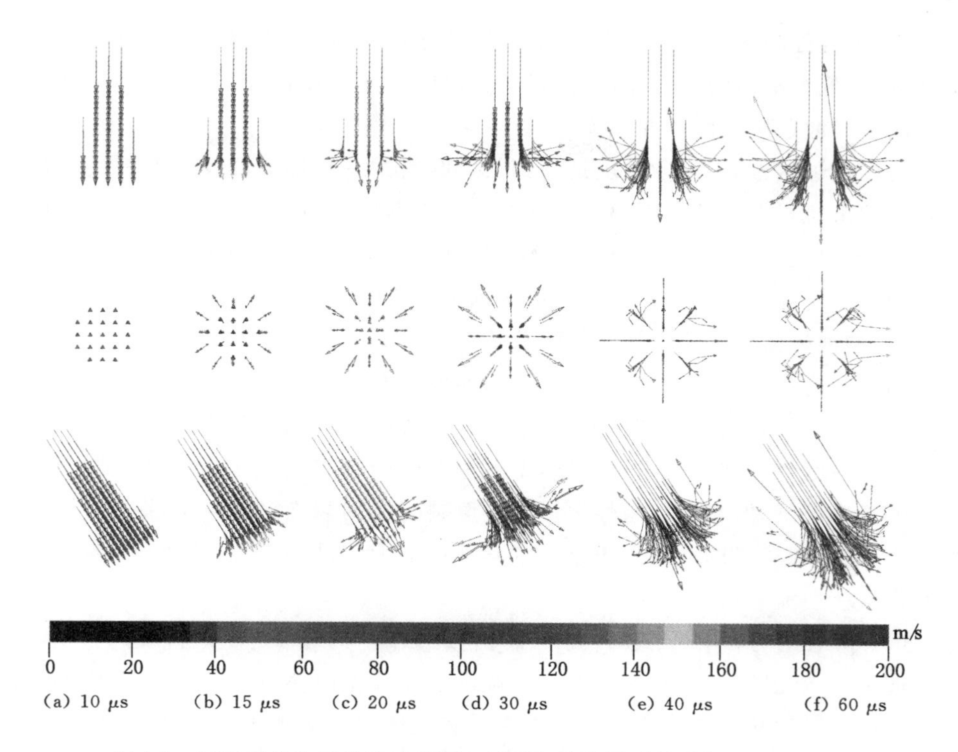

图 4-8　不同时刻粒子轨迹速度图(正视图,俯视图,斜视图)

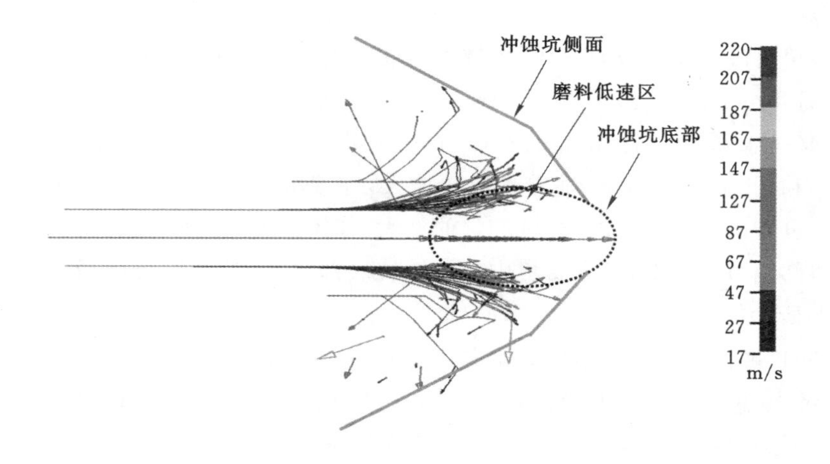

图 4-9　冲蚀坑成型后 40 μs 磨料射流形态示意图

底部侧面的应力值不断增大,如图 4-5(d)和(e)所示。随着反射磨料向坑外流动,其运动方向平行于冲蚀坑侧面,使冲蚀坑上部侧面的应力值不断增大,如图 4-5(e)所示。反射磨料的运动特征,致使冲蚀坑底部单元格率先失效形成类球体冲蚀坑底部,然后致使冲蚀坑上部侧面的单元格失效,扩大了冲蚀坑直径。

随冲蚀坑的形成,磨料气体射流冲蚀形态达到动态平衡,即对于岩石冲蚀造成的应力分布稳定不再发生变化,如图 4-9 以及图 4-8(e)所示。射流进行到 60 μs 形成了完整的冲蚀形态，此时中心处磨料受到垂直反射磨料以及“沙垫效应”的影响，磨料速度较低，对岩石造成到高频率、低冲击力的冲蚀作用，使得岩石以应力疲劳损伤破坏；反射磨料则是通过形成壁面射流造成冲蚀坑侧面的冲蚀磨损。

通过粒子轨迹分析，冲蚀坑是受到入射磨料的一次冲蚀和反射磨料的二次冲蚀。入射磨料的冲击使岩石内部应力叠加使冲蚀坑中心形成高应力区，导致岩石破坏形成冲蚀坑底部；反射磨料则对冲蚀坑侧面形成一定程度的二次冲蚀。从而可以推断入射磨料和反射磨料的冲蚀作用导致冲蚀过程是冲蚀坑底部推进-冲蚀坑口径扩张的反复过程。

4.1.5 冲蚀岩体应力分布影响因素分析

通过对磨料气体射流冲蚀过程分析，明确了磨料气体射流冲蚀为入射磨料和反射磨料综合作用。连续不断的磨料粒子冲蚀造成岩石的冲蚀破碎，从而射流形态将决定了入射磨料以及反射磨料的作用范围和程度，即射流冲蚀效果将受到扩散角和入射角的影响。在稳定的射流形态下，磨料形状特性也影响了磨料粒子对岩石的冲蚀效果。为了维持最佳的冲蚀效果，恒定在最优的冲蚀形态以及磨料冲蚀能力，需要明确扩散角和入射角以及磨料形状对磨料气体射流的影响。

（1）扩散角的影响

通过缩放型喷嘴加速，磨料粒子沿喷嘴扩张段壁面喷射形成磨料气体射流，从而射流束存在一定的扩散角。喷嘴扩散角过大会导致气体射流膨胀比过大，出口处产生激波，气流扩散加快，内部扰动加剧；扩散角太小，则扩张段过长，造成较大的摩擦损失，使出口速度下降，磨料气体射流适用的扩散角一般选取 7°～15°[130]。采用 LS-DYNA 模拟相同冲击能量情况下，不同扩散角射流束冲蚀效果，分析扩散角对磨料气体射流冲蚀的影响。模拟结果中冲蚀坑初步成型后 40 μs 岩石 Von Mises Stress，如图 4-10 所示。

由图 4-10 可以看出：当扩散角较小时，冲蚀坑周围应力较小，应力集中在冲蚀坑侧面，如图 4-10(a)和图 4-10(b)所示；随着扩散角增大，冲蚀坑周围应力由底部逐渐覆盖包裹冲蚀坑，应力值也有所增加，造成冲蚀坑均匀的增大，如图 4-10(c)所示；随着扩散角的进一步增大，岩石内部应力值降低，且主要集中在冲蚀坑底部；形成的冲蚀坑口径增大，深度减小，如图 4-10(d)所示。

提取不同扩散角冲蚀磨料速度矢量图，如图 4-11 所示。由图 4-11 可以看出：随着射流束扩散角的增大，磨料粒子分布离散，射流与岩石接触面增大；反射磨料沿边缘反射离开冲蚀区域，对入射磨料的影响强度逐渐减小、影响范围逐渐增大，且由磨料堆积形成的“沙垫效应”影响程度减小、范围增大；即形成的“粒子低速区”区域 L 逐渐减小，G 逐渐增大。分析其原因为小扩散角射流束[如图 4-11(a)所示]，磨料粒子分布较为集中，受到反射磨料的阻挡，入射磨料过早的发生转向。大部分磨料对岩石进行小角度冲蚀，降低了磨料粒子的冲蚀作用，冲蚀坑口径和深度减小。射流扩散角增大，L 值有所减小，且“粒子低速区”仍以 L 为长轴[如图 4-11(b)所示]，“粒子低速区”边界上入射磨料偏离程度较小；形成的反射磨料向射流边缘反射，对入射磨料影响较小，且对冲蚀坑侧面产生二次冲蚀；从而冲蚀坑口径和深度增大；即随着扩散角的增大，增大了粒子间运动间隙，减小了入射磨料与反射磨料的碰撞损耗。随扩散角的继续增大，“粒子低速区”区域内堆积粒子范围增大，造成“粒子低速区”区

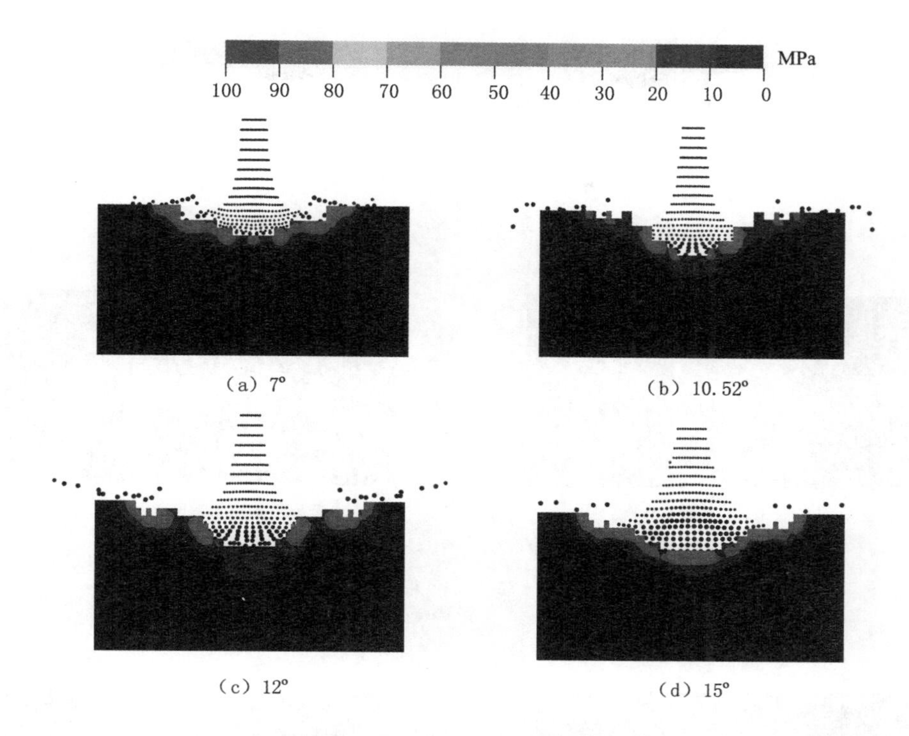

（a）7°　（b）10.52°

（c）12°　（d）15°

图 4-10　不同扩散角冲蚀岩石 Von Mises Stress 分布

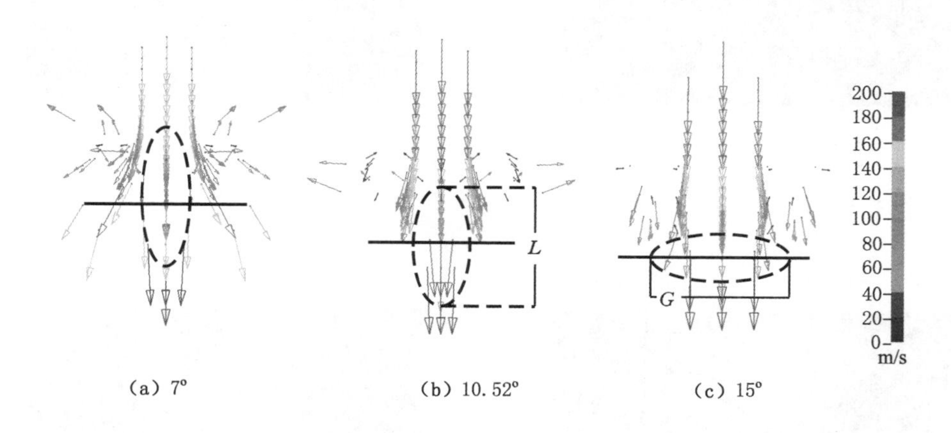

（a）7°　（b）10.52°　（c）15°

图 4-11　不同扩散角 40 μs 射流束粒子速度

域 L 值减小到小于 G 值，形成了以 G 值为长轴的椭圆形[如图 4-11(c)所示]。磨料粒子大部分进入“粒子低速区”区域，入射磨料多数为垂直冲蚀；此时磨料粒子主要以一次冲蚀为主，二次冲蚀能力较弱。反射磨料的垂直反射降低了入射磨料能量，冲蚀坑推进速度缓慢，冲蚀深度减小。综上所述，扩散角改变了入射磨料与反射磨料的作用机制，导致冲蚀效果不同，随扩散角的增大，冲蚀深度和体积先增大后减小。

（2）入射角的影响

在磨料气体射流冲蚀过程中，射流入射角影响了磨料的入射和反射角度，是影响磨料气

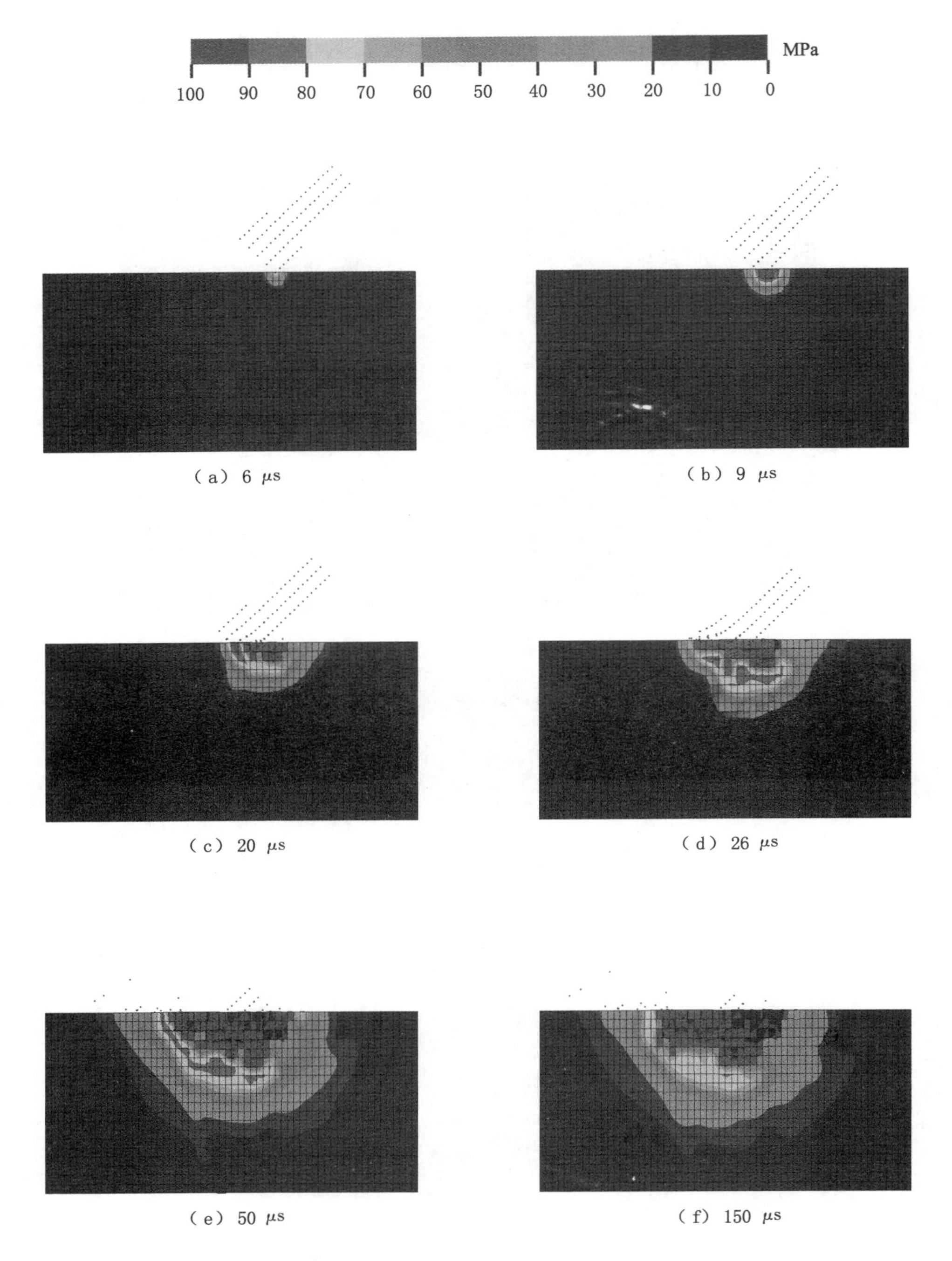

（a） 6 μs

（b） 9 μs

（c） 20 μs

（d） 26 μs

（e） 50 μs

（f） 150 μs

图 4-12 入射角 45°靶体应力分布图

体射流冲蚀效果的重要影响因素之一。本节通过数值模拟分析入射角对磨料气体射流冲蚀效果的影响。以入射角 45°情况为例，磨料气体射流冲蚀岩石等效应力分布如图 4-12 所示。由图 4-12 可以看出，6 μs 时磨料开始接触岩石表面，但只有处于射流底部的磨料接触岩石表面，并在岩石表面产生冲击应力。随着入射磨料的增多，岩石内部应力逐渐增大；9 μs 时岩石应力集中达到破坏极限，此时射流底部磨料在冲击岩石后，开始反射。20 μs 时射流中心处磨料开始接触岩石表面，此时，射流底部磨料冲击冲蚀坑侧面，使侧面应力值逐渐增大，使冲蚀坑深度沿射流入射方向逐渐增大。26 μs 时磨料开始全部作用于岩石，受反射磨料形成的“沙垫效应”的影响，高应力区没有出现在磨料垂直作用面上，而是出现在冲蚀坑底部。50 μs 时，高应力区分布在磨料垂直作用面和冲蚀坑底部，冲蚀坑沿磨料垂直作用不断加深。冲蚀坑形成状态相较于垂直射流冲蚀状态一致。

分析在冲蚀时间 60 μs 时，不同入射角对磨料气体射流冲蚀岩石失效单元的数量，如图 4-13所示。由图 4-13 可以看出，磨料气体射流冲蚀过程中，其冲蚀坑未成形之前（图中白线上部）垂直入射角射流的冲蚀体积最大，随入射角的减小，冲蚀体积逐渐减小。分析原因为，当入射角度小于 90°时，沿冲蚀方向外侧反射磨料未对岩石造成二次冲蚀，一次冲蚀后的反射磨料反射出冲蚀坑，并未对冲蚀坑进行冲蚀。当磨料全部作用于岩石后，其冲蚀效果不再变化；即冲蚀坑形态完全形成后，冲蚀率不变。因此，于磨料气体射流而言，在冲蚀前期采用垂直冲蚀其效果最好，当冲蚀坑成型后，入射角度对于冲蚀率不再有所影响。

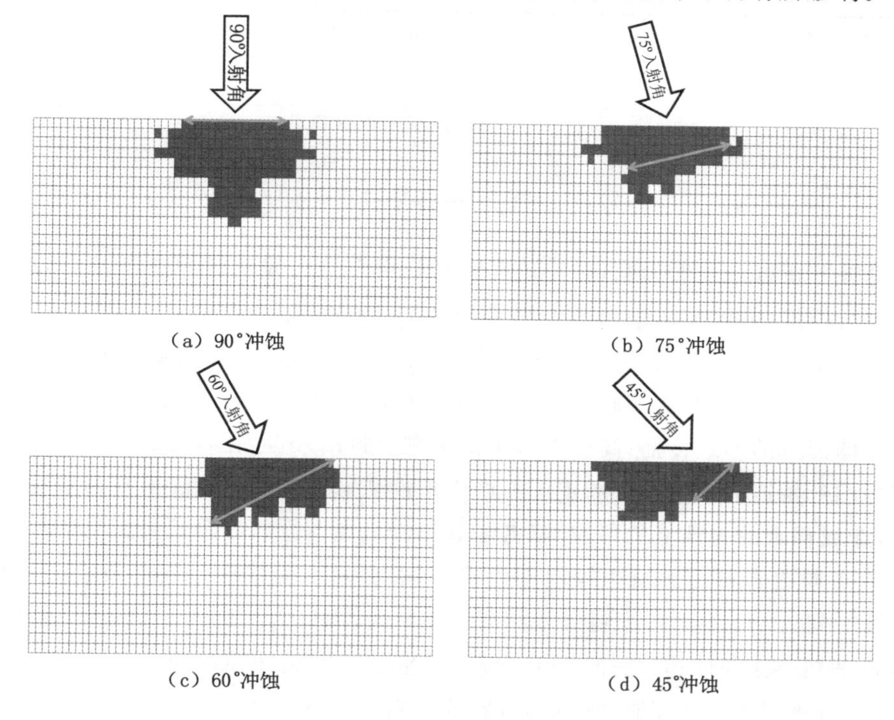

图 4-13　不同入射角 60 μs 时刻失效单元网格图

（3）磨料形状的影响

磨料气体射流冲蚀效果，不仅与射流扩散角和入射角有关，磨料形状也是重要影响因素之一。对于磨料形状的研究，以射流束的形式难以直观表现；目前对磨料形状的研究均基于单颗磨料粒子的研究，反应磨料形状的影响规律；基于此，本书从单颗磨料的形状出发，综合考虑磨料形状因素，并在冲蚀模型建立中，考虑磨料形状的影响。

为了更直观分析磨料形状的影响，建立单颗磨料冲蚀模型。模型中磨料冲击造成网格变形较大，单纯的有限元在计算上容易形成网格畸形，因此采用FEM-SPH耦合的方法建立磨料冲击模型。岩石模型采用SPH粒子建立，磨料采用FEM模型建立，磨料采用刚体(Rigid)模型，岩石仍采用Johnson-Cook模型分析岩石材料细微的弹塑性破坏过程。

磨料粒子的冲击磨损，受到多种因素的影响。其主要影响因素为磨料的冲击动能、磨料形状和冲击角。相同冲击动能情况下，磨料形状和冲击角形成了不同的磨料冲击方式如压裂、犁削等。磨料形状的影响，本质为不同形状磨料与靶体接触方式，接触方式的不同造成了能量传递效率的差异。为清楚地分析不同接触方式对磨料冲蚀磨损的影响，模拟二维正三角形、正方形、圆形磨料粒子的冲击情况。为了排除磨料粒径对磨料粒子冲蚀的影响，模型采用磨料外接圆相同，速度不同，保证磨料的冲击能量相同；通过计算，二维磨料粒子模拟参数如表4-3所示。

表4-3　二维磨料粒子模拟参数

磨料形状	外接圆直径/mm	冲击速度/(m/s)
正三角形	0.18	323
正方形	0.18	266
球形	0.18	200

模拟结果分析以三角形为例，对三角形磨料采用90°点/线接触冲击以及45°点/线接触冲击岩石进行模拟，其模拟结果如图4-14至图4-17所示。

如图4-14所示，磨料粒子以点接触垂直冲击岩石，磨料在1 μs时触岩石并嵌入岩石一定深度，高应力区主要分布在接触点周围。当冲蚀时间为1.5 μs时，磨料产生的冲击载荷在岩石内以球面波的形式传播；高应力区仍集中在磨料侵入点周围，但高应力区范围逐渐增大。高应力的产生造成了侵入点周围岩石产生塑性变形并有细微裂纹出现。塑性变形和裂纹的形成，造成积聚的弹性能的释放，降低了磨料侵入点下方岩石等效应力。磨料的侵入挤压造成侵入点周边岩石沿磨料边缘向四周挤压，表面岩石受挤压凸起形成火山口状变形。当磨料冲蚀时间为3.5 μs时，磨料压入深度达到最大，高应力区进一步增大，继续挤压侵入点周围岩石，促使裂纹向四周延伸并导致岩石发生破坏。当冲蚀时间为5.5 μs时，磨料开始反射，岩石内部积聚的弹性能开始释放，导致磨料作用区域内岩石发生破坏。同时，在反作用力的作用下，磨料开始反弹，形成反射磨料。

图4-15所示为磨料粒子以线接触垂直冲击岩石时靶体Von Miss Stress分布。在0.5 μs时，磨料与岩石开始接触；在接触面上形成三个高应力区，分别分布在三角形两个尖端和中心处。每一处均为球面应力波的中心，冲击应力波向岩石内部传播，并相互叠加。当冲蚀时间为1.00 μs时，高应力区主要分布在接触面下方，且冲击载荷的传播距离逐渐增大。随着应力波的叠加，在接触面下方形成了扇形的次高应力区。当冲蚀时间为1.5 μs时，磨料侵入深度达到最大，岩石在接触面边缘形成凸起变形，使接触区域部分应力得到释放。在岩

石内部，由于应力波的进一步叠加形成了高应力区。当冲蚀时间为 2.5 μs 时，磨料开始反弹，岩石内部弹性能充分释放，岩石表面发生破坏。反射磨料对凸起岩屑还起到一定的拉裂效果，造成了岩屑的脱落。

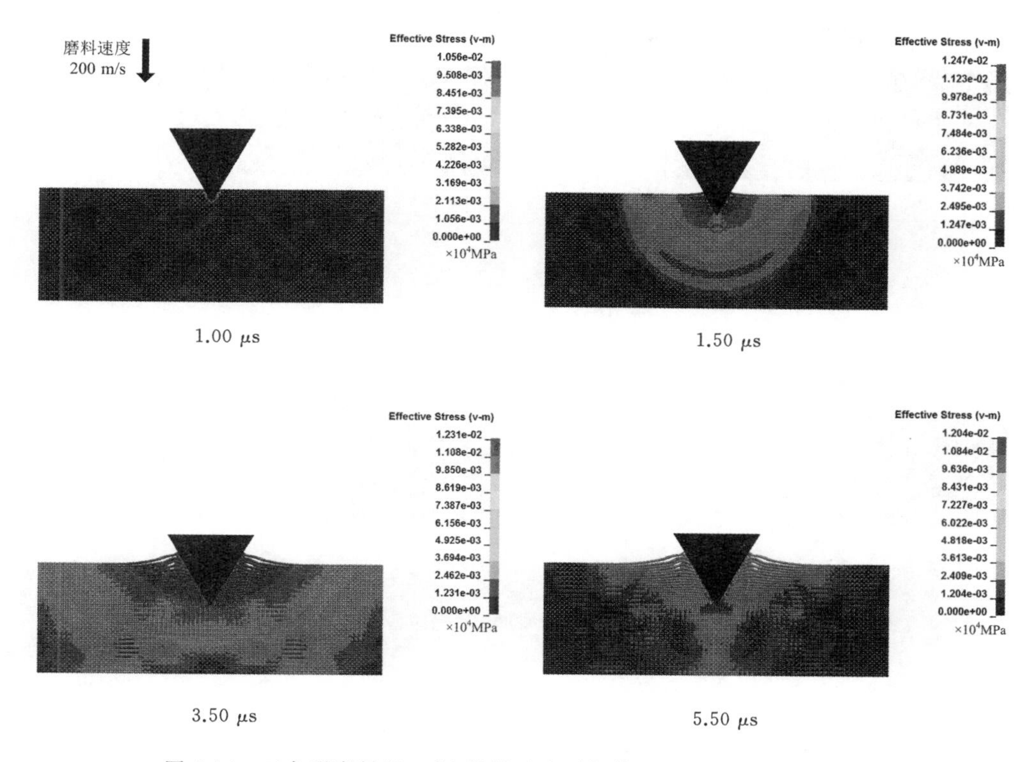

图 4-14　三角形磨料以 90°点接触冲击时靶体 Von Mises Stress 分布

从图 4-14 和图 4-15 中可以看出：磨料以不同接触方式冲蚀岩石时，冲蚀效果存在较大的差异性。当磨料粒子以尖锐的棱角冲击岩石时，其接触面较小，岩石内部冲击应力大，高应力区分布更为集中，容易造成周围岩石产生塑性变形，并促使裂纹产生，岩石破坏面积较大；同时，较小的接触面减小了岩石对磨料侵入的阻力效应，磨料侵入深度较大。当磨料以线接触冲击岩石时，侵入深度较小，且岩石表面不能形成裂纹促使岩石破坏。

图 4-16 所示为磨料粒子点接触 45°冲击岩石时靶体 Von Mises Stress 分布。① 当冲蚀时间为 1.00 μs 时，磨料接触岩石表面，并侵入岩石内部一定深度。冲击应力主要分布在接触点周围。② 当冲蚀时间为 1.5 μs 时，磨料侵入深度进一步增大，受侵入磨料的挤压作用，岩石发生塑性流动，并堆积在侵入方向的上侧。③ 当冲蚀时间为 3.0 μs 时，磨料在侵入过程中，受岩石的反作用力，开始旋转。这导致岩石内部高应力区分布区域发生改变。高应力区主要分布，磨料侵入方向的下部。因塑性流动堆积在岩石表面的凸起，继续受到旋转磨料的挤压，应力值仍然较大。④ 当冲蚀时间为 3.5 μs 时，磨料侵入深度达到最大，岩石内部的高应力主要集中在磨料速度方向上，沿速度方向岩石内部产生较大的塑性变形并伴随裂纹的生成。磨料在反作用力的作用下，沿着单侧堆积面为轴滚动反射。

图 4-17 所示为磨料粒子线接触 45°冲击岩石时靶体 Von Mises Stress 分布。① 当冲蚀

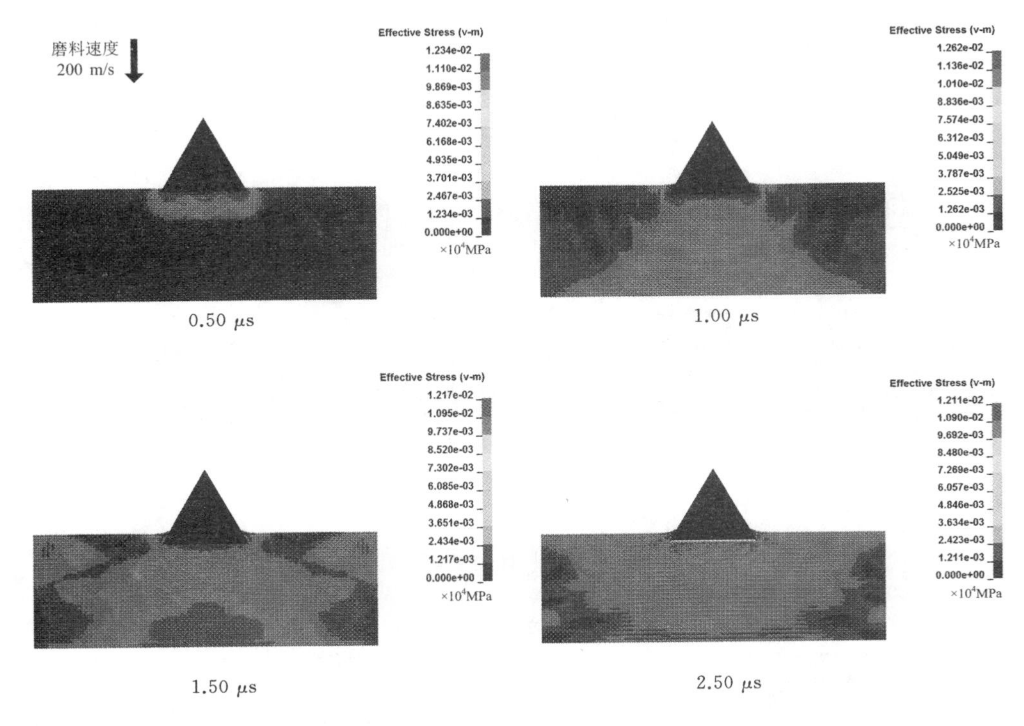

图 4-15　三角形磨料以 90°线接触冲击时靶体 Von Mises Stress 分布

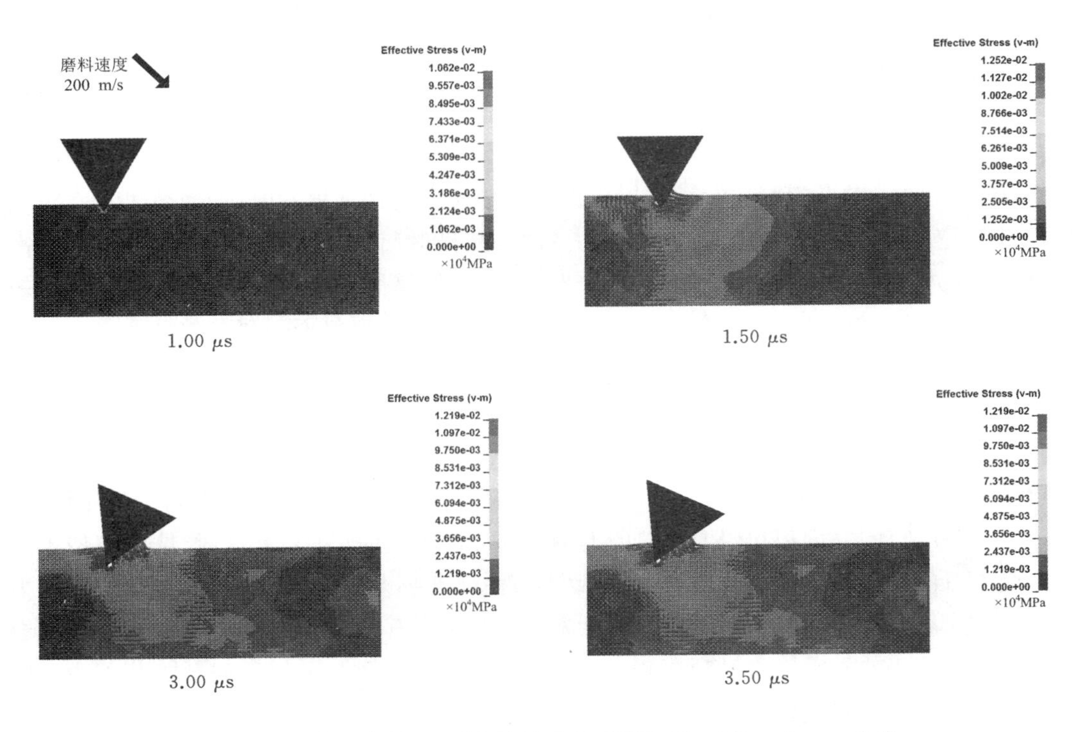

图 4-16　三角形磨料以 45°点接触冲击时靶体 Von Mises Stress 分布

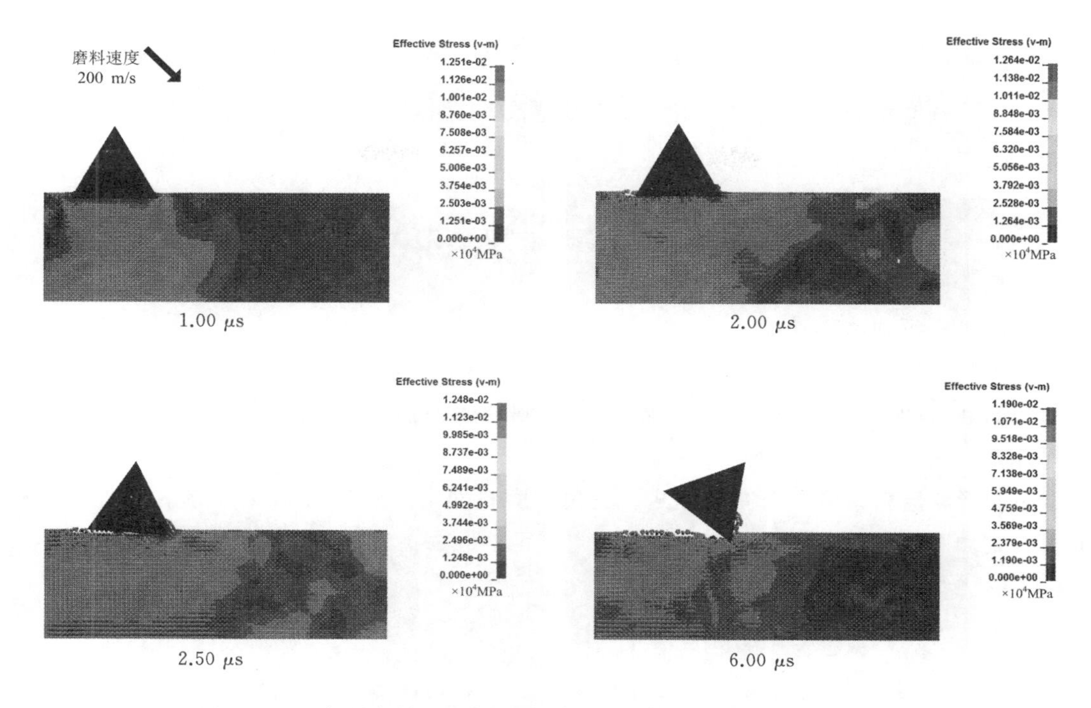

图 4-17　三角形磨料以 45°线接触冲击时靶体 Von Mises Stress 分布

时间为1.00 μs 时，磨料接触岩石表面，冲击载荷造成岩石应力主要集中在接触面周围。② 当冲蚀时间为 2.00 μs 时，磨料向岩石内部侵入深度达到最大，并发生横向位移且平动磨损岩石表面。③ 当冲蚀时间为 2.5 μs 时，岩石接触面的弹性势能释放形成反射磨料，反射磨料运动受到堆积岩屑的阻碍，形成一定转矩，以一侧为轴磨料发生旋转。④ 当冲蚀时间为 6.00 μs 时，磨料在旋转过程中，进一步切削堆积的岩石，从而使其脱落。

从图 4-14 至图 4-17 的分析结果可以得出：非球形磨料粒在冲蚀岩石的初始阶段，磨料棱角侵入岩石表面，在侵入点附近形成高应力区，导致岩石产生塑性流动。然后磨料在反作用力和释放弹性能的耦合作用下开始反射，在反射过程中，受堆积岩石阻力和反作用力方向的影响，磨料发生旋转。在冲击角过大或者接触面过小时，磨料冲击会引起岩石发生塑性流动和裂纹的产生，且磨料侵入深度较大，促使岩石挤出并堆积在岩石表面。在冲击角较小或者接触面较大时，磨料不能在岩石内部产生裂纹，但磨料能够对岩石表面形成犁削磨损。

任何形状的磨料与靶体材料的接触方式有三种方式：点接触、线接触和面接触。磨料在冲击角一定的情况下，假设每种接触方式概率相同。对于二维形状而言，点/线接触的能量转化率不同。通过规则三角形、正方形、球形磨料粒子分别通过线接触逐渐至点接触的磨料冲击岩石，统计其中不同接触方式的综合能量转化率来衡量一个粒子的冲击效果；综合能量转化率计算公式如式(4-5)所示。在实际冲蚀破坏中，仍存在粒子破碎等复杂情况，磨料的综合能量转化率仅表示磨料形状因素对其动能转换的理想评价指标。

$$\eta_i = \frac{E_2 - E_1}{E_2} \tag{4-4}$$

$$S_P = \frac{1}{n}\sum_{i=0}^{n}\eta_i \tag{4-5}$$

式中 S_P——磨料的综合能量转化率，其值越高，说明粒子作用在冲蚀岩石的能量比例越大；

n——所取得差值数量，$0<n<360$；

η_i——在固定自旋角度下，磨料冲击动能转化率；

E_1——入射磨料动能；

E_2——反射磨料动能。

为了简便运算，采取 6 个点（$n=6$）的差值方式模拟垂直冲击条件下不同自旋角度的不同形状的磨料冲蚀。对三角形、正方形、球形磨料粒子冲蚀，由线接触到点接触转化率累加平均计算。

不同形状磨料采取 6 个冲击方式。三角形磨料冲击方式如图 4-18 所示。正方形磨料冲击方式如图 4-19 所示。

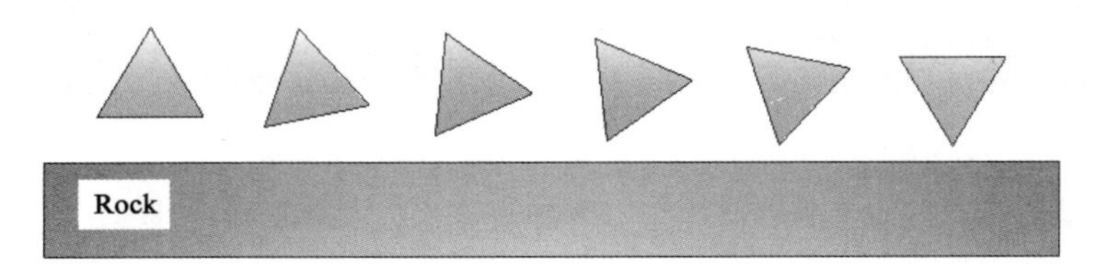

图 4-18　三角形磨料冲蚀示意图

图 4-19　正方形磨料冲击示意图

不同形状磨料粒子模拟参数如表 4-4 所示。

表 4-4　不同形状磨料粒子模拟参数

形状	外接圆直径/mm	冲击速度/(m/s)
正四面体	0.18	576
正六面体	0.18	245
球体	0.18	200

三角形磨料综合能量转换率数值模拟结果如图 4-20 所示。

正方形磨料综合能量转换率数值模拟结果如图 4-21 所示。

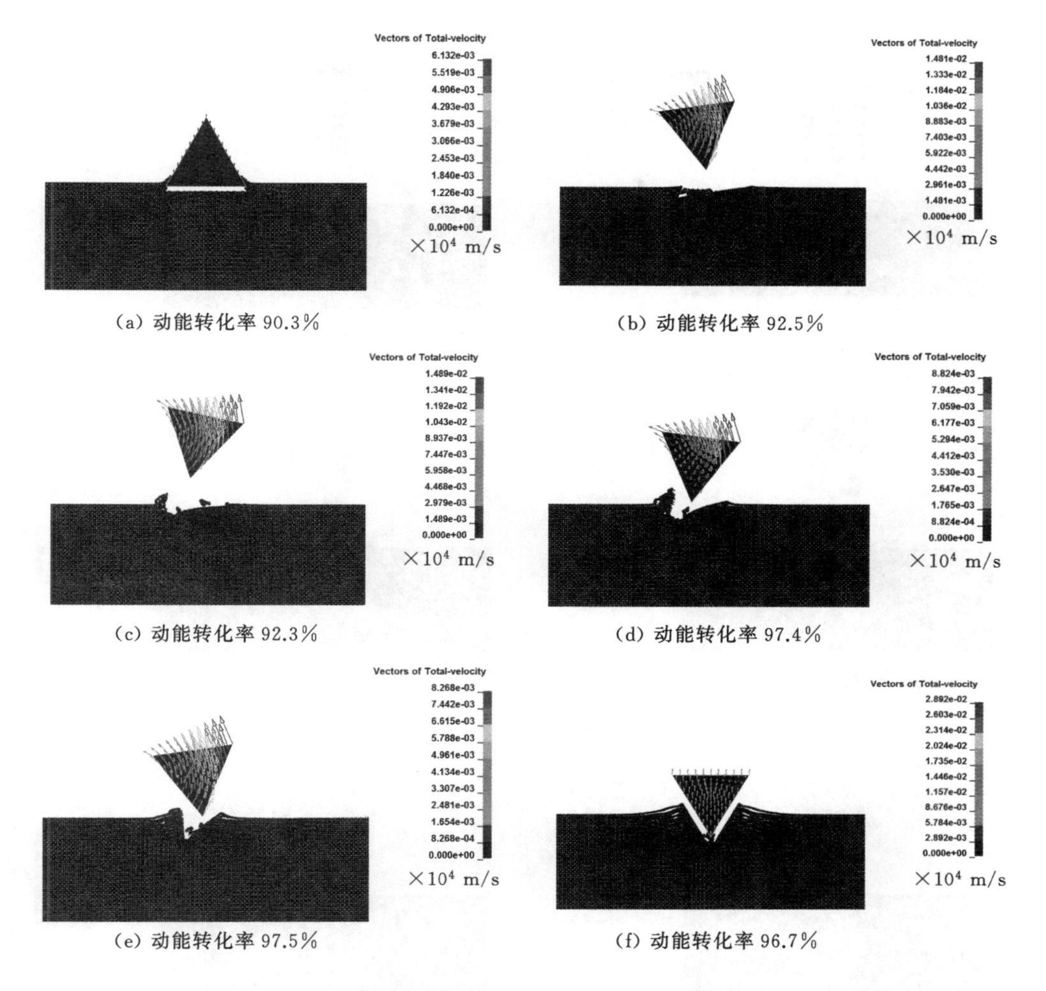

(a) **动能转化率** 90.3%　(b) **动能转化率** 92.5%

(c) **动能转化率** 92.3%　(d) **动能转化率** 97.4%

(e) **动能转化率** 97.5%　(f) **动能转化率** 96.7%

图 4-20　三角形磨料综合能量转换率数值模拟结果

球形磨料综合能量转换率数值模拟结果如图 4-22 所示。

将数值模拟结果带入式(4-5)得到磨料的综合能量转化率为：

$$S_{\mathrm{P}} = \frac{1}{2n(n_{\mathrm{d}}-1)}\left[2n\sum_{i=a}^{f}\eta_i - n(\eta_a + \eta_f)\right] \tag{4-6}$$

式中　n——多边形边数；

n_{d}——所取差值数，$n_{\mathrm{d}}=6$；

$a \sim f$——磨料点到线接触的等角度划分序号。

计算得到三角形磨料的综合能量转化率为 94.64%，正方形磨料的为 93.59%，球形磨料的为 87.1%。由此可见磨料越接近于球形，其冲击能量转化率越低。由此得出，在规则形状中，随磨料棱角的尖锐，其磨料粒子能量利用率越高。

磨料的冲蚀接触由于粒子形状的多样性不易衡量，所以通过定义球形度来表述磨料的形状特征。为了准确地表述磨料粒子的形状特征，表现出磨料粒子的棱角尖锐性，对三维颗粒可采用球形度来表征。球形度定义为磨料的表面积等效直径与磨料的体积等效直径之

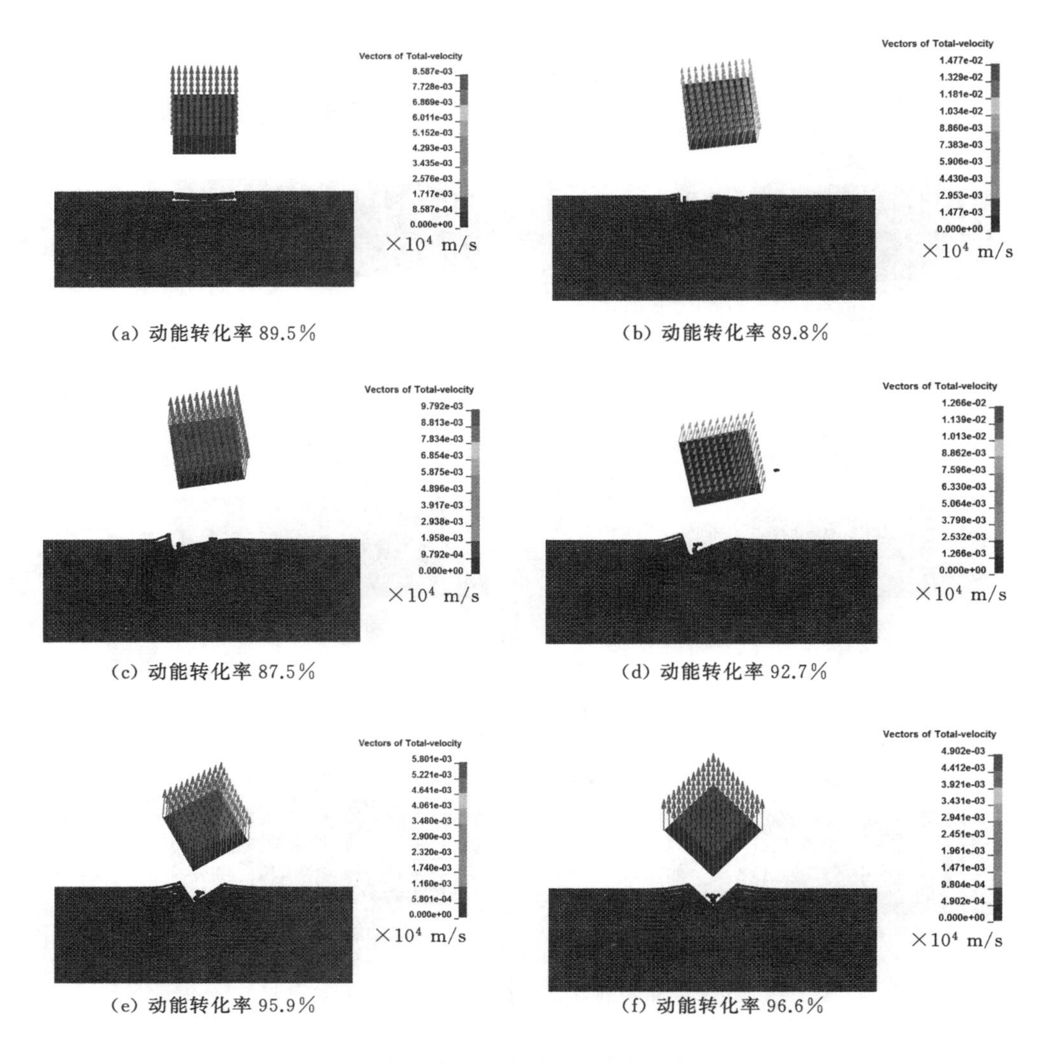

(a) 动能转化率 89.5%　　(b) 动能转化率 89.8%

(c) 动能转化率 87.5%　　(d) 动能转化率 92.7%

(e) 动能转化率 95.9%　　(f) 动能转化率 96.6%

图 4-21　正方形磨料综合能量转换率数值模拟结果

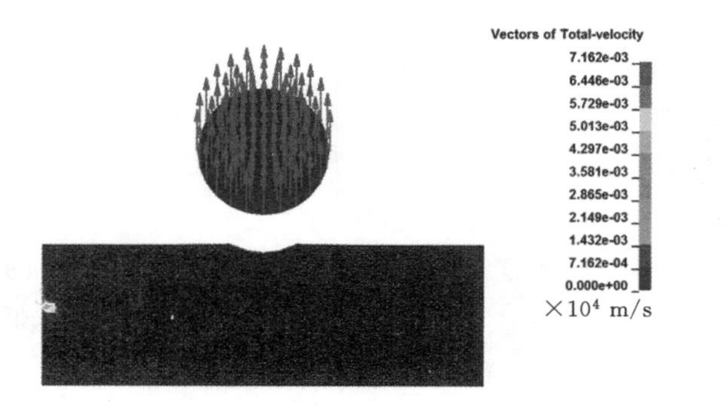

图 4-22　球形磨料综合能量转换率数值模拟结果

比[131]，其中标准球体的球形度值为 1。随着磨料粒子偏离规则球体，其球形度逐渐增大。

球形度的计算公式如下：

$$\varphi = d_s / d_V \tag{4-7}$$

$$d_S = \sqrt{S/\pi}$$

$$d_V = \sqrt[3]{6V/\pi}$$

式中　φ——磨料粒子的球形度；

d_S——磨料表面积等效直径；

S——磨料的表面积；

d_V——磨料体积等效直径；

V——磨料的体积。

结合二维粒子形状的综合能量转化率式(4-5)可推导三维磨料粒子的综合能量转化率为：

$$S_{P3} = \frac{1}{n_i \times n_j} \sum_{j=0}^{n_i} \sum_{i=0}^{n_j} \eta_{ij} \tag{4-8}$$

其中，i 和 j 分别为三维坐标任意两个坐标的量，其中 $0 < n_i < 360$，$0 < n_j < 360$。

对于三维粒子冲击岩石模拟，为了分析磨料粒子的作用效果，对岩石采用 FEM 模型建立；材料模型选用塑性随动模型(MAT-PLASTIC-KINEMATIC)，设置屈服应力来实现单元失效；并对岩石上粒子撞击位置采用网格细化；岩石侧面采用无反射边界条件，约束岩石底面的平动。通过对正四面体、正六面体、球体磨料粒子采用三维模型数值模拟研究，采用的是 180 μm 石榴石磨料同样采用外接球直径相同的原则。不同形状磨料粒子模拟参数如表 4-4 所示。不同形状磨料冲击 Von Miss Stress 分布如图 4-23 所示。通过式(4-7)计算在数值模拟中，选用的正四面体、正六面体的球形度分别为 1.22、1.11。

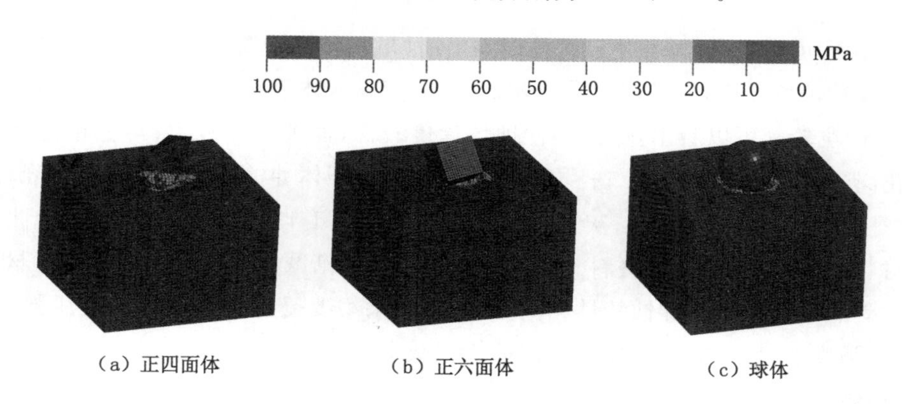

图 4-23　不同形状磨料冲击 Von Mises Stress 分布

通过对不同形状的磨料造成岩石材料单元失效进行比较可以看出：四面体磨料更容易侵入岩石，磨料侵入深度最深；球形磨料侵入深度较浅。① 四面体磨料压入形成的压痕具有明显的棱角状。当磨料与岩石面接触时，四面体磨料更容易反向转动，犁削岩石表面。②

对于六面体磨料，在棱角接触时，其对岩石表面造成一定深度的压裂，其侵入深度相较于四面体磨料侵入深度较浅。③ 对于球形磨料，其接触由点逐渐沿弧面接触，磨料受到岩石的反作用力随压入深度的增加逐渐增大，其压入深度最浅，不易嵌入岩石内部。通过数值模拟分析，对于规则形状的磨料，接近球形的磨料冲蚀能力较弱；而存在一定棱角的磨料粒子其冲蚀效果较好，更容易嵌入压裂岩石而形成破坏。由上述分析可以推断：当磨料处于不规则形状时，随磨料棱角的尖锐，其冲蚀效果越好；当磨料棱角过于尖锐导致磨料扁平时，其冲蚀效果反而会减小。

4.1.6 煤岩力学参数的影响

高压磨料气体射流冲蚀靶体参数也是影响其冲蚀效果的重要影响因素。对于不同力学参数的煤岩体，其冲蚀效果不同。采用与实验试样相同的煤岩参数进行数值模拟比对。同样采用 SOLID164 单元 Johnson-Cook 靶体材料模型。将煤体、砂岩、灰岩、花岗岩力学参数(见表 4-2)带入表 4-5 中，冲蚀模型边界条件以及冲蚀时间均与上节相同；射流冲蚀条件也保持相同。采用 180 μm 石榴石作为磨料，扩散角为 10.52°，磨料速度为 200 m/s，垂直靶面入射冲蚀。冲蚀坑初步成型 40 μs 时煤体、砂岩、灰岩、花岗岩应力分布，如图 4-24 所示。通过后处理得到冲蚀 60 μs 时不同靶体失效网格轮廓，如图 4-25 所示。

表 4-5　煤岩模拟参数

试样种类	密度/(kg/m^3)	单轴抗压强度/MPa	弹性模量/GPa	泊松比
煤体	800	14.9	2.52	0.13
砂岩	2 500	32.8	23.1	0.21
灰岩	2 800	66.5	44.0	0.34
花岗岩	2 600	94.3	73.5	0.12

由图 4-24 可以看出：冲蚀不同靶体时，在冲蚀坑初步成型阶段，靶体应力应集中在冲蚀坑底部以及冲蚀坑壁面，内部应力分布相似，即对于煤岩体等脆性材料的冲蚀特性相同。由图 4-25 冲蚀坑轮廓可以看出：煤体的冲蚀坑深度较深，冲蚀口径较大；与之相比，硬度较高的材料花岗岩冲蚀坑深度以及口径均明显减小。不同靶体冲蚀坑失效单元数量经统计分别为：煤体是 8 440；砂岩是 5 024；灰岩是 2 947；花岗岩是 1 436。对比煤岩力学特性发现，随着靶体材料抗压强度的增大，磨料气体射流冲蚀体积逐渐减小。对于典型的脆性材料(煤岩体)而言，受磨料气体射流冲蚀特性相同；且冲蚀效果主要受到靶体材料的抗压强度的影响(即随抗压强度的增大，磨料气体射流冲蚀体积减小)。

4.1.7 小结

本节数值模拟分析了磨料气体射流的冲蚀煤岩过程及其影响因素。在磨料加速段，磨料冲击能量受磨料粒径、磨料密度、气体压力的影响；在磨料气体射流冲蚀段，射流扩散角和入射角以及磨料形状是影响冲蚀效果的重要因素。分别对各个参数进行数值模拟研究，得到以下结论。

(1) 对于磨料加速，随着气体射流入射压力的增大，磨料动能急剧增大。当入射压力和

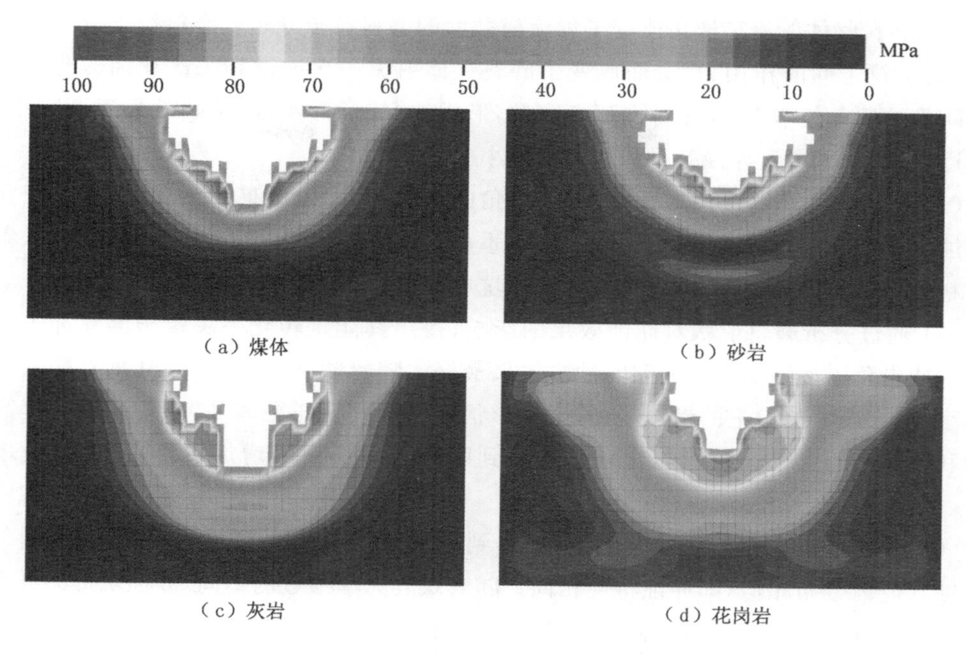

（a）煤体　（b）砂岩

（c）灰岩　（d）花岗岩

图 4-24　冲蚀坑初步成型 40 μs 时不同靶体应力分布

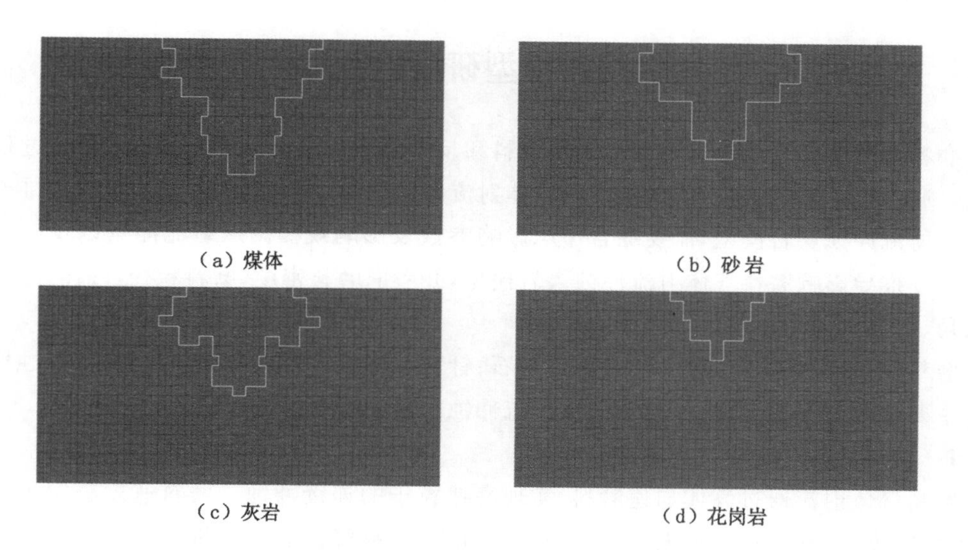

（a）煤体　（b）砂岩

（c）灰岩　（d）花岗岩

图 4-25　冲蚀 60 μs 时不同靶体失效网格轮廓

喷嘴结构不变时，受到磨料密度和粒径的综合影响，磨料密度和粒径过小或者过大，均不能达到最优的磨料加速效果；当磨料粒径和密度趋于某一个最优的组合时，加速后的磨料冲击动能达到最大。

（2）通过 LS-DYNA 对磨料气体射流冲蚀过程模拟得出，磨料气体射流冲蚀煤岩过程为入射磨料和反射磨料综合作用的过程。受反射磨料和“沙垫效应”的影响，在冲蚀靶面中心处形成“粒子低速区”，该区域决定了冲蚀坑的形态以及磨料气体射流冲击能量分布，并受到射流扩散角的影响。

(3) 磨料气体射流扩散角改变了射流横截面的磨料粒子分布。磨料粒子分布的疏密程度,影响了粒子间的作用力,进而改变了磨料气体射流一次冲蚀和二次冲蚀的能量分布比例。随着扩散角的增大,粒子分布逐渐离散,形成的“粒子低速区”影响效果逐渐减小、影响范围逐渐增大,这导致冲蚀效果先增大后减小。

(4) 在射流刚开始接触岩石时,随入射角的增大,其冲蚀效果逐渐增强;当射流完全接触冲蚀岩石表面时,其冲蚀机理和冲蚀率与垂直射流时的相同。在冲蚀坑成型后,入射角对于磨料气体射流的冲蚀率没有影响;在冲蚀坑成形前,垂直射流时,其冲蚀率最大。

(5) 通过分析磨料形状对冲蚀效果的影响,得出其能量转化率决定于磨料冲击角和球形度。冲击角以接触面法线方向时冲击效果最好。随着冲击角的减小,其垂直靶面速度分量减小,形成以犁削为主的剥蚀磨损;磨料形状则通过改变与靶体冲蚀接触方式,提高磨料动能利用率。通过综合动能转化率分析得到随磨料球形度的增加,其冲蚀性能先增大后减小。

(6) 通过冲蚀不同煤岩材料模拟分析得到,对于煤岩典型的脆性材料,受到磨料气体射流冲蚀其应力分布相似,即冲蚀特性相同。随着煤岩力学参数的不同,冲蚀坑形态并不会改变。煤岩力学参数仅会影响磨料气体射流对其的冲蚀率,并且随着煤岩冲蚀靶体抗压强度的增加,冲蚀体积逐渐减小。

4.2 磨料气体射流冲蚀煤岩模型研究

磨料气体射流冲蚀煤岩过程为入射磨料和反射磨料综合作用的结果,其冲蚀过程较为复杂。通过第 2 章的分析,明确了磨料气体射流冲蚀规律以及影响规律;为了建立准确的磨料气体射流冲蚀煤岩模型,需要综合考虑影响参数及影响规律。从射流能量以及能量利用率的角度推导影响磨料气体射流冲蚀煤岩模型,并考虑磨料密度、磨料粒径、气体压力、射流扩散角、射流入射角和磨料球形度的影响。

磨料气体射流主要以粒子冲蚀破碎岩石;针对其作用机理以及冲蚀过程,其冲蚀模型的建立主要从两个方面考虑,即磨料气体射流冲蚀能量方程和射流能量转化率方程。

4.2.1 磨料气体射流冲蚀能量方程

磨料气体射流通过气体加速磨料,实现高速粒子的连续冲蚀。磨料速度决定于气体压力、磨料密度、磨料粒径。根据动能定理,可以得出磨料气体射流能量与相关参数之间的耦合关系,即得到以下的数学表达式:

$$E = f(d, \rho, p) \tag{4-9}$$

式中 p——气体压力,MPa;

ρ——磨料密度,kg/m^3;

d——磨料粒径,m。

为计算磨料气体射流冲蚀能量,需建立气体压力、磨料粒径、磨料密度与磨料速度的关系方程。对第 2 章中数值模拟结果进行提取,采用多元回归分析,以磨料速度 v(m/s)为因变量,以气体压力、磨料密度、磨料粒径为自变量。

分析磨料粒子分别为密度 2 660 kg/m³，粒径 75 μm；密度 2 660 kg/m³，粒径 180 μm 和密度 3 950 kg/m³，粒径 180 μm；不同气体压力对磨料速度的影响，如图 4-26 所示。通过图 4-26所示的曲线回归分析得到，气体压力与磨料速度呈幂函数关系，其相关性系数 $R^2=0.998$。单因素气体压力与磨料速度回归方程为：

$$v=k_1 p^{0.316} \tag{4-10}$$

式中　k_1——受磨料粒径和密度影响的常数。

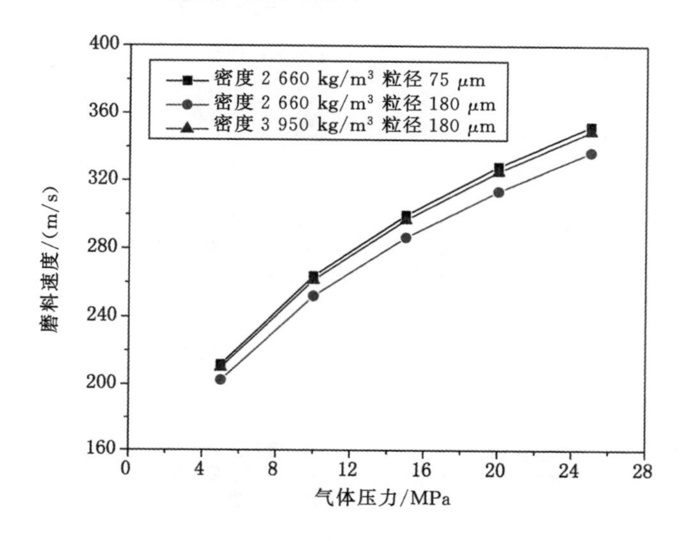

图 4-26　气体压力与磨料速度的关系曲线

对气体压力为 20 MPa 下，不同粒径、密度的磨料速度进行分析。通过式(4-10)得到，在确定磨料粒径、密度条件下，气体压力的 0.316 次方与磨料速度呈正比例关系。在确定磨料粒径、密度条件时，磨料速度与气体压力有如下关系：

$$\frac{v_{p,\rho,d}}{v_{20,\rho,d}}=\frac{k_1 \cdot p^{0.316}}{k_1 \cdot 20^{0.316}}=\left(\frac{p}{20}\right)^{0.316} \tag{4-11}$$

式中　$v_{p,\rho,d}$——气体压力 p、密度 ρ、粒径 d 下磨料速度值；

$v_{20,\rho,d}$——气体压力 20 MPa、密度 ρ、粒径 d 下磨料速度值。

分析气体压力 20 MPa 时，在 75 μm，180 μm，410 μm 条件下，不同密度对磨料速度的影响，如图 4-27 所示。通过图 4-27 所示的曲线回归分析得到，磨料密度与速度呈二次函数关系，其相关性系数 $R^2=0.995$。在 20 MPa、粒径 180 μm 时，单因素磨料密度与磨料速度回归方程为：

$$v_{p=20}=-2.29\times10^{-5}(\rho-3\ 500)^2+330.02 \tag{4-12}$$

分析气体压力 20 MPa 时，在 2 660 kg/m³，3 500 kg/m³，3 950 kg/m³ 条件下，不同粒径对磨料速度的影响，如图 4-28 所示。通过图 4-28 所示的曲线回归分析得到，粒径与速度呈二次函数关系，其相关性系数 $R^2=0.995$。在 20 MPa、密度 3 500 kg/m³ 时，单因素磨料粒径与磨料速度回归方程为：

$$v_{p=20}=-1.84\times10^{-3}(d\times10^6-90)^2+328.8 \tag{4-13}$$

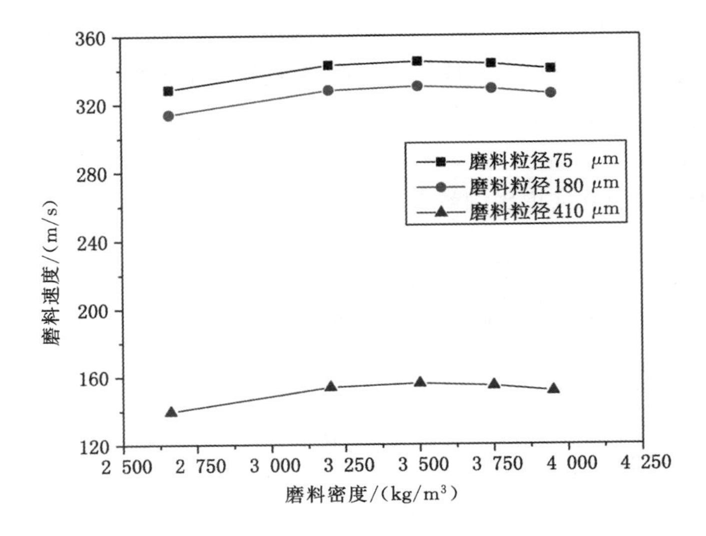

图 4-27　磨料密度与磨料速度的关系曲线

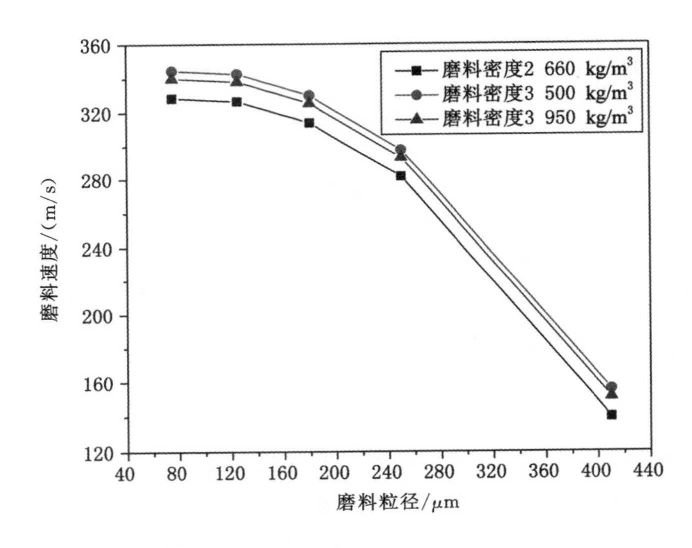

图 4-28　磨料粒径与磨料速度的关系曲线

分析式(4-12)和式(4-13)得到$(\rho-3\ 500)^2$、$(d\times10^6-90)^2$与v呈一次线性关系。对$v_{p=20}$进行二元线性回归分析,拟定的回归方程为:

$$v_{p=20}=b_0+b_1\lambda+b_2\mu \tag{4-14}$$

$$\lambda=(\rho-3\ 500)^2$$

$$\mu=(d\times10^6-90)^2$$

求解式(4-14)的二元线性回归方程,得到$R^2=0.996$时,b_1、b_2处于0.8～1.0范围内,且非常接近1,这说明变量之间的相关程度很高。使用F检验回归方程的显著性。取显著性水平$\alpha=0.05$,查F分布表得$F_{0.95}(2,28)=3.34$,显然$F=3\ 111.6>F_{0.95}(2,28)$,这说明

$(\rho-3\ 500)^2$、$(d\times10^6-90)^2$ 对磨料速度具有显著影响，并具有线性相关性。在 20 MPa 下关于 d 和 ρ 与 $v_{p=20}$ 的二元非线性回归方程为：

$$v_{p=20}=[-2.29\times10^{-5}(\rho-3\ 500)^2-1.84\times10^{-3}(d\times10^6-90)^2+345] \quad (4\text{-}15)$$

联合式(4-11)和式(4-15)得到气体压力、磨料粒径、磨料密度与磨料速度的三元回归方程为：

$$v=\left(\frac{p}{20}\right)^{0.316}[-2.29\times10^{-5}(\rho-3\ 500)^2-1.84\times10^{-3}(d\times10^6-90)^2+345] \quad (4\text{-}16)$$

根据动能定理，结合磨料速度得到单颗磨料粒子能量 E_p(J)，并推算出磨料气体射流单位时间冲击动能 E(J/s)与磨料密度、磨料粒径、气体压力的关系式如式(4-19)所示。

$$E_p=\frac{1}{2}m_p v^2 \quad (4\text{-}17)$$

$$E=E_p\cdot\frac{\dot{m}}{m_p} \quad (4\text{-}18)$$

$$E=\frac{\dot{m}}{2}\left(\frac{p}{20}\right)^{0.632}[-2.29\times10^{-5}(\rho-3\ 500)^2-1.84\times10^{-3}(d\times10^6-90)^2+345]^2 \quad (4\text{-}19)$$

式中　m_p——单颗磨料粒子质量；

$\dot{m}$——磨料的质量流量，kg/s。

分析射流能量的数学表达式(4-19)可以得出：在磨料气体射流冲蚀效果主要与磨料速度呈二次方关系，这与 Finnie 提出的微切削理论[132]中磨料入射速度与靶体冲蚀体积之间的关系为平方关系一致。

4.2.2　磨料气体射流能量转化率方程

通过磨料气体射流冲蚀岩石应力分布影响因素分析可知，磨料气体射流冲蚀效果受射流扩散角、入射角和磨料形状的影响。对于射流入射角，其仅在射流初始阶段影响冲蚀效果，当射流稳定后，冲蚀率不受影响，所以在冲蚀模型中忽略入射角的影响。根据磨料形状的研究，得到磨料形状能够影响磨料气体射流冲蚀效果。扩散角和磨料球形度影响了磨料气体射流能量分布以及利用率，则有：

$$\eta=f(\theta,\varphi) \quad (4\text{-}20)$$

式中　θ——磨料气体射流扩散角；

φ——磨料球形度。

根据在相同冲击动能情况下，不同射流扩散角的冲蚀结果，对岩石失效单元进行统计，得到磨料以 200 m/s 速度冲蚀情况下，扩散角与失效单元数之间的关系曲线，如图 4-29 所示。由图 4-29 可以看出：随着扩散角的增大，冲蚀效果先增加后减小。通过数据拟合得到，其相关性系数 $R^2=0.9$。扩散角与冲蚀体积之间的关系为：

$$V=(-403.5)(\theta^2-21.88\theta+70.87) \quad (4\text{-}21)$$

受扩散角的影响，以冲蚀体积达到最大时为标准，此时失效单元数量为 19 696。假设此时扩散角对于磨料气体射流能量转化系数为 1，即此时扩散角相对其他角度未对磨料气体

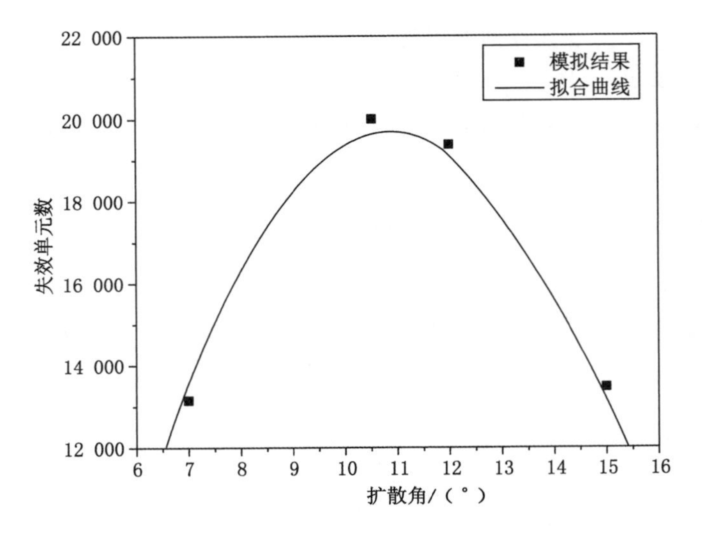

图 4-29　扩散角与失效单元数之间的关系曲线

射流冲蚀产生影响。随着扩散角的增加或减小，磨料冲蚀效果逐渐减小。据此得到扩散角与冲蚀率的关系方程为：

$$\eta_\theta = (-\frac{403.5}{19\ 696})(\theta^2 - 21.88\theta + 70.87) \tag{4-22}$$

依据磨料形状的分析，随着球形度的增加，磨料冲蚀效果先增大后减小。通过数值模拟得到球形度与综合能量转化率的关系曲线，如图 4-30 所示。通过数据拟合，其相关性系数 $R^2 = 0.99$。球形度与综合能量转化率的关系式为：

$$\eta_\varphi = -0.174\varphi^2 + 0.667\varphi + 0.336 \tag{4-23}$$

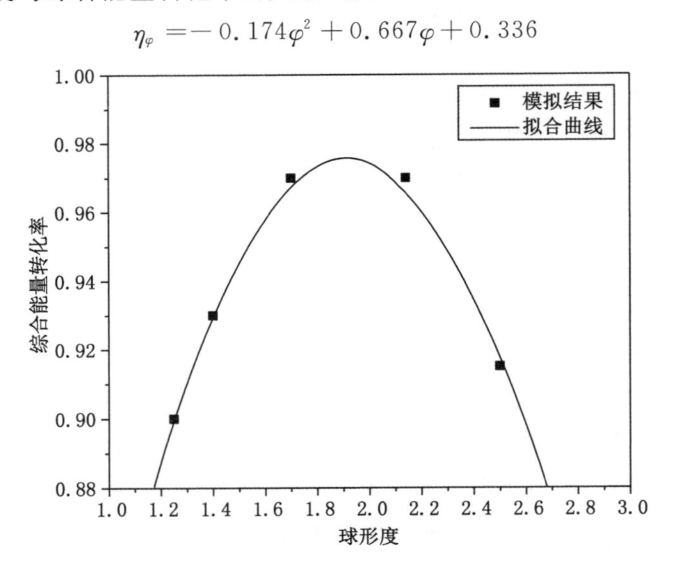

图 4-30　球形度与综合能量转化率的关系曲线

由于磨料形状改变了整体的射流冲蚀能力，所以根据能量转化的关系，将式(4-22)与式(4-23)相乘得到扩散角和磨料球形度对射流冲蚀效率的影响方程为：

$$\eta=(3.564\times10^{-3})(\theta^2-21.85\theta+71.443)(\varphi^2-3.83\varphi-1.93) \tag{4-24}$$

4.2.3　磨料气体射流冲蚀模型

依据磨料气体射流冲蚀效果可以得出：当冲蚀靶体达到应力破碎极限时，磨料破碎的程度是相似的。岩体在外载荷作用下，在破碎前后，冲蚀掉的体积所消耗的射流能量相同。单位射流能量破碎的煤岩体积用 V_ε 表示，得到磨料气体射流冲蚀率为(在常用的冲蚀模型中，采用被冲蚀材料的失重质量来衡量冲蚀率，其单位为 mg/g；而作者所建立的冲蚀模型包含了磨料属性、冲蚀时间和被冲蚀材料的力学属性，其冲蚀率单位为 m^3/s)：

$$V_p=E\cdot\eta\cdot V_\varepsilon=f(d,\rho,p)\cdot f(\theta,\varphi)\cdot V_\varepsilon \tag{4-25}$$

联立式(4-19)和式(4-24)以及式(4-25)得到冲蚀率的表达式为：

$$V_p=(3.564\times10^{-3})\frac{\dot{m}V_\varepsilon}{2}\left(\frac{p}{20}\right)^{0.632}[-2.29\times10^{-5}(\rho-3\,500)^2-1.84\times10^{-3}(d\times10^6-90)^2+345]^2(\theta^2-21.85\theta+71.443)(\varphi^2-3.83\varphi-1.93) \tag{4-26}$$

式中　V_p——磨料气体射流冲蚀率，m^3/s；

V_ε——单位射流能量破碎煤岩体积，m^3/J。

从而得到磨料冲蚀体积的表达式为：

$$V=V_p\cdot t$$

$$V=(3.564\times10^{-3})\frac{\dot{m}V_\varepsilon t}{2}\left(\frac{p}{20}\right)^{0.632}[-2.29\times10^{-5}(\rho-3\,500)^2-1.84\times10^{-3}(d\times10^6-90)^2+345]^2(\theta^2-21.85\theta+71.443)(\varphi^2-3.83\varphi-1.93) \tag{4-27}$$

式中　V——冲蚀体积，m^3；

t——冲蚀时间，s。

所建立的高压磨料气体射流冲蚀模型考虑了气体压力 p、质量流量 $\dot{m}$、冲蚀时间 t、磨料密度 ρ、磨料粒径 d、射流扩散角 θ、磨料球形度 φ 和单位射流能量破碎煤岩体积 V_ε 等影响因素。通过分析 V_ε 受到不同冲蚀靶体力学参数的影响得出，V_ε 主要与冲蚀对象抗压强度有关。

4.2.4　小结

本节根据数值模拟分析磨料气体射流影响因素及影响规律建立高压磨料气体射流冲蚀体积的预测模型。该模型基本上符合开始时提出的要求和设想，其特点是假设少，且物理意义明确、合理；其结果具有普遍的意义。该模型综合考虑了磨料气体射流冲蚀过程中主要影响参数，公式定量性较强。该模型的表达式较为简单明了，相较于传统的冲蚀模型减小了材料参数，易于确定岩石材料参数。该模型使具体的理论计算较易实现。对于磨料气体射流工程影响参数的选取以及冲蚀体积的预测，该模型具有重要意义。

4.3 磨料气体射流冲蚀煤岩模型实验验证

4.3.1 实验系统和参数

4.3.1.1 实验系统

高压磨料气体射流实验系统主要由气体压缩机、储气罐、磨料罐以及操作箱等组成，如图 4-31 所示。喷嘴采用缩放型拉瓦尔喷嘴，通过高压气体加速磨料粒子，形成高速磨料气体射流。空气压缩机最高压力为 40 MPa，最大吸气量为 2 m^3/min。高压气瓶最大容许压力为 40 MPa。在实验中将高压气体储存于高压气瓶中，通过压力调节阀调节出口压力，其进口压力范围为 0～40 MPa，其出口压力范围为 0～25 MPa。调压阀出口压力可调精确度为 0.1 MPa，可以精确控制射流压力，保证实验过程中射流压力恒定，满足实验要求。

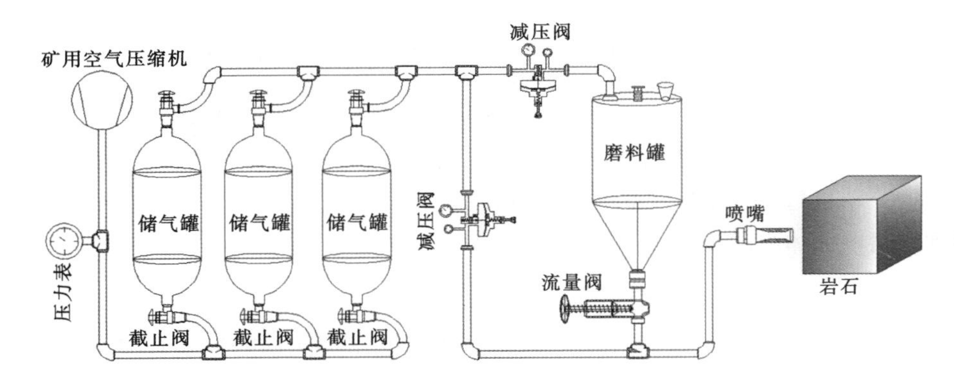

图 4-31　高压磨料气体射流系统

高压磨料气体射流设备如图 4-32 所示。

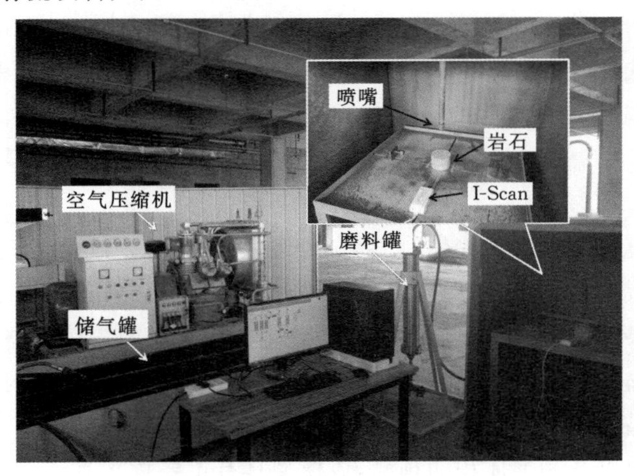

图 4-32　高压磨料气体射流设备

4.3.1.2 实验参数

(1) 磨料球形度测试原理

常用磨料均为不规则磨料,其球形度的计算无法按照规则形状计算。因而采用实验手段对磨料球形度进行测量。根据球形度定义,球形度为磨料的表面积等效直径和磨料的体积等效直径之比。然而对于磨料颗粒表面三维数据的测量和处理仍是一个难点问题。通过光学电子显微镜结合 IPP 图像分析软件(Image-Pro Plus,IPP),采用多组磨料二维数据的数学期望来代替三维数据,即通过统计随机分布的磨料圆度来代替磨料球形度[133,134]。磨料圆度定义为:

$$\varphi_{2D} = \frac{L^2}{4\pi S} \tag{4-28}$$

式中 φ_{2D}——磨料圆度;

L——磨料投影周长;

S——磨料投影面积。

通过对比式(4-7)与式(4-28)得出:式(4-7)从磨料表面积以及体积表述磨料球形度,规则球体的球形度为1,其他形状的磨料球形度大于1;式(4-28)则从磨料周长以及表面积表述磨料的圆度。当给定一定周长时,除正圆形状外的磨料,其面积均小于同周长正圆磨料的面积,正圆的磨料圆度为1,其他形状的磨料圆度大于1。虽然磨料的圆度并不能全面表述磨料的球形度,但是通过多组随机分布的磨料圆度的测量,求取磨料圆度的数学期望,在数值上其是极其接近磨料球形度的。因此得到磨料的球形度表达式为:

$$\varphi = \sum_{i=1}^{n} \varphi_{2D_i} n_i \tag{4-29}$$

式中 n_i——一定磨料圆度下,磨料数量的占比。

(2) 磨料球度度测试方法

采用电子显微镜下拍摄磨料的图像,利用 IPP 进行后处理;采用自动光学检测(AOI)工具从这些磨料颗粒图像中自动获取颗粒的轮廓,测量磨料形状特征,如磨料形心、面积和圆度等;利用 IPP 对多个对象的特征进行计算和测量,统计结果进行输出,并进一步处理数据。

(3) 磨料球形度测试结果及其分析

通过测量统计得到磨料圆度与磨料数量占比的关系曲线,如图 4-33 所示。由图 4-33可以看出:磨料圆度与磨料数量占比的关系服从高斯分布。由此可见同种磨料的圆度并不是统一的,但是同种磨料大部分数量的颗粒圆度还是一致的;这说明采用大量磨料圆度计算其数据期望代替磨料球形度是可行的。通过计算得到常用磨料的球形度如表 4-6 所示。

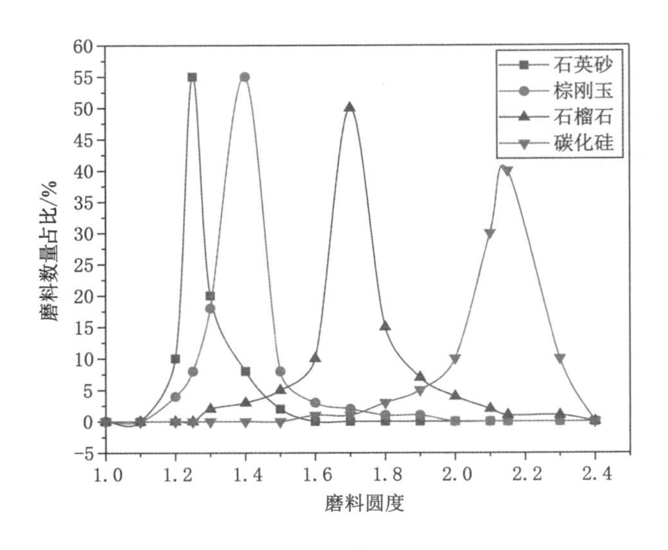

图 4-33　磨料圆度与磨料数量占比的关系曲线

表 4-6　常用磨料球形度计算结果

磨料种类	球形度 φ
石英砂	1.25
棕刚玉	1.4
碳化硅	1.7
石榴石	2.14

通过电子显微镜对 180 μm 不同磨料进行观察，其结果如图 4-34 所示。四种磨料颗粒大小相当；石英砂为柱状多面体，其相邻两个面夹角均小于 90°；棕刚玉类似为球状体，其表面具有一定弧度；碳化硅和石榴石颗粒则呈扁平状，其棱角尖锐且锋利。常用磨料中石英砂最接近球体，其球形度最小；石榴石磨料球形度最大。

4.3.2　射流能量破碎煤岩体积参数的求取

在冲蚀模型中，针对不同材料的冲蚀，其消耗的射流能量不同，从而需要求取冲蚀模型中单位射流能量破碎煤岩体积参数。对于高压磨料气体射流，选用较为标准的 180 μm 石榴石磨料。通过测试得到石榴石球形度为 2.14，密度为 3 500 kg/m^3；射流扩散角为 10.52°，冲蚀时间为 20 s 垂直工作面冲蚀。通过改变 3 MPa、5 MPa、10 MPa、15 MPa、18 MPa、20 MPa 气体压力，形成不同能量的磨料气体射流以进行冲蚀实验。

为了扩展模型的适用性，采用取自九里山的原煤、砂岩、灰岩和花岗岩为实验对象。实验试样如图 4-35 所示。试样力学参数如表 4-7 所示。进行冲蚀实验并根据式(3-11)计算射流能量，将计算结果以及实验冲蚀体积结果代入式(3-19)得到射流能量与冲蚀体积的关系曲线，如图 4-36 所示。由图 4-36 可以看出：随着射流能量的增加，其冲蚀体积逐渐增大，二者接近一次线性函数关系，这说明射流对于同种材料的冲蚀，破碎单位体积所消耗的射流能量始终保持一致，即单位射流能量破碎煤岩体积为靶体材料的常数。

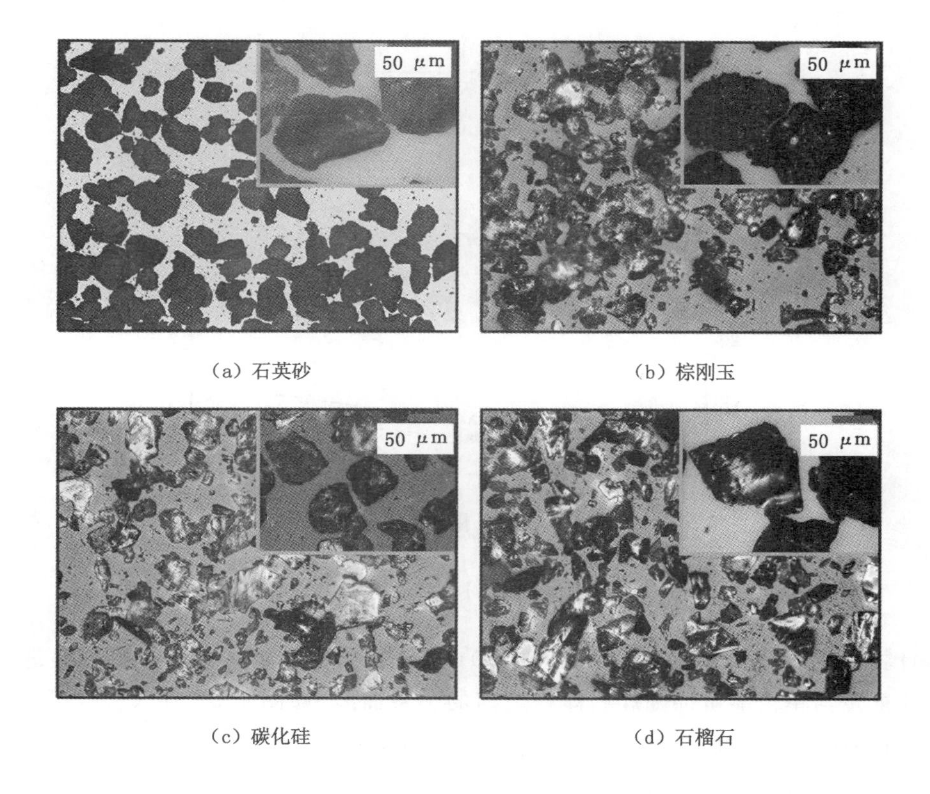

（a）石英砂　（b）棕刚玉

（c）碳化硅　（d）石榴石

图 4-34　磨料电子显微镜分析图

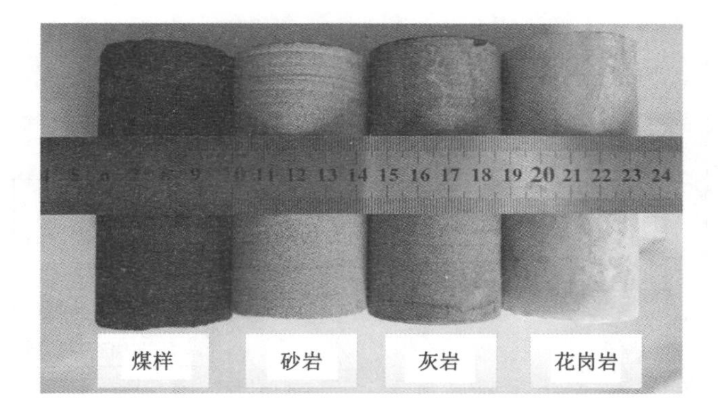

图 4-35　实验试样

表 4-7　试样力学参数

试样种类	单轴抗压强度/MPa	弹性模量/GPa	泊松比
煤	14.9	2.52	0.13
砂岩	32.8	23.1	0.21
灰岩	66.5	44.0	0.34
花岗岩	94.3	73.5	0.12

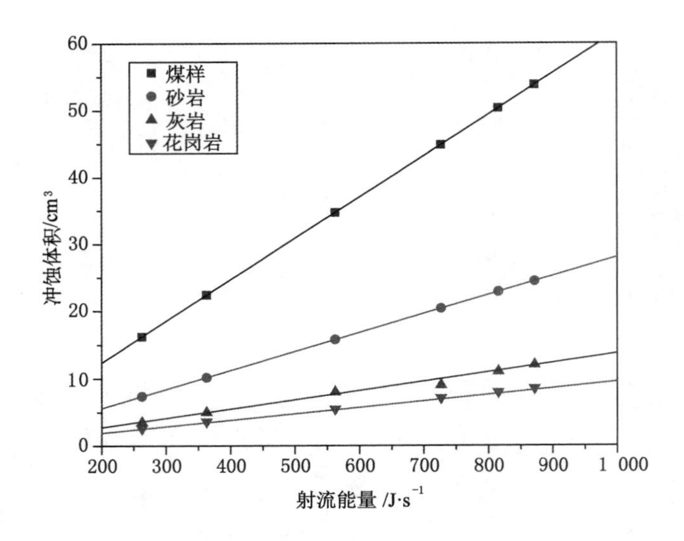

图 4-36　射流能量与冲蚀体积之间的关系曲线

将计算结果以及实验结果代入式(3-19)中,对单位能量冲蚀煤岩体积参数进行求解,得到射流能量与单位能量冲蚀煤岩体积之间的关系曲线,如图 4-37 所示。由图 4-37 可以看出:经过多次实验求解,在不同的射流能量条件下,对于同种岩石单位能量所冲蚀的体积均稳定在一定的数值上,其浮动范围很小,基本保持一致。求取位能量冲蚀体积的平均值,得到煤样的为 3.269 2 mm^3/J;砂岩的为 1.485 0 mm^3/J;灰岩的为 0.732 5 mm^3/J;花岗岩的为 0.516 5 mm^3/J。

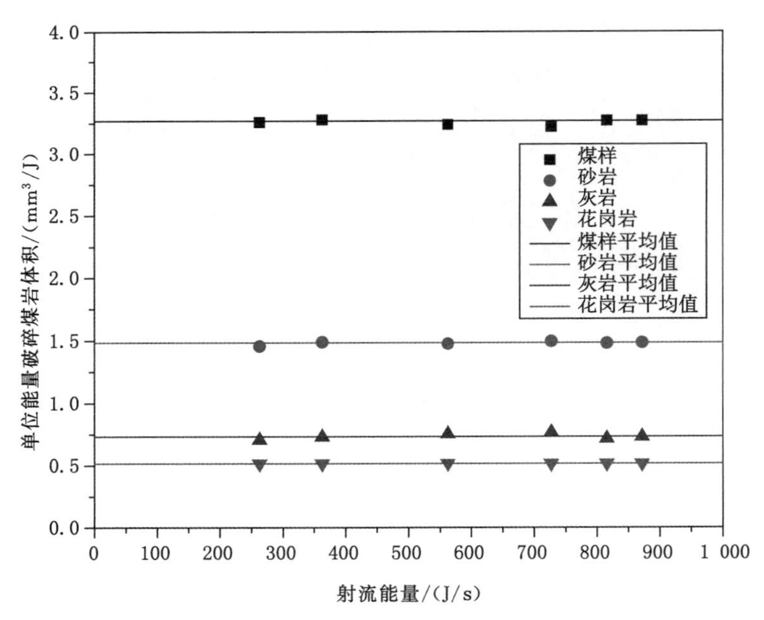

图 4-37　射流能量与单位能量破碎体积之间的关系曲线

对比不同煤岩力学参数，煤岩均属于典型的脆性材料，其冲蚀破坏形态极其相似。其单轴抗压强度与射流能量破碎体积的关系曲线，如图 4-38 所示。由图 4-38 可以看出：随煤岩抗压强度的增加，其冲蚀破碎的体积逐渐减小，并呈反函数关系。通过数据拟合，其相关性系数 $R^2=0.998$，其公式为：

$$V_{\varepsilon}=\frac{48.711\ 25}{\sigma bc} \tag{4-30}$$

式中　σbc——岩石抗压强度，MPa。

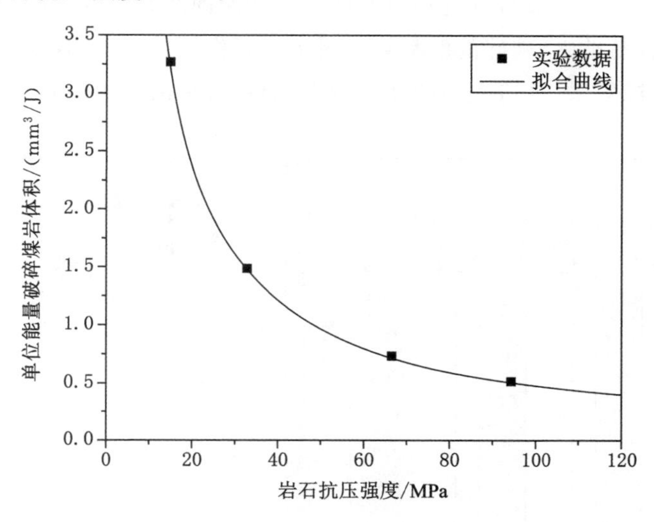

图 4-38　不同岩石属性与单位能量冲蚀体积之间的关系曲线

4.3.3　冲蚀模型的修正与验证

4.3.3.1　冲蚀模型的修正

为了验证冲蚀模型的准确性，采用灰岩作为冲蚀对象；分别对常用磨料进行冲蚀实验，磨料属性参数如表 4-8 所示；采用单一变量法进行磨料气体射流冲蚀灰岩实验，得到各个单因素与冲蚀体积之间的关系。

表 4-8　磨料属性参数表

磨料种类	磨料密度/(kg/m³)	磨料粒径/μm	球形度
石英砂	2 660	75/125/180/410	1.25
棕刚玉	3 750	75/125/180/410	1.40
碳化硅	3 950	75/125/180/410	1.70
石榴石	3 500	75/125/180/410	2.14

对于磨料密度影响因素，采用气体压力为 15 MPa、扩散角为 10.52°、粒径为 180 μm 的不同种类磨料进行冲蚀实验验证；对于磨料粒径影响因素，采用气体压力为 15 MPa、扩散角为 10.52°、采用不同粒径的四种磨料进行实验；对于气体压力影响因素，采用扩散角为 10.52°、粒径为 180 μm 四种磨料，在不同气体压力条件下进行冲蚀实验；对于扩散角影响因

素，采用气体压力为 15 MPa、粒径为 180 μm 不同磨料，在不同扩散角条件下进行冲蚀实验。

通过图 4-39 可以看出，相较于实验结果(如图 4-41 所示)，推导的冲蚀模型曲线与实验的趋势一致。对于磨料粒径(如图 4-39 所示)，对比实验值和理论曲线，实验值中磨料粒径在180 μm时，磨料冲蚀效果达到最大。磨料粒径过大或者过小，磨料冲蚀体积均有所降低；在理论值中磨料粒径的最优值相较于实验值较小。这是因为冲蚀模型在磨料粒径的耦合中未考虑磨料粒子的破碎。当磨料具有相同的冲击动能冲蚀时，受到的反射能量一致，那么小颗粒的磨料粒子更容易破碎，破碎的磨料粒子对于岩石作用较小，并且易在冲蚀坑表面形成磨料层，阻碍磨料冲蚀效果，这造成在冲蚀模型中，磨料粒径的最优值相较于实验值较小。

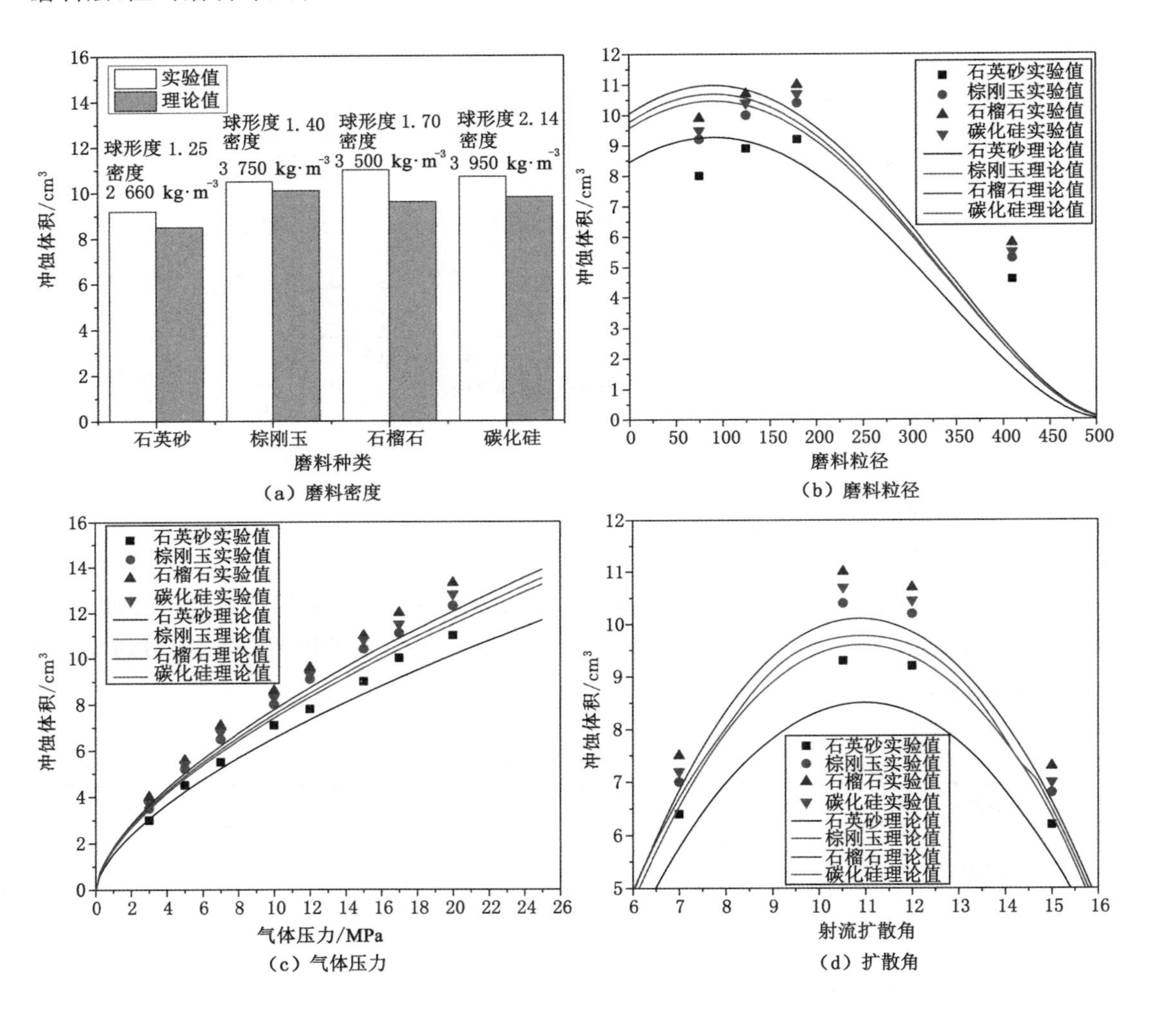

图 4-39　射流参数与冲蚀体积的关系

通过分析冲蚀模型的验证，虽然冲蚀模型在粒径的分布上未考虑粒子破碎的影响，但是在射流能量转化率的分析中综合考虑了射流冲蚀效果，且对于其他射流参数，磨料冲蚀体积的验证均具有较好的一致性。因此只需要对于磨料粒径单因素的冲蚀模型进行修正。通过对于磨料粒径实验数据的分析，得到修正方程如下：

$$V = f(d - \tau) \tag{4-31}$$

通过实验数据拟合修正，得到修正系数 τ 为 90。修正后的冲蚀模型曲线与实验值比较如图 4-40 所示。冲蚀模型曲线与实验值具有较好的一致性，这说明在常用的磨料气体射流冲蚀参数内，建立的磨料气体射流冲蚀模型具有较好的预测性。

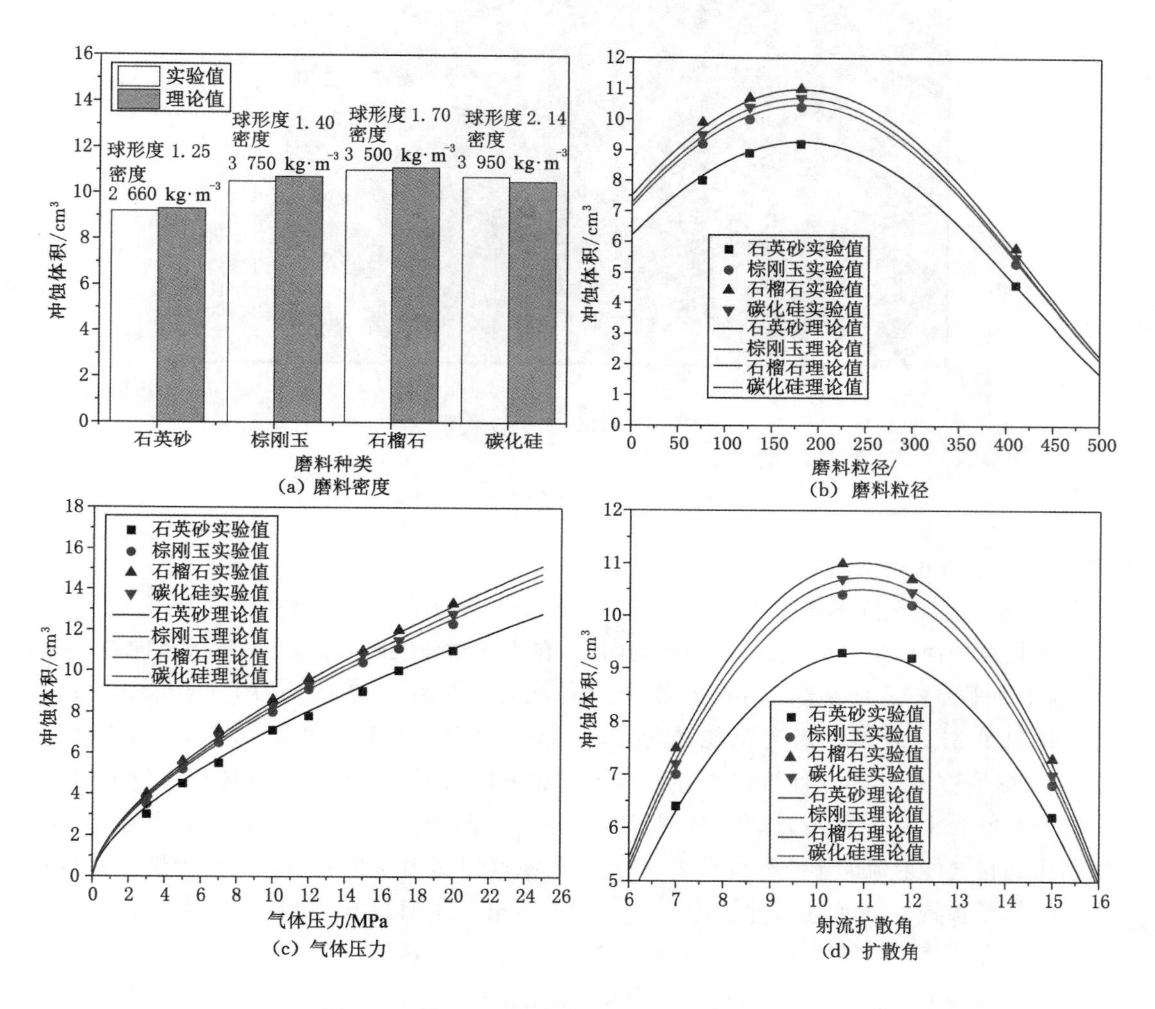

图 4-40　修正后射流参数与冲蚀体积的关系曲线

修正后的冲蚀模型为：

$$V_{\mathrm{p}} = (3.564 \times 10^{-3})\frac{\dot{m}V_{\varepsilon}}{2}\left(\frac{p}{20}\right)^{0.632}[-2.29 \times 10^{-5}(\rho - 3\ 500)^2 - 1.84 \times 10^{-3}$$

$$(d \times 10^6 - \tau - 90)^2 + 345]^2(\theta^2 - 21.85\theta + 71.443)(\varphi^2 - 3.83\varphi - 1.93) \tag{4-32}$$

$$V = (3.564 \times 10^{-3})\frac{\dot{m}V_{\varepsilon}t}{2}\left(\frac{p}{20}\right)^{0.632}[-2.29 \times 10^{-5}(\rho - 3\ 500)^2 - 1.84 \times 10^{-3}$$

$$(d \times 10^6 - \tau - 90)^2 + 345]^2(\theta^2 - 21.85\theta + 71.443)(\varphi^2 - 3.83\varphi - 1.93) \tag{4-33}$$

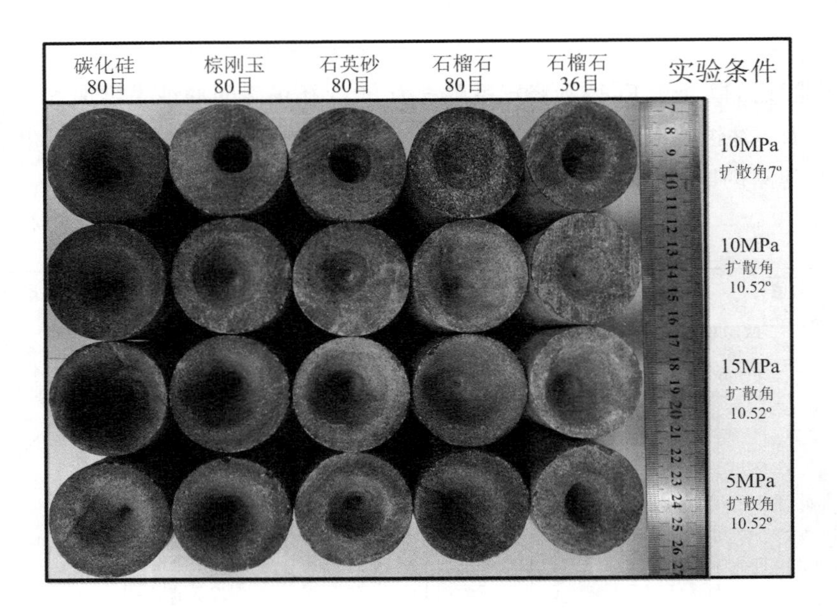

图 4-41　冲蚀实验结果图

$$V_{\varepsilon} = \frac{48.71125}{\sigma bc}$$

式中　τ——修正系数，且 $\tau=90$；

σbc——岩石抗压强度，MPa。

通过对冲蚀模型分析，采用不同影响因素，在未达到最佳射流参数前，增大相同的比例。例如，单因素起初是粒径为 75 μm 石英砂、气体压力为 5 MPa、扩散角为 7°、球形度为 1.4；然后通过分别更改单个因素至粒径为 180 μm 石榴石、气体压力为 10 MPa、扩散角为 10.52°、球形度为 2.14。计算得到各因素每增加单位比例所增加的冲蚀体积比例为：粒径 5.6%；密度 8.1%；气体压力 27.4%；扩散角 31.1%；球形度 4.4%。据此得到各影响因素对高压磨料气体射流的影响程度由大到小分别为：气体压力>扩散角>磨料密度>磨料粒径>磨料形状特性。通过对冲蚀率方程式(4-32)进行求解计算得到：当选用磨料密度为 3 500 kg/m^3、磨料粒径为 180 μm、扩散角为 10.92°、磨料球形度为 1.92 时，磨料气体射流冲蚀率达到最大；相较于常用磨料和扩散角，采用粒径为 180 μm 石榴石磨料时，其冲蚀效果比其他磨料冲蚀效果优，对灰岩的冲蚀率可达到 0.502 5 cm^3/s。

4.3.3.2　冲蚀煤体实验验证

采用磨料气体射流冲蚀煤体实验对冲蚀模型进行验证。煤样取自九里山矿的原煤，将煤样加工成与灰岩试样相同 ϕ50 mm×100 mm 的试样。实验条件为磨料质量流量为 0.016 kg/s、扩散角为 10.52°和冲蚀时间为 20 s；由于煤体相较岩石更容易破碎，气体压力选用 10 MPa。冲蚀实验磨料参数如表 4-9 所示。

表 4-9　冲蚀实验磨料参数

实验编号	磨料种类	磨料密度/(kg/m^3)	磨料粒径/μm	球形度
A	石英砂	2 660	180	1.25
B	棕刚玉	3 750	180	1.40
C	碳化硅	3 950	180	1.70
D	石榴石	3 500	180	2.14

在冲蚀实验中，煤体的强度太低，受到磨料气体射流冲蚀，射流打击力造成冲蚀坑壁面煤体的断裂，从而其冲蚀效果的数据收集具有一定的难度。通过冲蚀残留煤样的冲蚀坑进行还原，分别以"V"形冲蚀坑计算冲蚀最小体积，如图 4-42(a)和(b)所示。以冲蚀残留的冲蚀坑体积加上煤样损失体积为冲蚀最大体积，如图 4-42(c)所示。结合冲蚀模型的计算数值进行比较。

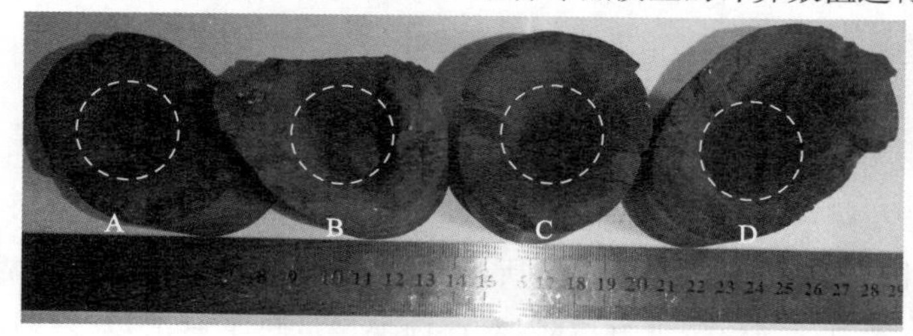

(a) 冲蚀坑俯视图

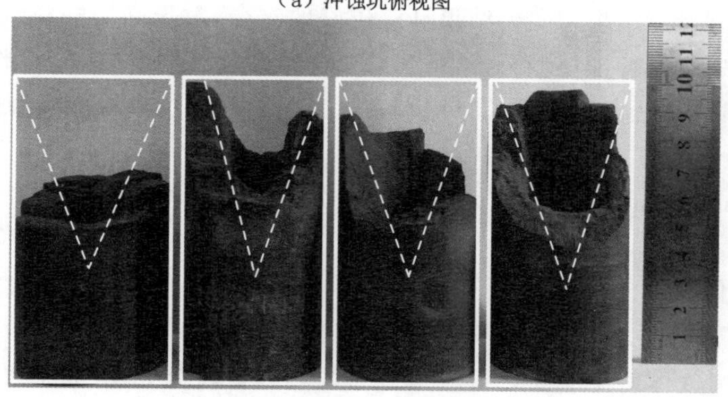

(b) 冲蚀最小体积

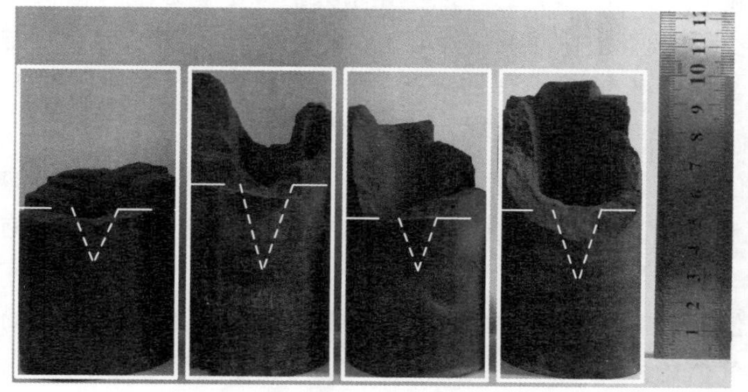

(c) 冲蚀最大体积

图 4-42　冲蚀煤样实验效果图

通过测量煤体冲蚀深度分别为 4.41 cm、5.60 cm、5.68 cm、6.12 cm；煤样碎裂损失长度分别为 3.21 cm、2.95 cm、3.50 cm、3.36 cm。通过计算得到实验冲蚀体积以及冲蚀模型计算体积如表 4-10 所示。

表 4-10　实验结果与冲蚀模型计算结果

实验编号	最小冲蚀体积/cm^3	最大冲蚀体积/cm^3	冲蚀模型计算体积/cm^3
A	28.84	73.86	32.01
B	36.63	63.09	36.15
C	37.15	76.91	36.93
D	40.03	72.81	37.92

通过实验结果与冲蚀模型计算结果对比可以看出：计算的冲蚀体积与实验冲蚀最小体积相接近，其误差在10%以内。由此可见，煤体冲蚀坑为“V”形冲蚀坑，且建立的磨料气体射流冲蚀模型对于煤体具有较好适用性。

4.3.4　小结

本节采用高压磨料气体射流冲蚀灰岩实验，对冲蚀模型进行验证以及修正。由于冲蚀模型中未考虑磨料粒子冲蚀过程的破碎，所以对于同样冲蚀效果，冲蚀模型中磨料粒径取值偏小；通过实验结果与冲蚀模型进行比对，对冲蚀模型进行了修正，并得到修正系数 $\tau=90$。修正后的冲蚀模型计算结果与实验结果具有较好的吻合，对于高压磨料气体射流具有良好的工程适用性。通过对冲蚀模型分析，得到对于高压磨料气体射流而言，影响因素的重要性由大到小依次为：气体压力＞扩散角＞磨料密度＞磨料粒径＞磨料形状特性。

4.4　本章小结

本章通过数值模拟分析研究，深入分析了影响高压磨料气体射流冲蚀效果的影响因素及其影响规律。通过研究，主要得到以下几点主要结论。

（1）高压磨料气体射流冲蚀岩石应力分布影响因素研究表明：射流冲蚀效果受到射流扩散角的影响。随着扩散角的增大，冲蚀率先增大后减小。通过数值模拟分析得到扩散角为10.52°时，射流冲蚀效果最佳。射流入射角在冲蚀坑成型之前，存在一定的影响。随着入射角逐渐增大至垂直冲蚀，冲蚀率持续增大。垂直工作面冲蚀的冲蚀率最大；当冲蚀坑初步成型后，冲蚀率不再随入射角变化而变化，保持不变。

（2）结合数值模拟结果以及实验数据，建立了适用于磨料气体射流的冲蚀方程，并通过实验进行了验证和修正。通过对冲蚀模型分析，得到了影响上述因素影响磨料气体射流冲蚀效果的权重由大到小依次为：气体压力＞扩散角＞磨料密度＞磨料粒径＞磨料形状特性。

（3）结合数值分析基于工程应用，优化得出高压磨料气体射流适用的最佳射流参数为 180 μm 石榴石、气体压力 15 MPa、扩散角 10.52°。通过计算得到对于灰岩所达到的冲蚀率为 0.502 5 cm^3/s。

第 5 章　高压磨料气体射流破岩应力波效应

5.1　高压磨料气体射流破煤应力波方程和能量准则

高压磨料射流是通过流体内能转化为流体动能，并带动磨料粒子加速，进而利用流体及磨料粒子的冲击动能实现材料的加工。其中，常用于加速磨料粒子的流体有水和空气。相较于水射流，由于高速气体的可压缩性，气体流场内部会形成复杂的压缩-膨胀波系，气流穿过各个扰动界面，其速度、密度、温度等物理量会交替出现增大、减小的脉动变化，气流脉动会导致流场内的磨料粒子呈现出明显的高频、非连续特征。

脉动气流及高频、高能的磨料粒子同时作用于煤岩过程中，煤岩内部会出现典型的应力波效应，当应力波携带的能量大于煤岩破坏的临界能量阈值时，煤岩会出现应力波破坏。可通过建立高压磨料气体射流破煤过程中应力波的传播方程和用于判断煤岩破坏的能量准则，研究煤岩内部应力场的分布规律及应力波破煤的有效影响距离。

5.1.1　高压磨料射流破煤的应力波传播方程的建立

高压磨料射流加工技术是通过磨料粒子的冲击动能实现材料的切割、破碎，经过气流加速的磨料粒子以高频、高能量的载荷形式作用于靶体材料。利用高压磨料粒子射流破煤卸压增透，磨料粒子在冲击煤体形成冲蚀坑的同时，还伴随有应力波的传播。煤体是原生裂隙、孔隙发育的多孔介质，外部载荷瞬时作用时，其动力响应要受到煤体骨架和孔隙流体的耦合影响。因此，磨料射流粒子破煤过程，煤体内的应力传播方程要考虑双相多孔介质的流-固耦合效应。

1956 年，比奥（Biot）[106-109]依据热力学定律和弹性力学提出了用于描述双相介质中弹性波传播的半唯象理论，并成功预言了多孔介质中存在三种体波，即第一纵波（P_1 波）、第二纵波（P_2 波）和 S 波。Biot 理论从物理本质上研究了波是如何在多孔介质中传播的，解释了多孔介质骨架和孔隙流体的物性参数是如何影响外部载荷作用下介质动力的响应结果，经过相关学者对 Biot 理论半唯象系数分析和反演，得到的修正 Biot 理论可进行双相介质波动方程的数学求解，通过计算出数值解或解析解，可建立介质内弹性波的应力场。

基于修正的 Biot 理论，建立用于描述高压磨料气体射流破煤过程中煤体内的应力波控制方程，提出边界、初始条件；求解波动方程，研究煤体内应力波的传播规律。

5.1.1.1　高压磨料气体射流破煤过程煤体本构模型

为研究煤体中应力波的传播方程，假定煤体为双相多孔介质，孔隙流体流动属于 Biot 型流动，根据 Biot 理论，煤体满足如下假设：

(1) 煤体固体骨架和基质孔隙在统计上满足均质、各向同性;

(2) 煤体基质孔隙相互连通,所有孔隙有效;

(3) 煤体内应力波传播过程中波长比最大煤体颗粒尺寸大;

(4) 孔隙中流体的相对运动满足达西定律;

(5) 应力波传播过程中因能量耗散而引起的热效应可忽略;

(6) 孔隙流体与煤体基质不产生化学作用。

煤体的固体骨架位移为 $u=(u_1,u_2,u_3)^{\mathrm{T}}$,煤体基质孔隙中流体的位移为 $U=(U_1,U_2,U_3)^{\mathrm{T}}$,固体骨架与孔隙流体的相对位移为 $w_i=\varphi(U_i-u_i)$,固体骨架的应变为 e_{ij},单元体内固体骨架与孔隙流体因相对运动产生的应变为 $\xi=\theta_{ij}\xi_{ij}$,应变与位移分别满足关系为:

$$e_{ij}=\frac{1}{2}(\frac{\partial u_i}{\partial x_j}+\frac{\partial u_j}{\partial x_i}),$$

$$\xi_{ij}=\frac{1}{2}(\frac{\partial w_i}{\partial x_j}+\frac{\partial w_j}{\partial x_i}),$$

其中,$i=1,2,3$;$j=1,2,3$;φ 为煤体的孔隙率;$\varepsilon_{ij}=\begin{cases}0, i\neq j\\1, i=j\end{cases}$为 Kroneker 函数。

煤体内任意单元体的应力,可分为单元体上固体骨架的应力 σ_{ij} 和孔隙流体的应力 $p_{\mathrm{f}}=\varepsilon_{ij}p_{ij}$;其中,$s=\alpha p_{\mathrm{f}}$,$s$ 为孔压力。

根据弹性力学可知,固相弹性介质的应力-应变关系满足:

$$\sigma_{ij}=2Ge_{ij}+\varepsilon_{ij}\lambda\,\mathrm{div}u \tag{5-1}$$

固体骨架的有效应力为:

$$\overline{\sigma_{ii}}=\sigma_{ii}-s=\sigma_{ii}-\alpha p_{\mathrm{f}} \tag{5-2}$$

根据渗流力学,可得多孔介质内流体的渗流连续性方程为:

$$-\frac{\partial p_{\mathrm{f}}}{\partial t}=M\frac{\partial\xi}{\partial t}-\alpha M\frac{\partial e}{\partial t} \tag{5-3}$$

式中 λ,G——Lame 常数;

$\mathrm{div}u=\sum_{i=1}^{3}e_{ii}$;

$\alpha=1-\frac{K_{\mathrm{b}}}{K_{\mathrm{s}}}$——煤体中煤颗粒的压缩系数;

$M=\frac{K_{\mathrm{s}}^2}{K_{\mathrm{d}}-K_{\mathrm{b}}}$——煤体骨架与基质孔隙流体体积变化之间的耦合系数。

其中,$K_{\mathrm{d}}=K_{\mathrm{s}}[1+\varphi(\frac{K_{\mathrm{s}}}{K_{\mathrm{f}}}-1)]$,$K_{\mathrm{s}}$ 为煤体颗粒的体积模量,K_{f} 为基质孔隙流体的体积模量,K_{b} 为煤体骨架的体积模量,$K_{\mathrm{b}}=\lambda+\frac{2}{3}G$。

在磨料射流破煤过程中,煤体基质孔隙流体的初值条件满足:

$$p_f|_{t=0}=0, u|_{t=0}=\frac{\partial}{\partial t}u|_{t=0}=\frac{\partial}{\partial t}w|_{t=0}=0 \tag{5-4}$$

根据初值条件式(5-4)，求解式(5-3)，可得煤体基质孔隙内流体的本构关系为：

$$-p_f=M\xi-\alpha Me \tag{5-5}$$

高压磨料射流冲击煤体，在煤体内部激励的应力要远小于颗粒的破坏强度，即煤体颗粒为不可压缩固体，$K_s\to\infty$，因此，可得煤颗粒的压缩系数为 $\alpha=1$，固体骨架与基质孔隙流体体积变化之间的耦合系数 $M=\frac{K_f}{\varphi}$。

联立式(5-1)至式(5-5)，并将 $\alpha=1, M=\frac{K_f}{\varphi}$ 代入，可得在高压磨料气体射流冲击过程中煤体的应力-应变关系满足：

$$\begin{cases}\overline{\sigma_{ij}}=2Ge_{ij}+\varepsilon_{ij}\lambda\,\mathrm{div}u-\varepsilon_{ij}p_f\\ p_f=\frac{K_f}{\varphi}(\xi-e)\end{cases} \tag{5-6}$$

5.1.1.2　煤体内球面波的传播方程

高压磨料气体射流破碎煤岩实质是气体及磨料粒子的动能向煤岩体内部转移或转化的宏观表现，表现形式为煤岩表面冲蚀坑破坏及煤体内部应力波破坏。磨料粒子冲击区域内，煤岩体受磨料粒子的切削、磨损作用，呈现出表面粗糙的冲蚀坑破坏，而由于气体、磨料粒子具有较强的脉动及高频、非连续特性，高压磨料气体射流还会导致煤岩体在接触区域以外出现典型的应力波破坏。

磨料粒子及气体对煤体冲量的脉动变化时间小于或接近于应力波在煤岩体内传播时间，会对接触区域以外的煤岩体持续产生扰动，以应力波传播的形式向煤体内部不断传递能量。根据应力波理论，当煤体内任意单元受到扰动时，单元体具有的动能为 E_k：

$$E_k=\frac{1}{2}\sum_{i=1}^{3}\left[\rho\left(\frac{\partial u_i}{\partial t}\right)^2+\rho_f\left(\frac{\partial w_i}{\partial t}\right)^2\right] \tag{5-7}$$

式中　ρ——单元体的密度；

ρ_f——流体的密度。

其中，$\rho=(1-\varphi)\rho_s+\varphi\rho_f$，$\rho_s$ 为固相骨架密度。

高压磨料气体射流冲击煤体是以集中载荷的形式加载，煤体内产生的应力波以球面波方式传播。由于介质运动的球对称性质，在球坐标下，只有径向位移的分量为非零位移量；根据式(5-7)可得，单元体受到的作用力 f 为：

$$f=\frac{\partial^2 E_k}{\partial {v_r}^2}=\frac{\rho}{2}\frac{\partial^2}{\partial\left(\frac{\partial u_r}{\partial t}\right)^2}\left(\frac{\partial u_r}{\partial t}\right)^2+\frac{\rho_f}{2}\frac{\partial^2}{\partial\left(\frac{\partial w_r}{\partial t}\right)^2}\left(\frac{\partial w_r}{\partial t}\right)^2=\rho\frac{\partial^2 u_r}{\partial t^2}+\rho_f\frac{\partial^2\omega_r}{\partial t^2} \tag{5-8}$$

式中　v_r——单元体的速度。

单元体受到作用力 f 与应力的关系可表示为：

$$f=\frac{\partial\sigma_r}{\partial r}+\frac{1}{r}(2\sigma_r-\sigma_\theta-\sigma_\varphi) \tag{5-9}$$

联立式(5-8)、式(5-9)及 $\sigma_\theta(r,t)=\sigma_\varphi(r,t)$ 可得煤体内任意单元的运动方程为：

$$\frac{\partial \sigma_r}{\partial r}+\frac{2}{r}(\sigma_r-\sigma_\theta)=\rho\frac{\partial^2 u_r}{\partial t^2}+\rho_f\frac{\partial^2 \omega_r}{\partial t^2} \tag{5-10}$$

选取单元体内的孔隙流体分析，孔隙流体受到扰动时的动能满足：

$$E_s=\sum_{i=1}^{3}[\frac{1}{2}\rho_f(\frac{\partial U_i}{\partial t})^2+b\frac{\partial w_i}{\partial t}] \tag{5-11}$$

式中 b——孔隙流体与固体骨架相对运动引起的能量耗散。

根据式(5-11)可得孔隙流体受到的作用力为：

$$-\frac{\partial p_f}{\partial r}=\frac{\partial^2 E_k}{\partial {v_r}^2}=\rho_f\frac{\partial^2 U_r}{\partial t^2}+b\frac{\partial w_r}{\partial t} \tag{5-12}$$

将 $w=\varphi(U-u)$代入式(5-12)，可得孔隙流体的运动方程为：

$$-\frac{\partial p_f}{\partial r}=\rho_f\frac{\partial^2 u_r}{\partial t^2}+\frac{\rho_f}{\varphi}\frac{\partial^2 w_r}{\partial t^2}+b\frac{\partial w_r}{\partial t} \tag{5-13}$$

把式(5-6)转化为球坐标系下的煤体的应力-位移关系：

$$\begin{cases}\overline{\sigma_r}=\lambda(\frac{\partial u}{\partial r}+\frac{2u}{r})+2G\frac{\partial u_r}{\partial r}-p_f\\ \overline{\sigma_\theta}=\overline{\sigma_\varphi}=\lambda(\frac{\partial u}{\partial r}+\frac{2u}{r})+2G\frac{u_r}{r}-p_f\\ \frac{\partial p_f}{\partial r}=\frac{K_f}{\varphi}\frac{\partial}{\partial r}[(\frac{\partial w_r}{\partial r}+\frac{2w_r}{r})-(\frac{\partial u_r}{\partial r}+\frac{2u_r}{r})]\end{cases} \tag{5-14}$$

高压磨料气体射流冲击破碎煤体过程中，煤体对磨料粒子的冲击是瞬态响应，流体与固体骨架之间的能量传递过程中不考虑流体与固体骨架因相对运动产生的能量耗散，即 $b=0$；联立式(5-10)、式(5-13)、式(5-14)可得，位移 u-w 形式的煤体内球面波的控制方程：

$$\begin{cases}(\lambda+2G+\frac{K_f}{\varphi})\frac{\partial}{\partial r}(\frac{\partial u_r}{\partial r}+\frac{2u_r}{r})-\frac{K_f}{\varphi}\frac{\partial}{\partial r}(\frac{\partial w_r}{\partial r}+\frac{2w_r}{r})=\rho\frac{\partial^2 u_r}{\partial t^2}+\rho_f\frac{\partial^2 w_r}{\partial t^2}\\ \frac{\partial}{\partial r}(\frac{\partial u_r}{\partial r}+\frac{2u_r}{r})-\frac{\partial}{\partial r}(\frac{\partial w_r}{\partial r}+\frac{2w_r}{r})=\frac{\rho_f}{K_f}(\frac{\partial^2 u_r}{\partial t^2}+\varphi\frac{\partial^2 w_r}{\partial t^2})\end{cases} \tag{5-15}$$

5.1.1.3 高压磨料气体射流的应力波传播方程

由于高速磨料粒子对接触面产生切削、磨损，煤岩在受到高压磨料气体射流形成的聚能粒子束垂直冲击过程中，壁面会出现冲蚀破坏区域。伴随着冲蚀坑形成，气体、磨料粒子非连续性冲击产生的扰动还会通过接触区域界面向煤岩内部传播，当受扰动煤岩吸收能量大于临界破坏能量，煤岩出现应力波破坏，如图 5-1 所示。

化简式(5-15)，可得高压磨料气体射流破碎煤岩过程中，冲蚀、磨损区域外部的应力波控制方程为：

$$\begin{cases}(\lambda+2G)\frac{\partial}{\partial r}(\frac{\partial u_r}{\partial r}+\frac{2u_r}{r})=(\rho-\frac{\rho_f}{\varphi})\frac{\partial^2 u_r}{\partial t^2}\\ \frac{\partial}{\partial r}(\frac{\partial u_r}{\partial r}+\frac{2u_r}{r})-\frac{\partial}{\partial r}(\frac{\partial w_r}{\partial r}+\frac{2w_r}{r})=\frac{\rho_f}{K_f}(\frac{\partial^2 u_r}{\partial t^2}+\varphi\frac{\partial^2 w_r}{\partial t^2})\end{cases} \tag{5-16}$$

引入势函数 ψ_s、ψ_f，并且要满足 $u_r=\frac{\partial}{\partial r}(\psi_s/r)$，$w_r=\frac{\partial}{\partial r}(\psi_f/r)$，分别将势函数 ψ_s、ψ_f 表达式代入式(5-16)，化简得：

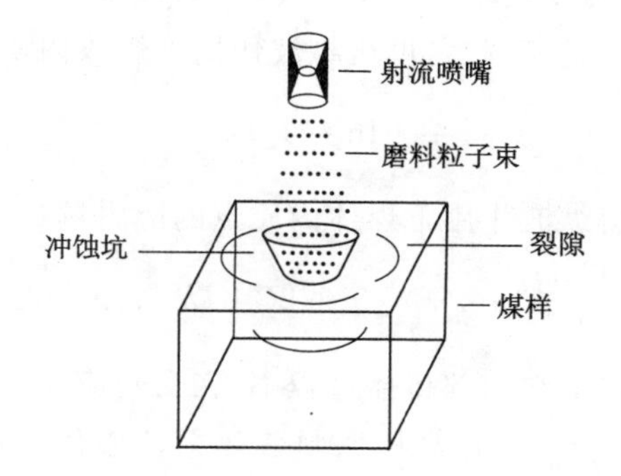

图 5-1　高压磨料气体射流破煤

$$[(\lambda + 2G + \frac{K_f}{\varphi})\frac{\partial^2}{\partial r^2} - \rho\frac{\partial^2}{\partial t^2}]\psi_s + (\frac{K_f}{\varphi}\frac{\partial^2}{\partial r^2} - \rho_f\frac{\partial^2}{\partial t^2})\psi_f = 0 \tag{5-17}$$

$$(\frac{\partial^2}{\partial r^2} - \frac{\rho_f}{K_f}\frac{\partial^2}{\partial t^2})\psi_s - (\frac{\partial^2}{\partial r^2} + \varphi\frac{\rho_f}{K_f}\frac{\partial^2}{\partial t^2})\psi_f = 0 \tag{5-18}$$

对式(5-18)进行求解，可得：

$$\begin{cases} \psi_s = (\frac{\partial^2}{\partial r^2} + \varphi\frac{\rho_f}{K_f}\frac{\partial^2}{\partial t^2})\psi \\ \psi_f = (\frac{\partial^2}{\partial r^2} - \frac{\rho_f}{K_f}\frac{\partial^2}{\partial t^2})\psi \end{cases} \tag{5-19}$$

式中　ψ——任意势函数。

联立式(5-17)、式(5-19)可得：

$$D_1 \cdot \frac{\partial^4\psi}{\partial r^4} + D_2 \cdot \frac{\partial^4\psi}{\partial r^2\partial t^2} + D_3 \cdot \frac{\partial^4\psi}{\partial t^4} = 0 \tag{5-20}$$

式中，$D_1 = \lambda + 2G + \frac{2K_f}{\varphi}$，$D_2 = \lambda \cdot \varphi \cdot \frac{\rho_f}{K_f} + 2G \cdot \varphi \cdot \frac{\rho_f}{K_f} - \rho - \frac{\rho_f}{\varphi}$，$D_3 = \frac{\rho_f}{K_f} \cdot (\rho \cdot \varphi - \rho_f)$

式(5-20)满足：

$$(\frac{\partial^2}{\partial r^2} - \frac{1}{c_1^2}\frac{\partial^2}{\partial t^2})(\frac{\partial^2}{\partial r^2} - \frac{1}{c_2^2}\frac{\partial^2}{\partial t^2})\psi = 0 \tag{5-21}$$

式中，c 满足：$(\frac{1}{c})^2 = \frac{-D_2 \pm \sqrt{{D_2}^2 - 4D_1 \cdot D_3}}{2D_1}$。

式(5-21)中，ψ 的平面简谐波解满足如下：

$$\psi = A \cdot e^{i \cdot (w \cdot t - k \cdot r)} \tag{5-22}$$

式中　$i^2 = -1$；

k——波矢量；

$c_p = \frac{w}{Re(k)}$；

w——角频率，$w = 2\pi f$；

f——磨料气体射流的入射频率。

由于煤岩类材料的抗拉强度远小于抗压强度，应力波效应下的煤体破碎是纵波产生的拉应力破坏。联立式(5-18)、式(5-22)，可得纵波作用下煤体内质点的位移场：

$$u_r = [\frac{1}{r^2} + \frac{1}{r} \cdot \mathrm{Im}(k)](k^2 + w^2 \varphi \frac{\rho_f}{K_f})\psi \tag{5-23}$$

联立式(5-14)、式(5-23)可得纵波作用下煤体内质点的应力场：

$$\sigma_r = \frac{\lambda + 2G}{r^3}[\mathrm{Im}(k) \cdot r + 2G]^2 (k^2 + w^2 \cdot \varphi \frac{\rho_f}{K_f})\psi \tag{5-24}$$

根据应力波理论，扰动在材料内部传播过程中，在受到应力波控制方程控制的同时还要受扰动的边界和初始条件的影响。在高压磨料气体射流破煤过程中，当射流参数一定，气体/磨料粒子会以固定频率、集中载荷的形式作用于煤岩壁面，即高压磨料气体射流破煤过程中应力波传播的边界、初始条件为固定频率、集中载荷的力学模型。

在力学中，常用到质点、瞬时力等力学抽象模型，描述外部作用力在空间中的某一点或时间中的某一瞬时间的集中分布。其中，狄拉克函数 δ 是狄拉克为解决量子力学中连续函数本征波谱的归一化问题提出的广义函数，可用于描述空间或时间中单位点源的分布密度[110]。

当单位物理量集中分布于原点，狄拉克函数 δ 满足定义：

$$\begin{cases} \delta(x) = \begin{cases} +\infty & x = 0 \\ 0 & x \neq 0 \end{cases} \\ \int_{-\infty}^{\infty} \delta(x)\mathrm{d}x = 1 \end{cases} \tag{5-25}$$

利用狄拉克函数 δ 研究不同频率下磨料气体射流对煤岩体的冲击作用，冲击区域内磨料粒子束是以瞬时载荷的形式多次作用于煤体，瞬时作用力满足 σ_0，射流冲击区域的半径为 r_0，磨料/气体射流的冲击频率为 f，可得高压磨料气体射流破碎煤岩的边界、初始条件为：

$$\sigma_{r_0} = \sigma_0 \delta(t + \tau) \mid_{r = r_0} \tag{5-26}$$

式中　τ——$\tau = \frac{n}{f}$，$n = 1, 2, 3 \cdots\cdots$

联立式(5-25)、式(5-26)可得，高压磨料气体射流单次冲击半无限煤体时，其内部应力场的分布为；

$$\begin{cases} \sigma_r = \frac{{r_0}^3}{r^3}[\frac{\mathrm{Im}(k) \cdot r + 2G}{\mathrm{Im}(k) \cdot r_0 + 2G}]^2 \mathrm{e}^{\mathrm{Im}(k) \cdot (r - r_0)} \cdot \sigma_0 \mathrm{e}^{i \cdot [w \cdot t - Re(k)(r - r_0)]} & r < c_p \cdot t + r_0 \\ 0 & r > c_p \cdot t + r_0 \end{cases} \tag{5-27}$$

式中　σ_r——煤体质点的应力；

r_0——冲击区域半径；

r——应力波影响半径；

σ_0——冲击区域应力；

k——波矢量；

$\mathrm{Im}(k)$——波的弥散衰减系数；

$Re(k)=\dfrac{2\pi f}{c_{p}}$；

c_{p}——波速；

w——角频率。

$w=2\pi f$，f 为磨料气体射流的入射频率。

高压磨料气体射流破煤过程中煤体内的应力波控制方程，满足球面波形式，可用狄拉克函数描述射流提供的边界和初始条件。求解应力波方程，得出应力波传播规律与磨料射流的入射频率、冲击半径、入射能量(应力)有关。

5.1.2 高压磨料气体射流冲击破煤能量准则

在高压磨料气体射流冲击煤岩过程中，当应力波效应产生的拉应力或剪应力大于煤岩的局部抗拉或抗剪强度，煤岩内部细微裂纹扩展，继续增大射流入射能量，裂纹贯通，会出现煤块剥离或煤岩体整体破坏，为研究应力波效应破煤的有效距离，需建立煤岩的破坏准则。

煤岩破坏准则的建立可以分别从应力或能量角度出发。由于磨料冲蚀是涉及多种因素的非线性冲击，当从应力角度出发建立岩石破坏准则时，会出现理论分析与岩石实际破坏偏差较大。磨料射流破岩是能量传递与转化的过程，初始流体具有的静压能经过加速运动转化为磨料与流体的动能，岩石变形破坏的实质是在外载能量的驱动下，岩石内部积聚的能量突然耗散与释放的宏观表现。因此，选择从能量角度出发建立岩石的屈服准则。在高频、高能的磨料粒子冲击煤体过程中，部分粒子动能会以应力波形式在煤体内传播。煤体破坏存在能量阈值，当应力波能量超过该阈值，煤体会发生破坏；当加载能量小于该阈值时，其加载波能量完全不参与裂纹扩展，能量全部以弹性波形式无用耗散，该能量阈值可以成为判断矿岩破坏的准则。

5.1.2.1 高压磨料气体射流能量准则的建立

高压磨料气体射流冲击煤岩过程，应力波破煤主要是球面应力波传播过程中“波尾”产生的拉应力造成的煤岩拉伸破坏。可采用傅里叶分析方法来获得球面应力波加载条件下拉应力引起的煤岩能量耗散问题，应力波传播过程中，能量耗散于裂纹扩展、新表面积形成。

根据应力波理论[111]，应力波传播过程中受扰动单元体具有的势能 W_{s} 为：

$$W_{s}=\int_{0}^{e}\sigma_{ij}\,\mathrm{d}e_{ij}=\int_{0}^{e}\sigma_{ij}\,\mathrm{d}\left(\frac{\sigma_{ij}}{E}\right)=\frac{\sigma_{ij}^{2}}{2E} \tag{5-28}$$

单元体具有的动能与势能始终满足 $W_{s}=W_{k}$；因此，单元体受到扰动时具有的总能量密度 W 为：

$$W=W_{s}+W_{k}=\frac{\sigma_{ij}^{2}}{E} \tag{5-29}$$

根据 B. Steverging 等研究[135]，应力波加载条件下，材料内部出现动态断裂的条件为：

$$\int_{0}^{\tau}Wc_{p}\,\mathrm{d}t\geqslant\gamma \tag{5-30}$$

联立式(5-29)、式(5-30)可得：

$$\int_0^{\beta}\sigma_{ij}{}^2(t)\mathrm{d}t \geqslant \frac{\gamma E}{c_{\mathrm{p}}} \tag{5-31}$$

式中 β——应力波在单元体内传播时间；

c_{p}——煤体内纵波波速；

γ——煤体的比表面能；

E——煤体的杨氏模量。

磨料粒子冲击煤体应力满足 $\sigma_{\mathrm{r}}=\sigma_0\delta(t+\tau)$，利用广义的傅里叶变换为：

$$F(w) = \int_{-\infty}^{+\infty}\sigma_{\mathrm{r}}(t)\mathrm{e}^{iwt}\mathrm{d}t = \sigma_{\mathrm{w}}\mathrm{e}^{-iw\tau} \tag{5-32}$$

根据帕塞瓦耳(Parsevel)理论[136]：

$$\int_0^{\beta}\sigma^2(t)\mathrm{d}t = \frac{1}{\pi}\int_0^{+\infty} \mid F(w)\mid^2\mathrm{d}w \tag{5-33}$$

联立式(5-31)、式(5-32)、式(5-33)可得：

$$\frac{\sigma^2}{E} \geqslant \mathrm{Im}(\frac{2\cdot i\cdot\pi\cdot\gamma\cdot\tau}{c_{\mathrm{p}}}) \tag{5-34}$$

由 $\tau=n/f$($n=1,2,3\cdots\cdots f$ 为磨料气体射流冲击煤体的频率)；取 $n=1$，并联立式(5-29)、式(5-34)可得裂纹扩展的能量密度临界值：

$$w \geqslant \frac{2\pi\cdot\gamma}{f\cdot c_{\mathrm{p}}} \tag{5-35}$$

根据式(5-35)，可计算高压磨料射流破煤的临界能量。

5.1.2.2 煤体破坏的能量准则

物体在破坏过程中消耗的能量是用于新表面的形成，物体在新增表面的贯通后会破碎得到一定数量的不同尺寸的碎块。因此，可通过转化为研究物体整体破碎后的碎块消耗的能量密度，进而确定微观裂纹扩展的能量临界值。

设破坏前煤样的边长为 D，体积为 V，表面积为 $S_0=6D^2$，对煤样输入能量为 W 后发生破碎，其破碎后碎块的平均块度为 d_{m}，则试样破碎后的总碎块数为：

$$n = k^3V/d_{\mathrm{m}}^3 \tag{5-36}$$

式中 k——实际碎块形状同理想立方体误差的形状系数，$k=1.3$。

试样破碎后总表面积为：

$$\sum S = n\cdot S_{\mathrm{b}} = 6kV/d_{\mathrm{m}} \tag{5-37}$$

煤岩破碎能耗密度 a 为：

$$a = \frac{W}{V} \tag{5-38}$$

为建立单位体积煤岩破碎表面积增大所消耗的能量与破碎能耗密度之间的定量关系，引入表面比能 γ，单位为 $\mathrm{J/m^2}$。

$$\gamma = \frac{W}{\Delta S} \tag{5-39}$$

$$\Delta S = \sum S - S_0 \tag{5-40}$$

式中 ΔS——体积 V 的煤岩破碎后表面积的增量；

$\sum S$——体积为 V 的煤岩破碎后表面积总和；

S_0——体积为 V 的煤岩破碎前表面积总和。

$$\frac{a}{\gamma}=\frac{\Delta S}{V} \tag{5-41}$$

式中 $\frac{\Delta S}{V}$——体积为 V 的煤岩破碎后表面积的增量。

联立式(5-38)至式(5-41)可得：

$$\frac{a}{\gamma}=\frac{6k}{d_{\mathrm{m}}}-\frac{6}{D} \tag{5-42}$$

当破碎比很大时，$6/D$ 较 $6/d_{\mathrm{m}}$ 很小，可略去不记，式(5-41)可写成：

$$\gamma=\frac{a\cdot d_{\mathrm{m}}}{6\cdot k} \tag{5-43}$$

联立式(5-35)、式(5-43)可得在磨料气体射流破煤过程中，煤体局部发生破坏的能量准则：

$$W\geqslant\frac{\pi\cdot a\cdot d_{\mathrm{m}}}{3\ 000\cdot k\cdot f\cdot c_{\mathrm{p}}} \tag{5-44}$$

式中 a——煤体破碎的能耗密度，$\mathrm{J/m^2}$；

f——磨料气体射流冲击煤体的频率，Hz；

d_{m}——煤体破碎后的平均粒径，m；

k——实际碎块形状同理想立方体误差的形状系数，$k=1.3$；

c_{p}——波速，m/s。

根据式(5-44)可知，可通过测定等能量下煤体破碎的能耗密度 a，磨料气体射流的冲击频率 f，煤体破碎后的平均粒径 d_{m} 来研究煤体破坏的能量准则。

5.1.3 小结

本节理论分析了高压磨料气体射流破煤过程中的应力波效应，并建立了高压磨料射流破煤的应力波传播方程及用于判断煤体破坏的临界能量准则。

(1) 基于修正的 Biot 多孔介质的理论，建立了高压磨料气体射流冲击破煤过程中的球面波传播控制方程，高压磨料气体射流冲击煤体具有能量集中\作用范围小的特点，采用狄拉克函数描述煤体的受冲击区域，即球面波传播的边界、初始条件，并通过边界、初始条件对控制方程求解，得到了应力波传播过程中煤体内部的应力场分布规律。

$$\begin{cases}\sigma_{\mathrm{r}}=\dfrac{{r_0}^3}{r^3}\left[\dfrac{\mathrm{Im}(k)\cdot r+2G}{\mathrm{Im}(k)\cdot r_0+2G}\right]^2\mathrm{e}^{\mathrm{Im}(k)\cdot(r-r_0)}\cdot\sigma_0\,\mathrm{e}^{i\cdot[w\cdot t-Re(k)(r-r_0)]} & r<c_{\mathrm{p}}\cdot t+r_0\\ 0 & r>c_{\mathrm{p}}\cdot t+r_0\end{cases}$$

式中 σ_r——煤体质点的应力；

r_0——冲击区域半径；

r——应力波影响半径；

σ_0——冲击区域应力；

k——波矢量；

$\mathrm{Im}(k)$——波的弥散衰减系数；

$Re(k)=\frac{2\pi f}{c_p}$；

c_p——波速；

w——角频率，$w=2\pi f$；

f——磨料气体射流的入射频率。

(2) 煤体内的应力波传播是能量传递和转化的过程，当局部耗散的能量大于煤体破坏的最小能量阈值，局部会出现新的微裂纹面。在此基础上，分析了新增破坏面消耗的能量与应力波传播过程煤体局部增加的应变能之间的关系，并通过转化研究了煤岩破坏过程中破碎表面积增大消耗的能量与破碎能耗密度的关系，建立了高压磨料气体射流破煤过程中，煤体局部发生破坏的能量准则，同式(5-44)。该能量准则具有形式简单、计算方便的特点。

5.2 高压磨料气体射流临界能量密度参数测定

上一节建立了高压磨料气体射流破煤的应力波控制方程及判断煤体破坏的能量准则，提出了求解应力波传播模型及能量准则的边界和初始条件，并得出为求解应力波方程需明确磨料气体射流中气体/磨料粒子的入射频率、冲击半径、入射能量(压力)、煤体力学参数，为求解能量准则，需要测定煤体破坏的能耗密度及破坏后碎块的分布特征。

5.2.1 求解应力波传播方程和能量准则的相关参数说明

为求解应力波传播方程及煤体破坏的能量准则，需要测定相关参数。参数包括有不同射流压力、射流靶距下，气体/磨料粒子的入射频率、冲击半径、入射能量(压力)、煤体破坏的能耗密度及煤体破坏后碎块的分布特征。因此，本章采用实验和数值模拟相结合的方式测定相关参数。采用 I-scan 压力测试分布系统测试气体射流的压力分布、脉动频率。采用振动测试系统测试磨料粒子的冲击频率。再基于 FLUENT 数值软件，求解磨料粒子束的冲击半径及入射能量。

基于 FLUENT 数值软件对不同射流压力、射流靶距下，磨料粒子粒子束单次入射能量的计算结果，采用 SHPB 系统等效测定不同能量冲击下煤体破坏的力学参数、煤体破坏的能耗密度及破坏后碎块的分布特征，确定煤体破坏的临界能量密度。

5.2.2 高压磨料射流气体压力的分布及脉动频率测定

根据 2.1.3 节可知，应力波传播方程的边界及初始条件包括有高压磨料射流的冲击频率、应力及有效冲击半径。因此，为研究高压磨料气体射流破煤过程中应力波效应，需先测定不同射流条件下气体/磨料粒子的入射能量(应力)、频率及磨料粒子束的冲击半径。由于高速磨料粒子对靶体材料冲蚀、磨损严重，难以采用接触式方法直接测定磨料粒子的频率及应力分布，同时又为保证测量精度，选择分开测定气体及磨料粒子冲击靶体参数，采用 I-scan 压力测试分布系统直接采集气流的压力分布及时域脉动信息。采用振动测试系统间接测量磨料粒子的振动频率，基于 FLUENT 数值软件计算磨料粒子束的入射能量和冲击半径。

5.2.2.1　气体射流压力测试步骤

磨料气体射流破煤岩常用的压力范围为 5～25 MPa，常用的射流靶距范围为 10～130 mm；根据工程应用设计实验方案测定不同压力、靶距条件下气体射流的压力分布及频率。射流压力分布实验研究的操作装置如图 5-2 所示。实验内容为：设置高压空气压缩机及调压阀参数为薄膜冲击实验提供不同工况条件，利用 I-scan 薄膜测试仪采集实验过程中压力变化的时域信息，研究分析薄膜表面脉动应力分布及脉动幅值-时间的变化规律；具体操作步骤如下。

（1）启动空气压缩机，为气瓶续压，气瓶压力大于 25 MPa 时，关闭空气压缩机。

（2）待压力表示数稳定后，调节气阀设定喷嘴的入口压力为 5 MPa，调节 I-scan 测试仪灵敏度选择合适量程。

（3）气流稳定后调整操作台高度，控制射流靶距为 10 mm、50 mm、90 mm 和 130 mm 依次垂直冲击薄膜测试片，取样时间为 25 s，取样点为 2 500 个。

（4）改变喷嘴入口压力为 10 MPa、15 MPa、20 MPa，重复上述步骤(3)。

图 5-2　射流压力分布实验装置图

5.2.2.2　气体射流应力分布规律

射流入口压力为 5 MPa、10 MPa、15 MPa、20 MPa，射流靶距为 10 mm、50 mm、90 mm、130 mm 条件下对应的 I-scan 薄膜测试仪表面应力的分布规律，如图 5-3 所示。

气体射流垂直冲击靶体形成的壁面应力场，其应力分布情况受射流压力及射流靶距共同作用。相同射流压力条件下，随着射流靶距增加，壁面应力场中以射流中心为圆心的“环状零应力区”趋于明显，应力峰值从环状分散分布集中于射流中心，射流冲击的有效作用面积增加。增加射流靶距，流场振荡性开始增强，流场内部波系趋于复杂。高压气流穿过膨胀-压缩波系冲击到薄膜片会同时在射流中心及周围环状区域内出现应力峰值，在内外应力

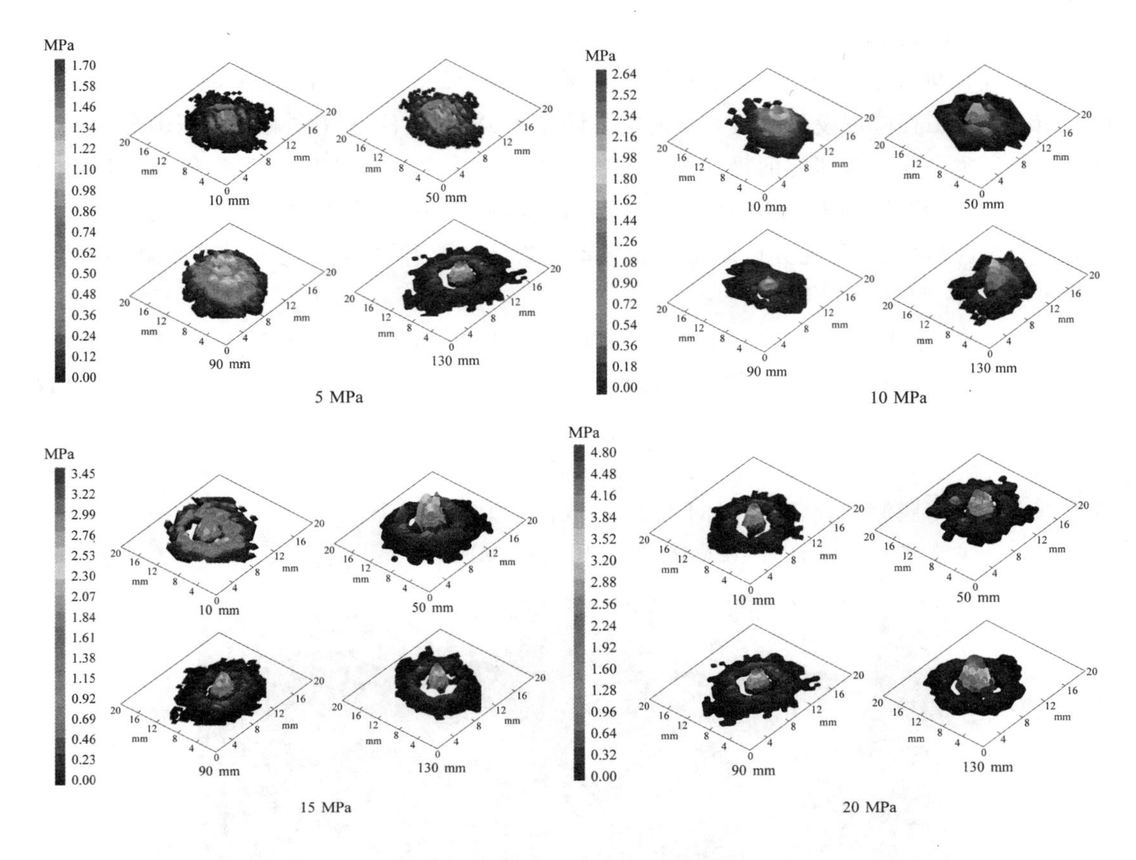

图 5-3　薄膜表面应力分布

峰值作用下气流在射流冲击点附近形成的回流会重新返回射流区段，壁面应力场内出现环状“零应力区”；继续增大射流靶距，气流偏转距离增加，形成斜激波，高压气流穿过斜激波总压损失，并向射流中心偏转，薄膜应力场峰值回归射流中心。当应力集中于射流中心与薄膜片交点处，流场周围的振荡性减弱，壁面应力场的环向“零应力区”半径增大，有效冲击面积增加。

射流靶距一定，增加射流入口压力，薄面应力场的峰值应力增加，“环状零应力区”半径增大，峰值应力面积增加。射流靶距为 $L=10$ mm 处，射流冲击薄膜测试片形成的应力场呈同心圆分布，其峰值一直处于射流中心与薄膜片交点处，应力值沿半径减小。随着射流压力增加，应力峰值增加，应力值由同心圆分布到集中于薄膜中心，应力场出现“环状零应力区”。射流靶距为 $L=50$ mm、90 mm 处，射流压力为 5 MPa 时，薄膜压力片应力场内的应力值呈现分散分布，射流轴心与周围环状区域同时出现应力峰值，随着射流入口压力增加，薄膜应力场的环状应力值减弱，直至出现“环状零应力区”，射流轴心处应力增加，“环状零应力区”内的峰值应力面积增加。射流靶距为 $L=130$ mm 处，不同射流压力下，薄膜应力场的应力峰值均出现在射流轴心位置处，且在峰值周围出现“环状零应力区”，但“环状零应力区”的半径随射流压力增加而增大，射流冲击的有效面积随着射流增加而增加。

气体射流冲击薄膜形成应力场的应力峰值位于射流轴心，峰值面积的半径随着射流压力、射流靶距的增加而增大。随着射流压力、射流靶距的增加，壁面应力值由分散分布集中于射流轴心处，且应力场内部会以射流轴心为圆心出现“环状零应力区”。由于“环状零应力区”外气流应力幅值迅速减小、振荡效果迅速减弱，高压磨料气体射流破煤过程中产生应力波效应的有效影响面积为“环状零应力区”内部的压力区域。通过测量“环状零应力区”的半径，计算采集到内部全体的平均压力，可研究气体的应力及脉动频率。

5.2.2.3　射流脉动特性研究

I-scan 薄膜测试仪采集到的 5 MPa、10 MPa、15 MPa、20 MPa 条件下应力场的“环状零应力区”内部的平均压力随射流靶距变化的时域特性，如图 5-4 所示。

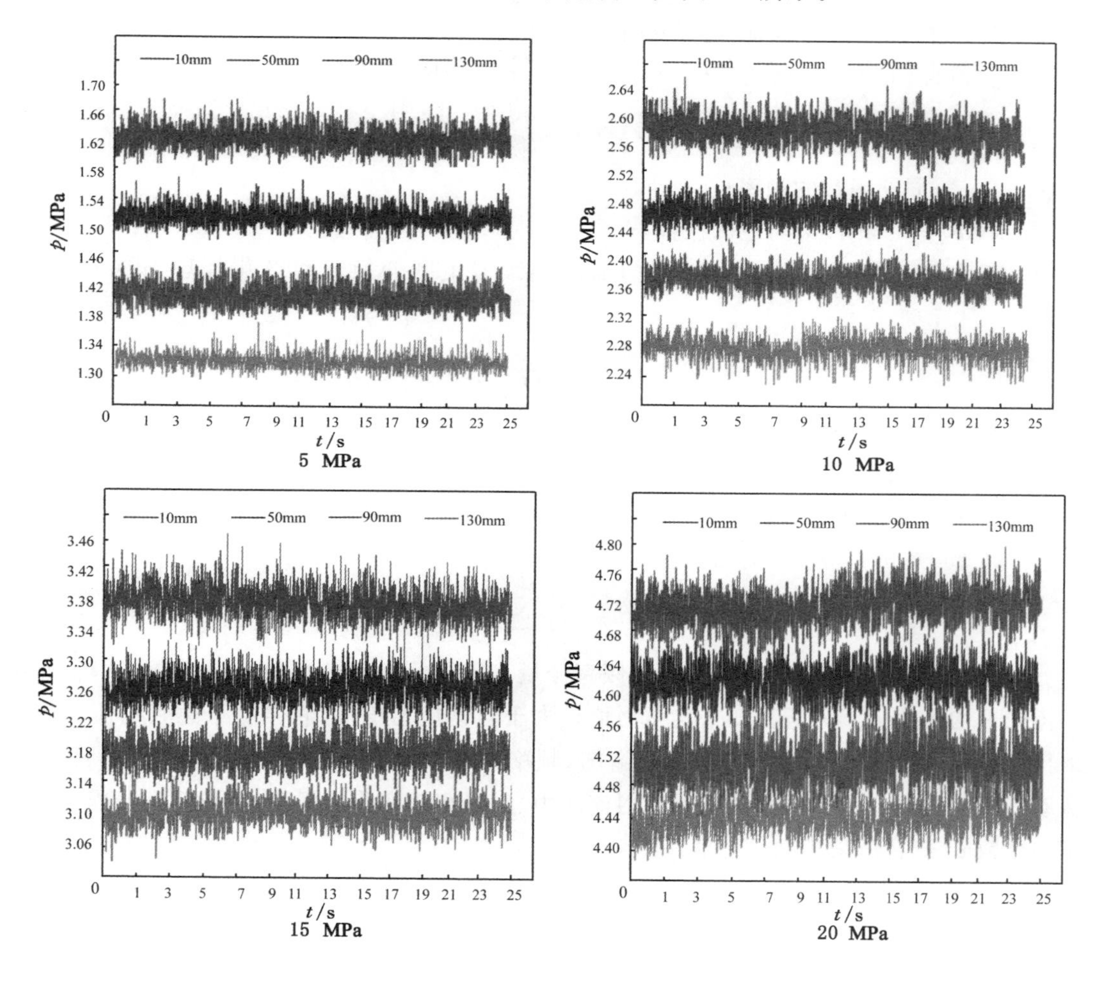

图 5-4　实验采集到的应力-时间曲线

高压气体射流有效冲击区域内的平均应力随时间的变化规律受射流压力及射流靶距共同作用。同一射流靶距条件下，提高喷嘴的入口压力，射流平均冲击力及脉动幅值增大，流场的振荡性增强。在射流入口压力一定时，薄膜测试仪采集到的射流冲击力及波动幅值均随射流靶距的增加而减小，但不同射流压力下，随射流靶距的增加，射流冲击力及波动幅值减弱趋势不同。射流压力为5 MPa时，射流冲击力在平均值附近集中分布，脉动幅值小；射流靶距由10 mm增加到130 mm，射流冲击力平均值减小0.4 MPa，随着射流靶距每50 mm的增加，射流平均冲击力的减小值由0.02 MPa增加为0.1 MPa，脉动幅值的变化由20%降低到10%。射流压力为10 MPa、15 MPa、20 MPa时，随射流靶距增加，脉动幅值较小，射流冲击力平均值减小，但压力值的减小值呈减弱趋势，相反于射流入口压力为5 MPa时的变化趋势。

对压力信号的时域特性分析，可以研究流场变化的平均信息。对时域数据进行频域转换后，通过频谱分析可以进一步研究压力信号的频率及幅值变化规律。其中，傅里叶(Fourier)变换是进行时域到频域转化研究的主要方法。

设 $f(t)$ 为 t 时刻的函数值，对 $f(t)$ 进行Fourier变换时，可得：

$$F(w)=\int_{-\infty}^{+\infty} f(t)\mathrm{e}^{-iwt}\mathrm{d}t \tag{5-45}$$

式中 w——周期函数的频率；

$F(w)$——频率 w 对应的振幅。

由于采集到的样本是离散的数据，需对连续傅里叶变换做离散化处理，式(5-45)可变为：

$$X_{\mathrm{m}}=X(m\Delta f)=\frac{1}{M}\sum_{k=0}^{M-1} x(k\Delta t)\mathrm{e}^{-i\frac{2\pi km}{M}} \tag{5-46}$$

式中 Δf——频率分辨率；

M——采样点个数；

Δt——采样时间间隔。

令频率 $f=0$，即 $m=0$ 时，得

$$X(0)=\frac{1}{M}\sum_{k=0}^{M-1} x(k\Delta t) \tag{5-47}$$

由式(5-47)可以看出，频谱分析中频率分量为零时所对应的幅值表示超音速射流冲击平板的平均压力值。分析得知平均压力值远大于脉动应力值后，直接对采集到的压力信号进行傅里叶(Fourier)变换后得到的频谱图，频率为零的位置处幅值变化大，掩盖了射流的脉动信息。为研究流体的脉动参数随射流压力、射流靶距变化的规律，频域变换过程中选取压力系数 c_{p} 代替所采集的压力值：

$$c_{\mathrm{p}}=\frac{p-\overline{p}}{\overline{p}} \tag{5-48}$$

式中 p——某一时刻的压力；

$\overline{p}$——采集数据的平均压力。

经过Fourier变换后，可以得到相应的频谱特性图及不同压力、靶距下最大振幅对应的主频数据；如图5-5所示，分别为入口压力5 MPa、10 MPa、15 MPa、20 MPa条件下，不同射流靶距的频谱图。

射流入口压力为5 MPa时，气流冲击力随射流靶距的增大而减小，不同射流靶距下，最大振幅对应的脉动频率在20 Hz和30 Hz之间变化，集中于25 Hz；射流入口压力为10 MPa、

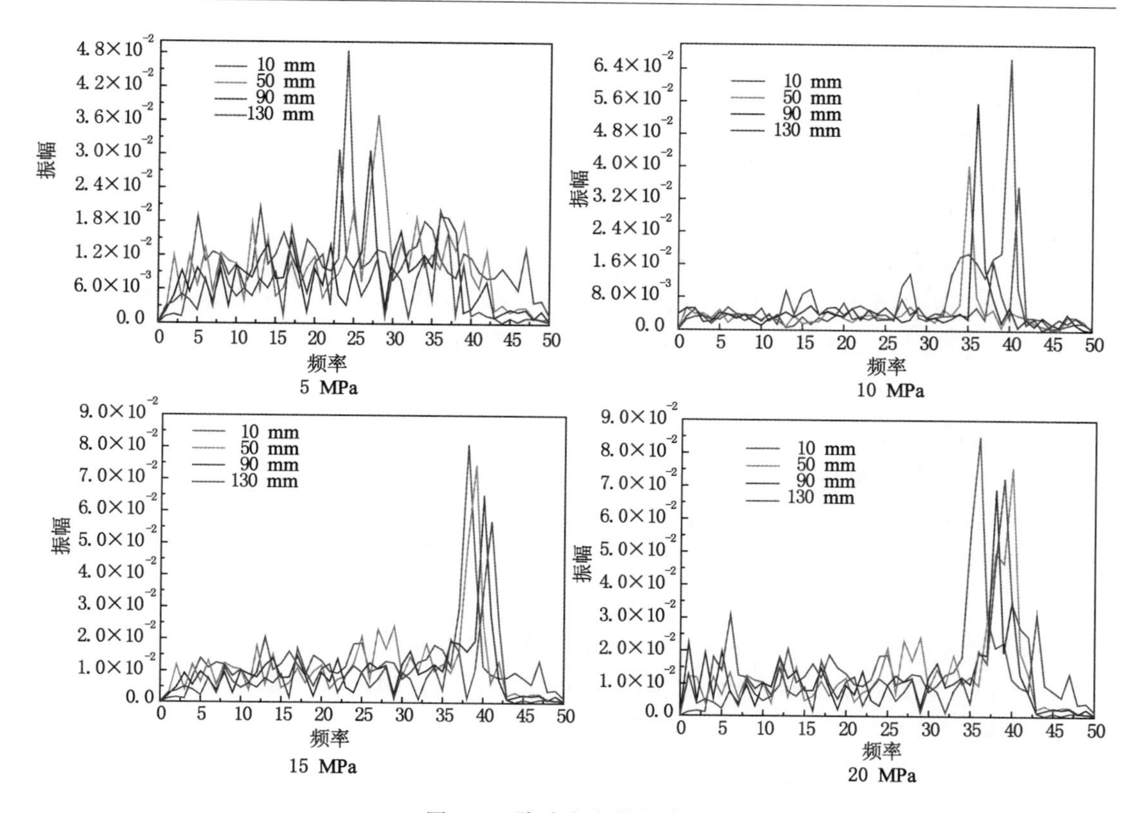

图 5-5　脉动应力的频谱图

15 MPa、20 MPa 时，不同射流靶距下，最大振幅对应的脉动频率在 36 Hz 和 41 Hz 之间变化，集中于 40 Hz。

通过研究气体射流冲击力、脉动频率与射流靶距、射流入口压力之间的关系，得出气体射流的冲击力与入口压力和射流靶距相关。射流入口压力增大，射流的平均冲击力增大；射流靶距增大，射流的平均冲击力减小。气体射流的脉动频率与入口压力相关。射流入口压力为 5 MPa 时，脉动频率集中于 25 Hz；射流入口压力为 10 MPa、15 MPa、20 MPa 时，脉动频率集中于 40 Hz。

5.2.3　磨料粒子冲击频率测定

高压磨料气体射流中的高速磨料粒子具有强冲击力、对材料磨损严重的特点，测定其磨料粒子能量及冲击频率时，需选择非接触方式方法。根据机械波具有在传播过程中频率不随材料物性改变，仅决定于波源频率的特性，可通过测定高压磨料气体射流冲击下靶体材料的响应频率，研究磨料粒子的冲击频率。并在此研究基础上，通过设置 FLUENT 中加入 DPM 相后，每次磨料粒子的释放时间以及计算步长，数值计算磨料粒子的能量。

5.2.3.1　振动传感器介绍

高压磨料气体射流中磨料粒子冲击靶体频率测定选用的是日本 RION 公司生产的振动测试仪。振动测试仪由压电式加速度传感器、动态信号分析仪组成。压电式加速度传感器是根据牛顿第二定律设计，当一定质量的敏感芯体受迫振动，会对压电材料产生一个与加速度成正比的荷载，材料受到荷载后，极化面上产生电荷，其电荷量与所受载荷呈正比关系。压电式加速度传感器体积小、质量轻、动态范围大、频率范围宽，其加速度的测量范围可达 0.02～141.4 m/s²，最大分辨率可达 100 kHz。动态信号分析仪包括有采集硬件和后处理软件，采集硬件可每 100 ms 连续保存回路里的电流信息，后处理软件可自动对采集所得的振动时域信号进行实时显示、存储和频谱分析。

5.2.3.2　振动实验设计及步骤

磨料粒子冲击靶体材料过程中的非连续性由气流脉动造成，气流的脉动频率决定射流入口压力。因此，研究射流不同入口压力条件下，磨料粒子冲击靶体材料过程中，靶体的响应频率。振动实验研究的装置如图 5-6 所示。振动实验具体操作步骤如下。

(1) 选取 100 mm×100 mm×100 mm 表面完整，不同侧面之间纵波波速一致的煤样作为靶体材料，并沿煤样侧面粘贴振动传感器。

(2) 启动空气压缩机，为气瓶续压，气瓶压力大于 25 MPa 时，关闭空气压缩机，待气流稳定后调整操作台高度，控制射流靶距为 130 mm。

(3) 待压力表示数稳定后，调节气阀设定喷嘴的入口压力为 5 MPa，调节磨料球阀，控制磨料质量为 0.016 kg/s，试冲煤样，选择传感器的合适量程。

(4) 改变射流喷嘴入口压力，依次设置为 10 MPa、15 MPa、20 MPa，并重复上述步骤(3)，记录实验数据。

图 5-6　振动实验研究装置

5.2.3.3　高压磨料粒子的冲击频率测定结果

图 5-7 所示为射流靶距为 130 mm，磨料粒子质量流量为 0.016 kg/s 条件下，射流压力为 5 MPa、10 MPa、15 MPa、20 MPa 的振动实验频谱分析。根据频谱图，可得射流入口压力为 5 MPa 时，磨料粒子冲击靶体材料的频率集中于 14 000 Hz；射流入口压力为 10 MPa、15 MPa、20 MPa 时，磨料粒子冲击靶体材料的频率集中于 18 000 Hz。

5.2.4　磨料粒子束冲击半径及单次入射能量数值模拟

高压磨料气体射流的冲击半径决定于射流靶距与磨料粒子的扩散角，单次入射能量决

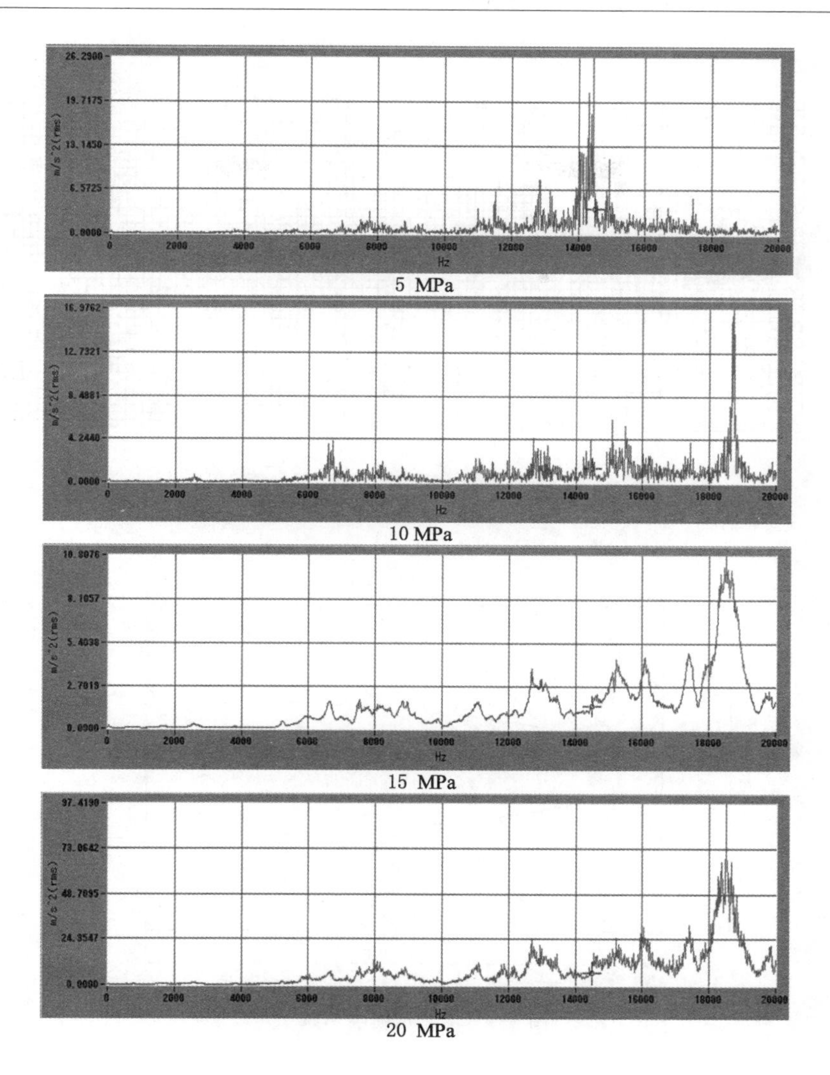

图 5-7　振动实验频谱分析

定于磨料粒子的平均速度与冲击频率。因此，本节基于工程应用中最优的缩放型拉瓦尔(Laval)喷嘴，采用 FLUENT 数值模拟软件，数值计算不同射流参数下磨料粒子的扩散角及磨料粒子的速度。

如图 5-8 所示，计算区域为二维几何模型，包括射流喷嘴和自由射流区。射流喷嘴采用缩放型拉瓦尔(Laval)喷嘴，其结构参数如图 5-9 所示。根据研究需要，自由射流区沿流向长度为 200 mm，自由射流区半径为 20 mm，根据湍流特征尺度的预估方法，估计该计算区域下流动的特征长度尺度，并采用六面体结构化网格进行网格划分，网格总数约为 4×10^6，最小网格尺寸为 0.01 mm^2，满足高压磨料气体射流计算的精度要求。

5.2.4.1　计算方法

采用在 ANSYS FLUENT 软件中连续相中加入 DPM 相模拟计算高压磨料射流中磨料粒子的加速过程。数值模拟的具体计算过程如下。

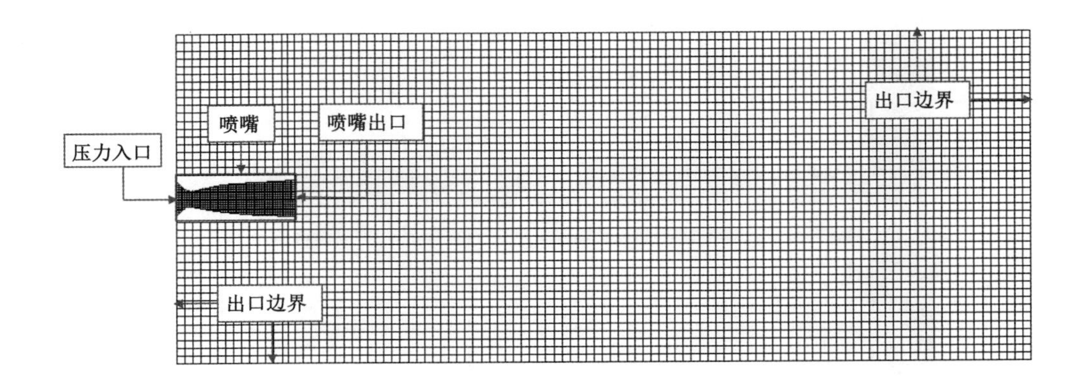

图 5-8　喷嘴及流场网格划分

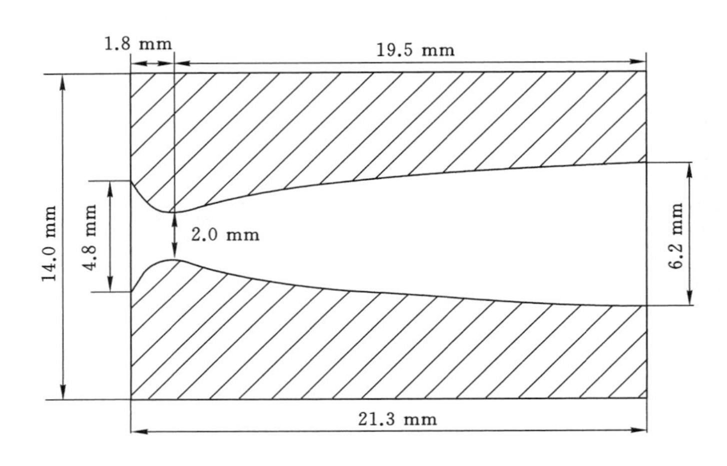

图 5-9　拉瓦尔喷嘴结构

(1) 选取连续相的物理模型，计算高压磨料射流的气相流场。气体从拉法尔(Laval)喷嘴到自由射流段的流动属于跨音速流，计算区域是非定常、绝热、可压缩的三维流场。因此，数值计算采用雷诺时均三维非定常、可压缩 N-S 方程。

连续方程为：

$$\frac{\partial(\varepsilon_f\rho_f)}{\partial t}+(\nabla\cdot\varepsilon_f\rho_f\vec{u})=0 \tag{5-49}$$

气相 N-S 方程为：

$$\frac{\partial(\varepsilon_f\rho_f\vec{u})}{\partial t}+(\nabla\cdot\varepsilon_f\rho_f\vec{u}\vec{u})=-\varepsilon_f\cdot\nabla P-\vec{F}_{fp}-(\nabla\cdot\varepsilon_f\rho_f\tau_f)+(\varepsilon_f\rho_f\vec{g}) \tag{5-50}$$

式中　ε_f——气相体积分数；

ρ_f——气相密度；

t——时间；

$\vec{u}$——气相速度矢量；

P——压力；

$\vec{F}_{fp}$——气相-粒子相互作用力；

τ_f——气相应力张量；

$\vec{g}$——重力加速度矢量。

在 ANSYS FLUENT 软件中可采用雷诺时均模型中的 RNG k-ε 模拟方法计算高压气体射流流场的流动特征，RNG k-ε 湍流模型为：

$$\frac{\partial(\rho_f k)}{\partial t}+\frac{\partial(\rho_f k u_i)}{\partial x_i}=\frac{\partial}{\partial x_i}\left[\alpha_k \mu_{eff}\frac{\partial k}{\partial x_j}\right]+G_k+G_b-\rho_f\varepsilon-Y_M \tag{5-51}$$

$$\frac{\partial(\rho_f \varepsilon)}{\partial t}+\frac{\partial(\rho_f \varepsilon u_i)}{\partial x_i}=\frac{\partial}{\partial x_j}\left[\alpha_\varepsilon \mu_{eff}\frac{\partial \varepsilon}{\partial x_j}\right]+C_{1\varepsilon}\frac{\varepsilon}{k}(G_k+C_{3\varepsilon}G_b)-C_{2\varepsilon}\rho_f\frac{\varepsilon^2}{k} \tag{5-52}$$

其中，$\mu_{eff}=\mu+\mu_t$，$\mu_t=\rho_f C_u\dfrac{k^2}{\varepsilon}$，$G_b=\varphi g_i\dfrac{\mu_t}{Pr_t}\dfrac{\partial T}{\partial x_i}$，$G_k=\mu_t\left(\dfrac{\partial \mu_i}{\partial x_j}+\dfrac{\partial u_j}{\partial x_i}\right)\dfrac{\partial \mu_i}{\partial x_j}$，

$Y_M=2\rho_f\varepsilon\dfrac{k}{a^2}$。

式中　k——湍动能；

ε——k 的耗散系数；

x_i——笛卡尔坐标分量；

u_i，u_j——沿 i 和 j 方向的速度分量；

μ——动力黏度；

μ_t——涡流黏度；

G_k——由于平均速度梯度引起的湍动能 k 的产生项；

G_b——由于浮力影响引起的湍动能的产生项；

Y_M——可压缩湍流脉动膨胀对总的耗散率的影响；

α_k，α_ε——湍动能和耗散率的有效普朗特数的倒数；

Pr_t——湍动普朗特数；

$C_{1\varepsilon}$、$C_{2\varepsilon}$，$C_{3\varepsilon}$——经验常数；

g_i——重力加速度在 i 方向上的分量；

φ——热膨胀系数；

a——声速。

(2) 设置 DPM 相中颗粒属性及加载方式。在本章磨料粒子的冲击振动实验中，选择的磨料粒子为 80 目石榴石，磨料粒子的质量流量为 0.016 kg/s，射流的入口压力分别取 5 MPa、10 MPa、15 MPa、20 MPa；并得出射流压力为 5 MPa 时，磨料粒子的冲击靶体的频率为 14 000 Hz；射流压力为 10 MPa、15 MPa、20 MPa 时，磨料粒子的冲击靶体的频率为 18 000 Hz。因此，设置射流的进口边界温度为 300 K，压力分别为 5 MPa、10 MPa、15 MPa、20 MPa，出口压力为 0.1 MPa；DPM 相选择密度为 3 500 kg/m^3，粒径为 180 μm，质量流量为 0.016 kg/s 的颗粒相；射流压力为 5 MPa 时，DPM 的颗粒相选择面释放，两次释放的时间间隔为 0.07 ms；射流压力为 10 MPa、15 MPa、20 MPa 时，两次释放的时间间隔为 0.05 ms。

（3）待气相流场满足收敛要求后，加载 DPM 相，计算高压磨料射流的颗粒相。单元体积内磨料粒子的体积分数小为稀疏相，磨料粒子在下一次碰撞前有足够的时间响应当地流场的变化，可忽略磨料粒子之间的碰撞。因此，磨料在气体射流中运动主要受气体射流的力支配。作用力包括有曳力、Saffman 升力和压力梯度力。即加入 DPM 相后的控制方程为：

$$\frac{\mathrm{d}u_{\mathrm{p}}}{\mathrm{d}t}=F_{\mathrm{D}}(u_{\mathrm{f}}-u_{\mathrm{p}})+\frac{g(\rho_{\mathrm{p}}-\rho_{\mathrm{f}})}{\rho_{\mathrm{p}}}+F_{\mathrm{x}} \tag{5-53}$$

式中 $F_{\mathrm{D}}(u-u_{\mathrm{p}})$—— 单颗颗粒所受曳力，其中 $F_{\mathrm{D}}=\frac{18\mu_{\mathrm{m}}}{d_{\mathrm{p}}^{2}\rho_{\mathrm{p}}}C_{\mathrm{D}}\frac{Re_{\mathrm{p}}}{24}$，$Re_{\mathrm{p}}=\frac{\rho_{\mathrm{f}}d_{\mathrm{p}}|u_{\mathrm{p}}-u_{\mathrm{f}}|}{u_{\mathrm{f}}}$；

F_{x}——Saffman 升力和压力梯度力引起的附加力；

u_{p}—— 粒子速度；

g—— 重力加速度；

ρ_{p}—— 粒子密度；

d_{P}—— 粒子直径；

C_{D}—— 曳力系数；

Re_{p}—— 相对雷诺数。

在计算时，喷嘴入口处设为亚声速入流条件，即保持来流总温和总压不变，喷嘴壁面，速度采用无滑移边界条件，温度采用绝热壁边界条件，压力采用零梯度条件。自由射流区出口的速度、温度和压力均采用压力出口边界条件。控制方程的求解选择密度-压力耦合求解器，参数设置为隐式、稳态。采用一阶迎风格式将控制方程在网格节点离散，初步迭代完成后调整为二阶迎风格式继续计算直至收敛。加入 DPM 相后，稳态求解调整为瞬态计算，根据高压磨料气体射流的冲击靶体频率，设置时间步长为 0.05 ms，每时间步迭代次数为 20，步数为 100 000，计算时间域为 5 s。

5.2.4.2 磨料粒子的冲击半径及入射能量分析

采用 FLUENT 数值软件计算了磨料粒子质量流量为 0.016 kg/s，射流入口压力分别为 5 MPa、10 MPa、15 MPa、20 MPa 条件下，磨料粒子束的冲击半径及入射能量。

图 5-10 所示为射流入口压力分别为 5 MPa、10 MPa、15 MPa、20 MPa 条件下，沿射流轴线的 XY 面上磨料粒子速度分布。

高速磨料粒子集中于射流轴线附近，且随着提高射流喷嘴的入口压力，自由射流段的磨料粒子速度增加。高压气体经过射流喷嘴会迅速膨胀，速度增加，自由射流流场发展。流场内气流速度大于磨料粒子速度时，由磨料粒子与气流速度差产生的曳力会作为动力，加速磨料粒子。自由射流流场的发展包括有射流核心区的减弱、消失及边界层的发展，如图 5-11 所示。自由射流核心区的气流保持喷嘴出口速度，气流与磨料粒子之间的曳力大，磨料粒子加速时间长，获得的动能大，即高速磨料粒子集中于射流轴线附近。当提高气体射流的初始压能，射流喷嘴出口的膨胀比增加，在自由流场内外压差作用下，气体进一步加速，自由射流流场内的整体速度增加，磨料粒子获得的动能增多。

保持磨料粒子的质量流量及射流喷嘴不变，通过测定磨料粒子的速度分布，可得磨料粒子在自由流场加速过程中的扩散角度与射流压力及靶距无关。当射流压力为 5 MPa、10

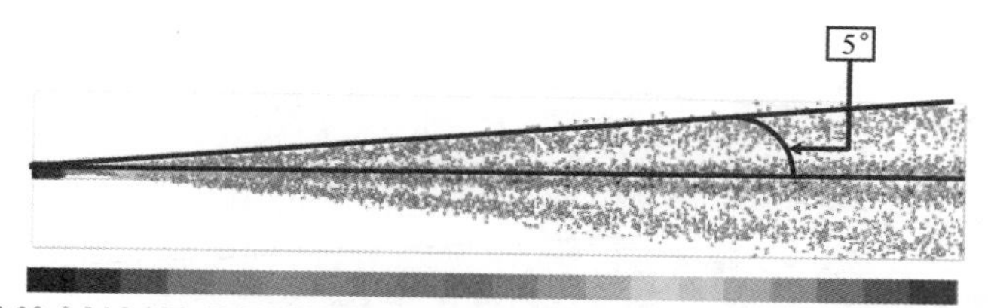

5 MPa

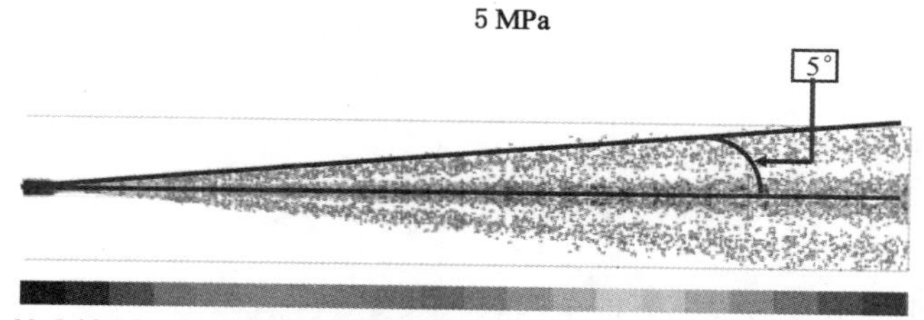

10 MPa

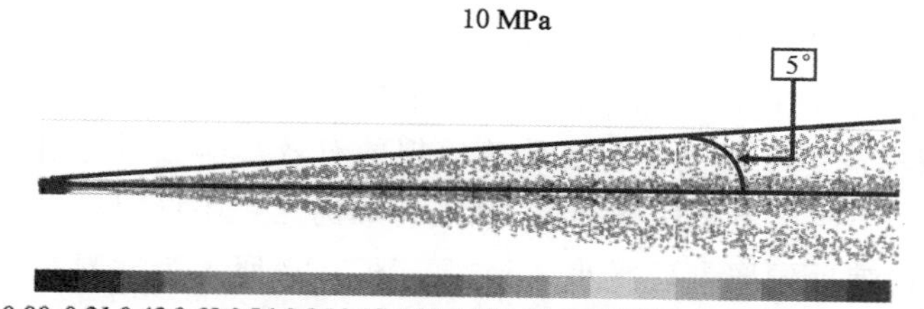

15 MPa

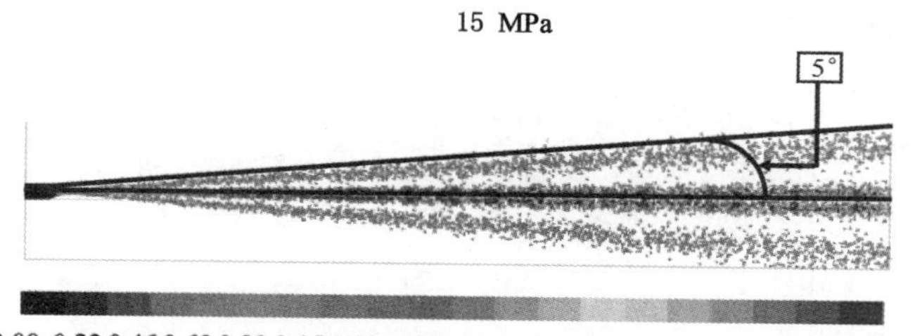

20 MPa

图 5-10　流场内磨料粒子速度分布

MPa、15 MPa、20 MPa 时，磨料粒子的半扩散角度均为 5°。根据磨料粒子的扩散角，可得高压磨料射流的冲击区域的半径为：

$$r_0 = r_{\text{out}} + l \cdot \tan \frac{\pi}{36} \tag{5-54}$$

式中　r_{out}——射流喷嘴的出口半径，$r_{\text{out}} = 2.05$；

r_0——高压磨料射流的冲击区域半径；

l——射流靶距。

根据动能定理及磨料粒子冲击靶体的频率，可求得在磨料粒子射流的冲击区域内，单次

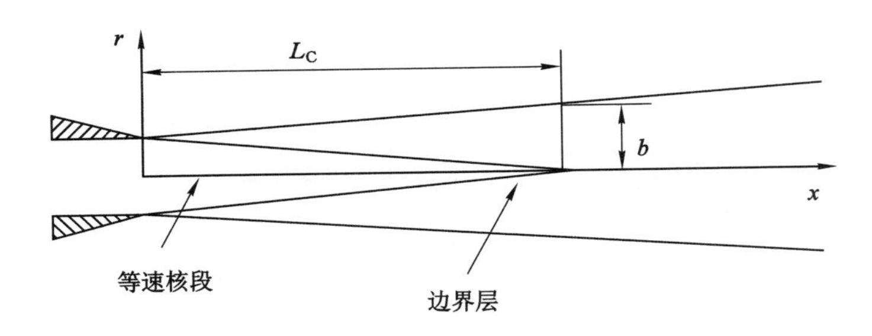

图 5-11　高压气体射流结构

磨料气体射流的入射能量满足：

$$E = \frac{1}{2f} m\bar{v}^2 \tag{5-55}$$

式中　E——单次磨料气体射流的入射能量，J；

m——磨料粒子的质量流量，$m=0.016$ kg/s；

f——磨料粒子冲击靶体的频率，Hz；

$\bar{v}$——高压磨料射流冲击区域内磨料粒子的平均速度，m/s。

图 5-12 所示为提取高压磨料气体射流数值模拟的有效影响区域内磨料粒子的平均速度与射流靶距的关系。不同压力条件下，磨料射流的最优靶距不同，但随射流靶距的增加，射流速度的变化规律均满足先增大后减小的趋势。图 5-13 所示为磨料粒子的平均速度与射流压力的关系。不同靶距条件下，磨料射流的射流速度随射流压力增加，均满足先增大后趋于稳定的趋势，存在最优射流压力。

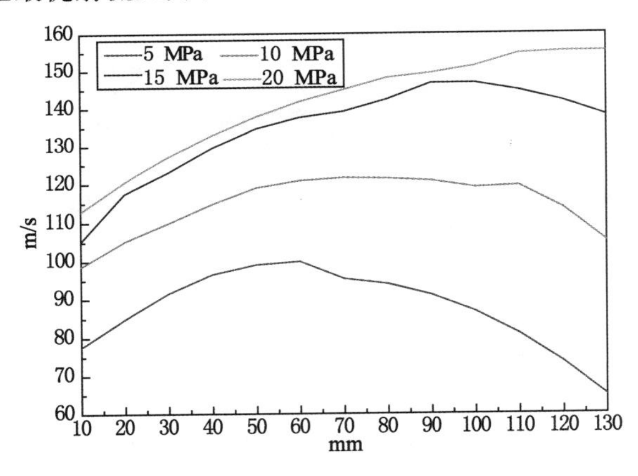

图 5-12　流场内磨料粒子速度与射流靶距关系

图 5-14 为速度平方与射流压力、射流靶距拟合曲线。当趋势线的 $R^2=0.98$，可靠性高。曲线对应的二元函数为：

$$\bar{v}^2 = 13\,500 + 512l + 840p - 1.5l^2 \tag{5-56}$$

联立式(5-55)、式(5-56)，可得质量流量为 $m=0.016$ kg/s，单次高压磨料射流的入射能量与

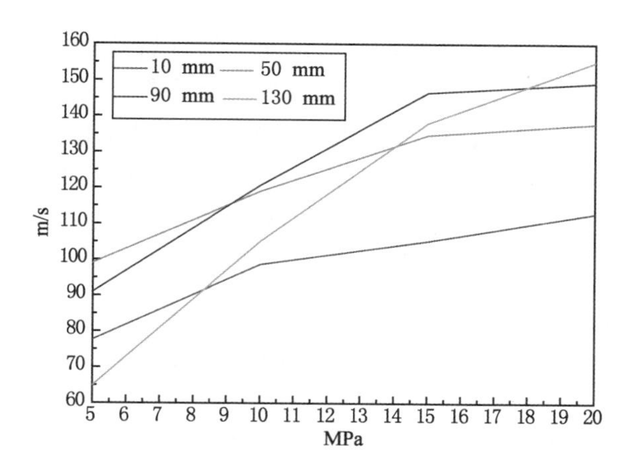

图 5-13　流场内磨料粒子速度与射流压力关系

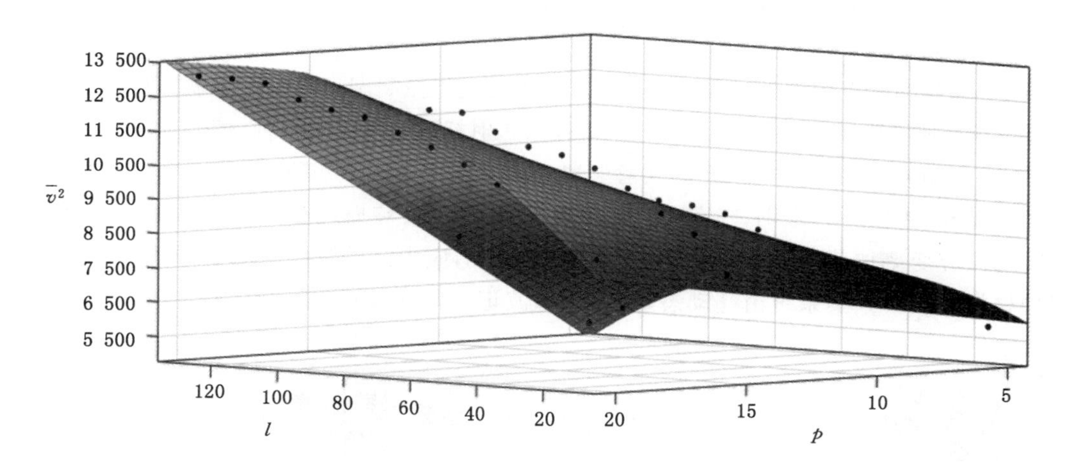

图 5-14　速度平方的拟合曲线

射流压力与射流靶距之间关系满足：

$$E=\frac{13\ 500+512l+840p-1.5l^2}{125f} \tag{5-57}$$

基于工程应用中最优的缩放型拉瓦尔(Lavel)喷嘴，采用 FLUENT 数值模拟软件研究了高压磨料气体射流的冲击半径及磨料粒子的入射能量。数值计算出在不同射流压力条件下，磨料粒子的扩散半角均为 5°，冲击半径决定于射流靶距。通过对有效冲击区域内数值计算的磨料粒子平均速度与射流压力、射流靶距拟合分析，得出了在射流压力一定时，磨料射流的单次入射能量与射流靶距呈二次函数关系。当射流靶距一定时，磨料射流的单次入射能量随射流压力的增加而增大。

5.2.5　煤岩力学参数及临界能量密度确定

煤岩是一种率相关材料，高压磨料气体射流破碎煤岩过程中产生的高应变率会影响其力学参数及临界能量密度。霍普金森(SHPB)冲击测试系统是利用一维应力波理论，研究应变率范围为 $10^2\sim10^4\ s^{-1}$ 内材料的动态力学性能、动态断裂及破碎特征。因此，选用

SHPB 装置等效研究与磨料粒子具有相同入射能量下的煤岩破碎的力学参数及表面比能，从而确定高压磨料气体射流破碎煤岩的应力波方程及能量准则。

磨料射流破煤实质是能量的传递和转化。当作用于煤体的瞬时粒子动能大于煤体内能，煤体破裂，继续增加射流入射能量，煤体破碎。当质量流量为 0.016 kg/s 时，单次高压磨料射流的入射能量与射流压力与射流靶距之间关系满足式(5-57)。

在工程应用中，磨料气体射流常用的压力范围为 5～25 MPa，常用的射流靶距范围为 10～130 mm。根据上节分析，测定的质量流量为 0.016 kg/s 的 80 目石榴石冲击靶体的频率范围为14 000～18 000 Hz，可求得高压磨料粒子冲击一次靶体入射的能量范围为 0.011～0.032 J。

利用能量等效研究不同入射能量下 SHPB 冲击煤样、煤体的动态抗压强度、动态弹性模量、煤体能量的耗散及粒度的破碎特征。根据 SHPB 冲击过程中应力波的延续时间为 400 μs，可计算出相同时间条件下磨料粒子射流冲击煤体的比能为 1.841～7.356 8 J/cm^2。

5.2.5.1　实验设备介绍

SHPB 系统实验在中南大学深部金属矿产开发与灾害控制湖南省重点实验室进行。该系统主要包括高速摄像机、高压气瓶、撞击杆(子弹)、入射杆、投射杆、吸收杆、信号采集和处理系统。SHPB 实验系统如图 5-15 所示。实验装置中入射杆长 2.00 m、透射杆长 1.50 m。均采用直径为 50 mm 的 40Cr 合金钢，其密度为 7 810 kg/m^3。纵波传播速度为 5.41 km/s。子弹选用能实现恒应变率加载的“纺锤型”冲头，长为 0.36 m，应力波的延续时间为 400 μs，与压杆为同种材料做成。采集系统由超动态应变仪、示波记录仪和计算机组成。

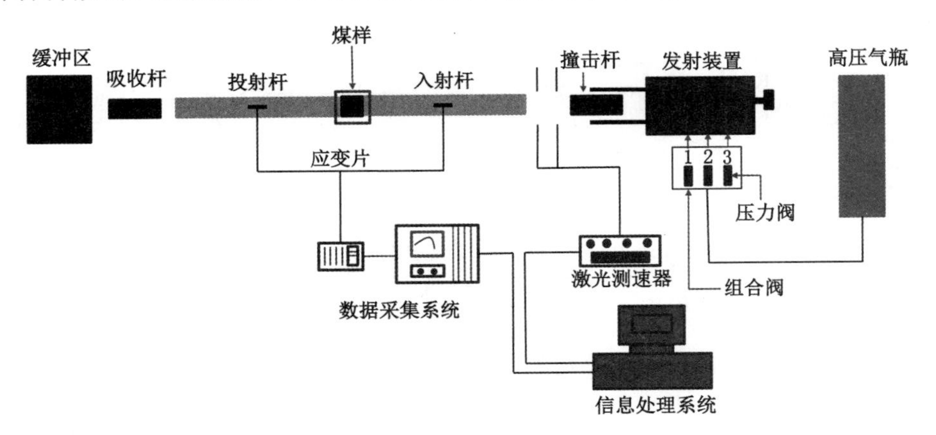

图 5-15　SHPB 装置系统

实验样品平行放置于入射杆与透射杆之间，高压氮气驱动撞击杆(子弹)冲击入射杆形成半正弦入射波；入射波经过试样两端面发生反射和透射，一部分应力波被反射到入射杆，一部分应力波在试样内部反射 2～3 次后，试样到达到动力平衡、应变率稳定，另一部分应力波通过试样透射到透射杆中。实验中先后出现了入射波信号、反射波信号和透射波信号，这 3 种波信号是通过粘贴在入射杆和透射杆中部的超动态应变片获得，并即时记录到信号采集系统。

5.2.5.2　实验设备原理

SHPB装置是利用一维应力波理论，通过测定试样冲击破坏过程中的各种应变信号，计算系统中的入射能量、反射能量、透射能量及不同应变率下受冲击样品动态力学参数。

SHPB装置系统应变信号的测定是在入射杆的中部粘贴超应变片，用于测实验过程中的入射应变信号和反射应变信号。在透射杆的中部粘贴超应变片，用于测试实验过程中的透射应变信号。根据入射应变信号 $\varepsilon_I(t)$、反射应变信号 $\varepsilon_R(t)$、透射应变信号 $\varepsilon_T(t)$、入射杆和透射杆的力学参数来确定冲击过程中试样的动态应力 $\sigma_s(t)$、应变 $\varepsilon_s(t)$、应变率 $\dot{\varepsilon}_s(t)$ 和吸收的能量[143]。

$$\begin{cases}\sigma_s(t) = \dfrac{E\cdot\varepsilon_I(t) + E\cdot\varepsilon_R(t) - E\cdot\varepsilon_T(t)}{2} \\ \varepsilon(t) = \dfrac{1}{\rho_e C_e L_s}\displaystyle\int_0^t [\sigma_I(t) - \sigma_R(t) + \sigma_T(t)]\mathrm{d}t \\ \dot{\varepsilon}(t) = \dfrac{1}{\rho_e C_e L_s}[\sigma_I(t) - \sigma_R(t) + \sigma_T(t)]\end{cases} \tag{5-58}$$

$$\begin{cases}W_I = \dfrac{A}{\rho_e c_e}\displaystyle\int_0^\beta \sigma_I{}^2(t)\mathrm{d}t \\ W_R = \dfrac{A}{\rho_e c_e}\displaystyle\int_0^\beta \sigma_R{}^2(t)\mathrm{d}t \\ W_T = \dfrac{A}{\rho_e c_e}\displaystyle\int_0^\beta \sigma_T{}^2(t)\mathrm{d}t \\ W_C = W_I - (W_R + W_T)\end{cases} \tag{5-59}$$

试样破碎能耗密度满足：

$$a = \frac{W_C}{V} \tag{5-60}$$

式中　E——入射/透射杆的弹性模量；

W_I——入射杆提供的入射能量；

W_R——入射杆和试样界面的反射能量；

W_T——透射杆检测到的透射能量；

$\rho_e c_e$——入射/透射杆的波阻抗；

A——入射杆、透射杆及试样的横截面积；

a——试样破碎能耗密度；

V——试样体积。

5.2.5.3　试样制备

冲击实验的煤样选取河南能源化工焦煤集团赵固二矿的无烟煤。按照SHPB实验要求，采用DQ-4型煤岩切割机对井下采集的大块煤样切割预处理，在ZS200取芯型立式取芯机钻取直径约为50 mm的煤样；并在SHM-200型双端面磨石机上对柱状煤样加工、打磨，保证煤样的长径比约1.0，两端面的平整度及平行度小于0.05 mm；最大限度地避免试样加工不平整造成的应力波形弥散和惯性效应。冲击实验步骤如下。

(1) 测定煤样的几何参数及弹性波速，选择均质、加工完整的15个ϕ50 mm×50 mm煤柱；如图5-16所示，分为5组，编号为$A_1 \sim A_3$、$B_1 \sim B_3$、$C_1 \sim C_3$、$D_1 \sim D_3$、$E_1 \sim E_3$，对煤样表面的裂纹分布拍照记录。

(2) 根据高压磨料气体射流入射比能，选取$A_1 \sim A_3$、$B_1 \sim B_3$、$C_1 \sim C_3$、$D_1 \sim D_3$、$E_1 \sim E_3$的煤样分5个水平分别进行SHPB冲击实验；入射比能分别为1.8 J/cm^2、3.2 J/cm^2、4.6 J/cm^2、6.0 J/cm^2、7.4 J/cm^2。

(3) 校准应变仪，设置数据采集参数；调节SHPB系统的调压阀设置出口气压预冲，进行入射能量与工作气体压力标定。

(4) 煤样装到入射杆、透射杆两个压杆之间，煤样端面涂抹黄油确保与两个压杆紧密接触；根据步骤(4)标定结果，调节调压阀设定工作气体压力。

(5) 子弹撞击入射杆，同时触发数据采集系统；自动采集同一组冲击气压下子弹速度、入射波形、反射波形、透射波形；调整调压阀出口气压，重复上述步骤(4)，完成各组冲击实验。

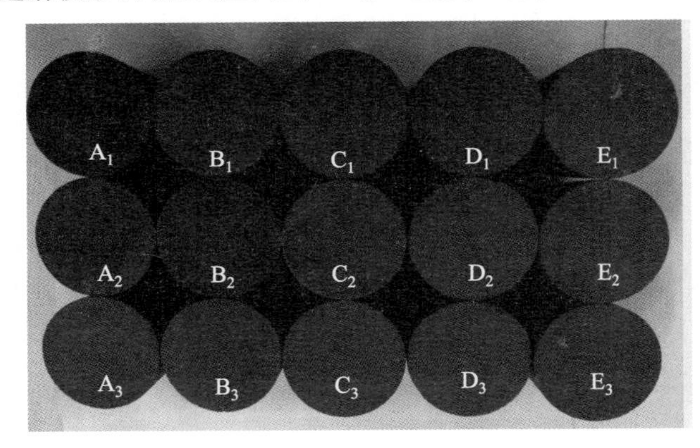

图5-16　煤岩实物图

5.2.5.4　实验结果分析

在高压磨料气体射流破煤过程中，煤体局部发生破坏的能量准则同式(5-24)。

根据式(5-44)可知，研究高压磨料气体射流破煤的能量准则，需确定相同入射能量下煤体破坏的能耗密度a，破坏后煤体的平均粒径d_m。

SHPB冲击实验前对煤样进行编号、称重、尺寸测量，并采用超声综合测试仪进行弹性波速和弹性模量测试；优选出的表面光滑完整、性质相近的煤样，其力学参数如表5-1所示。

表5-1　煤样力学参数

编号	质量/g	直径/mm	高度/mm	密度/(kg/m^3)	纵波波速/(m/s)	弹性模量/MPa
A_1	143	49.81	50.3	1 459	2 453	8 788
A_2	142	49.86	50.23	1 448	2 450	8 697
A_3	143	49.89	49.88	1 467	2 433	8 686

表 5-1(续)

编号	质量/g	直径/mm	高度/mm	密度/(kg/m³)	纵波波速/(m/s)	弹性模量/MPa
B_1	142	49.81	50.15	1 453	2 440	8 658
B_2	143	49.83	50.11	1 464	2 386	8 336
B_3	143	49.8	49.91	1 471	2 405	8 514
C_1	141	50	49.96	1 438	2 449	8 625
C_2	142	49.95	50.13	1 446	2 415	8 441
C_3	142	49.86	49.98	1 455	2 408	8 446
D_1	142	49.81	49.97	1 459	2 408	8 461
D_2	142	49.82	50.21	1 451	2 419	8 498
D_3	139	49.85	49.28	1 445	2 476	8 867
E_1	142	49.8	50	1 458	2 427	8 594
E_2	140	49.85	49.97	1 436	2 425	8 450
E_3	142	49.9	49.95	1 454	2 413	8 468

采用 SHPB 杆预冲实验,得出磨料粒子质量流量为 0.016 kg/s 条件下高压气体磨料射流的入射能量与 SPHB 冲击气压之间的关系,如表 5-2 所列。

表 5-2 磨料粒子能量与 SHPB 冲击气压

磨料射流单次入射能量/J	等效入射比能/(J/m²)	冲击气压/MPa	预冲应变率/s⁻¹
1.1×10^{-2}	1.8×10^{4}	0.30	43.27
1.6×10^{-2}	3.2×10^{4}	0.40	60.75
2.2×10^{-2}	4.6×10^{4}	0.45	93.78
2.7×10^{-2}	6.1×10^{4}	0.50	102.96
3.2×10^{-2}	7.4×10^{4}	0.55	123.40

在 SHPB 杆冲击实验中,冲击压力为 0.30 MPa、0.40 MP、0.45 MPa、0.50 MPa、0.55 MPa 条件下,冲击煤样得到的应变率及能耗如表 5-3 所列。

表 5-3 煤样的能耗分析

编号	冲击气压/MPa	应变率/s⁻¹	入射能/J	吸收能/J	能耗密度/(J/m³)
A_1	0.30	41.67	34	18	1.8×10^{5}
A_2	0.30	50.36	40	21	2.2×10^{5}
A_3	0.30	42.48	36	19	1.8×10^{5}
B_1	0.40	61.05	75	37	3.8×10^{5}
B_2	0.40	62.79	79	35	3.4×10^{5}
B_3	0.40	74.34	84	41	4.2×10^{5}
C_1	0.45	115.97	107	52	5.3×10^{5}

表 5-3(续)

编号	冲击气压/MPa	应变率/s^{-1}	入射能/J	吸收能/J	能耗密度/(J/m^3)
C_2	0.45	95.48	105	48	4.9×10^5
C_3	0.45	92.45	102	47	4.7×10^5
D_1	0.50	118.96	131	54	5.5×10^5
D_2	0.50	103.78	124	51	5.0×10^5
D_3	0.50	104.69	124	52	5.0×10^5
E_1	0.55	122.43	144	53	5.2×10^5
E_2	0.55	121.36	145	54	5.3×10^5
E_3	0.55	135.41	152	54	5.3×10^5

由于煤体具有离散性，剔除冲击实验中差别较大的测试结果，可得不同应变率下煤破坏的能耗密度，如图 5-17 所示。煤岩是一种率相关材料，煤岩破裂的能量密度与煤体的应变率有关。

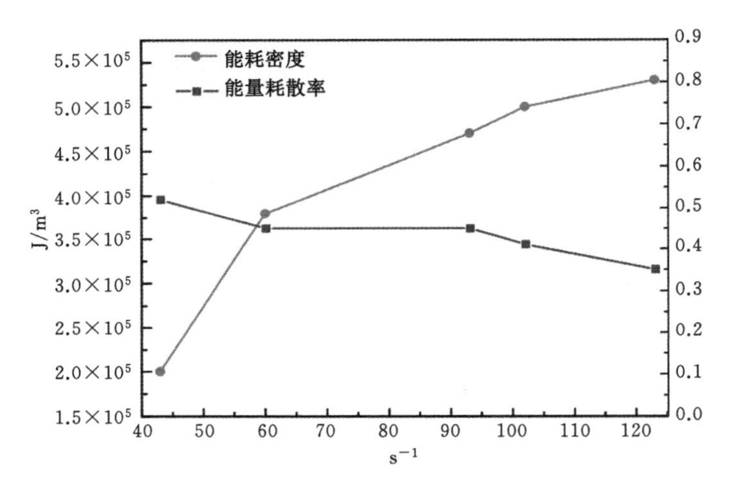

图 5-17　不同应变率下煤的能耗密度

提高 SHPB 系统的入射气压，入射能量增加，煤体吸收能量增加，平均应变率增大，煤体破碎严重。如图 5-17 所示，不同应变率下，煤体的吸收能量与入射能量的比值在 0.3～0.5之间，且随应变率的增大，耗散于煤岩内部裂纹发育、扩展能量比值降低。煤体是原生裂隙、孔隙发育的多孔介质，受到冲击后，煤体压缩变形，其内部的裂隙及孔隙密闭、压实，大部分入射能会以弹性势能的形式在煤体内部传播，不参与裂纹的扩展。即 SHPB 系统的入射能要大于煤体的吸收能量，且随着平均应变率的提高，煤体内部裂隙密闭时间缩短，吸收能量与入射能量比值降低。

应变率的范围为 43～60 s^{-1}时，煤体破裂的能量密度增加趋势明显，煤体的吸收能量与入射能量比值接近于 0.5，入射能量利用率高；应变率大于 60 s^{-1}时，煤体破裂的能量密度增加趋势变缓，煤体内部用于形成新裂纹面的能量占比减小明显。应变率处于 43～60 s^{-1}

时，入射波单次入射具有的能量不足以使微观裂纹直接扩展为宏观裂纹，煤体吸收的能量主要是用于产生新的微观裂纹面及现有的宏观裂纹扩展。随着应变率增加，产生新的微观裂纹面增多，煤体破裂的能量密度增加趋势明显，能量的利用高。当应变率高于60 s^{-1}，系统入射能量高，新增裂纹面多，煤岩内部直接出现贯穿裂纹，入射波在裂纹之间反射、折射过程中，携带的能量耗散严重，利用率降低，煤体破裂的能量密度增加趋势变缓。

图 5-18 所示为 A_1、B_1、C_2、D_2、E_1 煤样冲击后的破坏形态，应变率在 43～123 s^{-1}范围内，煤体破碎严重，随着煤样的应变率增加，破碎后的碎块最大直径 r_{max}减小。可采用碎块分布函数模型研究不同应变率下，碎块平均直径 d_m的分布规律。

43 s^{-1}　　60 s^{-1}　　93 s^{-1}　　102 s^{-1}　　123 s^{-1}

图 5-18　不同应变率下煤的破坏形态

在工程应用中，研究岩石破碎后的碎块分布函数模型很多，其中，最常用的是 G-G-S (Gate-Gandhi-Schuhmann)分布。G-G-S 分布方程满足：

$$y = \frac{M(r)}{M_t} = 100\left(\frac{r}{r_{max}}\right)^n \tag{5-61}$$

式中　y——直径小于 r 的质量分数；

$M(r)$——直径小于 r 的碎块累积质量；

M_t——碎块总质量；

r_{max}——碎块的最大尺寸；

n——碎块的分布指数。

对式(5-61)取自然对数，可得分布指数 n 满足：

$$n = \frac{\ln y}{\ln\left[100\left(\frac{r}{r_{max}}\right)\right]} \tag{5-62}$$

当试样筛下碎块质量累积百分率为 50%时，对应的直径为 d_m；因此，可得碎块平均尺寸 d_m为：

$$d_m = 2^{-\frac{1}{n}} r_{max} \tag{5-63}$$

因此，可通过筛分法测不同直径下的碎块质量的质量分数，研究碎块的分布规律，计算碎块的平均直径。

每个试样在冲击实验后收集碎块并进行筛分，所用的分析筛的孔径依次为：30 mm、20 mm、10 mm、6 mm、3 mm、2 mm、1 mm、0.5 mm；通过高灵敏度电子秤称量每级筛上物的质量，记录实验数据，对质量累加计算，进行块度分析。试样筛下碎块质量累积百分率如表 5-4 所示。

表 5-4 碎块质量累积百分率

试样编号	筛选碎块质量累积百分率/%							r_m	n	d_m
	0.5 mm	1 mm	3 mm	6 mm	10 mm	20 mm	30 mm			
A_1	0	8.2	28.7	49.5	87.6	92.4	100	29.5	1.36	17.72
A_2	0	10.1	32.5	52.4	89.6	93.2	100	28.4	1.41	17.37
A_3	0	9.3	29.4	51.2	85.7	90.4	100	28.9	1.38	17.49
B_1	0.2	11.8	36.2	48.6	86.8	91.6	100	27.3	1.08	14.36
B_2	0.8	13.2	37.5	49.8	87.6	93.4	100	26.4	1.06	14.32
B_3	1.1	14.5	46.3	50.9	89.7	94.3	100	24.2	1.02	12.26
C_1	2.6	15.2	47.6	51.8	90.5	94.3	100	23.2	0.75	9.02
C_2	3.9	16.3	46.8	52.6	90.1	96.5	100	21.5	0.68	7.76
C_3	2.8	14.6	45.9	50.6	89.6	92.6	100	22.4	0.71	8.49
D_1	10.4	23.6	49.8	58.3	92.3	99.5	100	19.1	0.51	4.09
D_2	8.5	19.6	44.5	60.3	90.1	98.9	100	20.3	0.57	6.02
D_3	9.6	18.7	47.3	62.7	89.9	96.8	100	21.2	0.62	6.93
E_1	20.4	46.8	54.3	87.9	97.4	100	100	15.7	0.38	2.53
E_2	14.8	39.8	49.4	82.3	95.6	100	100	16.8	0.42	3.22
E_3	24.9	48.3	58.9	90.1	94.5	100	100	14.6	0.35	2.01

随着应变率的增大，煤体破坏后的碎块平均直径减小，如图 5-19 所示。通过线性回归分析，煤样破碎后的碎块平均直径 d_m 与煤样的应变率 $\dot{\varepsilon}$ 呈一次函数关系，相关性系数 $R^2=0.997$，线性回归方程为：

$$d_m=-0.1882\dot{\varepsilon}+25.614 \tag{5-64}$$

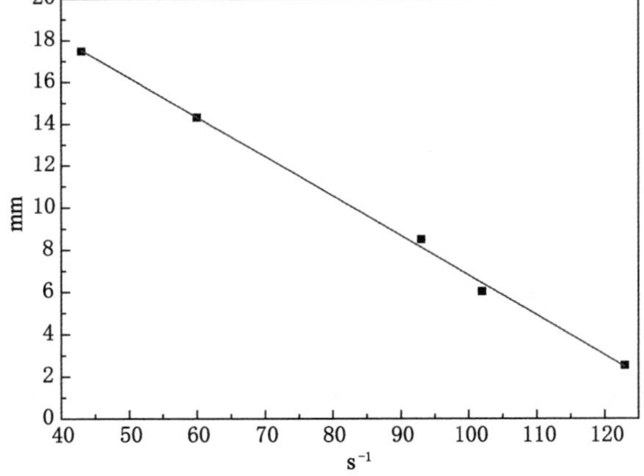

图 5-19 不同应变率下的平均直径 d_m

采用 SPHB 系统，等效研究了不同应变率下煤样破碎的能耗密度及煤样破碎后碎块平均直径。煤体是原生裂隙、孔隙发育的多孔介质，不同应变率下，煤体的吸收能量与入射能量的比值在 0.3～0.5 之间；随应变率的增大，煤体破碎后的能耗密度增加；煤体破坏后的碎块平均直径减小；并通过线性回归分析，得出煤样破碎后的碎块平均直径 d_m 与煤样的应变率 $\dot{\varepsilon}$ 呈一次函数关系。

5.2.6　小结

采用实验及数值模拟相结合的方法测定了不同高压磨料气体射流参数条件下，球面应力波传播方程的边界、初始条件中的参数；并基于测定的数据，采用 SHPB 等效实验得出了煤体破坏的临界能量及煤体的力学参数。

(1) 气体射流的打击力小，采用 I-scan 薄膜压力分布测试系统，直接测试了气体射流的打击力，并对压力的时域信息进行傅里叶变换，计算了气体射流的脉动频率。气体射流的入口压力、射流靶距影响气体射流的打击力、入射能量，但射流的脉动频率仅决定于射流的入口压力。射流入口压力为 5 MPa 时，脉动频率集中于 25 Hz；射流入口压力为 10 MPa、15 MPa、20 MPa 时，脉动频率集中于 40 Hz。

(2) 磨料粒子的打击力大，采用非接触方法测定磨料粒子的冲击频率。基于气体射流的实验结果，选择研究磨料粒子质量流量 0.016 kg/s，射流靶距为 130 mm，射流压力为 5 MPa、10 MPa、15 MPa、20 MPa 条件下的磨料粒子的冲击频率。射流入口压力为 5 MPa 时，磨料粒子冲击靶体材料的频率集中于 14 000 Hz；射流入口压力为 10 MPa、15 MPa、20 MPa时，磨料粒子冲击靶体材料的频率集中于 18 000 Hz。

(3) 采用 FLUENT 数值软件，研究了实验参数条件下磨料粒子射流的冲击半径，得出了不同射流压力条件下，磨料粒子的扩散半角均为 5°，冲击半径决定于射流靶距。并通过对有效冲击区域内数值计算的磨料粒子平均速度与射流压力、射流靶距、冲击频率的拟合分析，得出了单次入射能量与射流压力、射流靶距和冲击频率的函数关系式为：

$$E=\frac{13\ 500+512l+840p-1.5l^2}{125f}$$

式中　E——单次磨料气体射流的入射能量，J；

p——磨料气体射流的入口压力，MPa；

l——射流靶距，mm；

f——磨料粒子冲击靶体的频率，Hz。

(4) 通过高压磨料气体射流的能量等效为 SPHB 系统的入射能量，研究了不同应变率下煤样破坏的能耗密度。煤体是原生裂隙、孔隙发育的多孔介质，在不同应变率下，煤体的吸收能量与入射能量的比值在 0.3～0.5 之间；随应变率的增大，煤体破坏过程中的能耗密度增加。

(5) 收集 SHPB 系统冲击后的破碎煤样，研究破碎煤样的分布特征，得出随着应变率的增大，煤体破坏后的碎块平均直径减小，并通过线性回归分析，得出煤样破碎后的碎块平均直径 d_m 与煤样的应变率 $\dot{\varepsilon}$ 呈一次函数关系。

5.3 高压磨料气体射流破煤应力波传播模型验证和应用

5.3.1 应力波方程的数值解

在高压磨料气体射流破碎煤岩过程中，煤岩内部会存在三种体波，即快纵波、慢纵波、横波，煤岩内部的应力波效应主要由快纵波传播过程中产生的拉应力引起。煤岩内部纵波的应力随传播距离的变化规律为：

$$\begin{cases}\sigma_r = \dfrac{{r_0}^3}{r^3}\left[\dfrac{\mathrm{Im}(k)\cdot r + 2G}{\mathrm{Im}(k)\cdot r_0 + 2G}\right]^2 \mathrm{e}^{\mathrm{Im}(k)\cdot(r-r_0)}\cdot\sigma_0\mathrm{e}^{i\cdot[w\cdot t - Re(k)(r-r_0)]} & r < c_p\cdot t + r_0 \\ 0 & r > c_p\cdot t + r_0\end{cases}$$

式中，$i^2=-1$；k 为波矢量，$c_p=\dfrac{w}{Re(k)}$，w 为角频率，$w=2\pi f$，f 为磨料气体射流的入射频率；$\left(\dfrac{w}{k}\right)^2=\dfrac{-D_2\pm\sqrt{{D_2}^2-4D_1\cdot D_3}}{2D_1}$，$D_1=\lambda+2G+\dfrac{2K_f}{\varphi}$，$D_2=\lambda\cdot\varphi\cdot\dfrac{\rho_f}{K_f}+2G\cdot\varphi\cdot\dfrac{\rho_f}{K_f}-\rho-\dfrac{\rho_f}{\varphi}$，$D_3=\dfrac{\rho_f}{K_f}\cdot(\rho\cdot\varphi-\rho_f)$。

在数值计算中，选择磨料气体射流破煤岩的最优射流参数[87,137]：磨料粒子的质量流量为 0.016 kg/s，最优射流压力为 15 MPa，射流靶距为 130 mm，气体的冲击频率为 40 Hz，磨料粒子的冲击频率为 18 000 Hz，冲击区域的半径 $r_0=13.4$ mm。对应的赵固二矿煤样动态力学参数满足表 5-5 所示。

表 5-5　煤体的参数

参数	φ	λ/GPa	G/GPa	ρ/(kg/m³)	ρ_f/(kg/m³)	K_f/MPa	σ	E/GPa
数值	0.08	0.67	0.41	1 400	1.24	0.1	11.6	1.00

在高压磨料气体射流冲击煤体过程中，应力波传播的快纵波波速为 1 188 m/s。磨料粒子冲击煤体产生的应力波的波矢量为 $k=15.2-0.9i$，煤体内部的应力随距离的变化规律为：

$$\begin{cases}\sigma_{r1} = \dfrac{2\,406}{r^3}\mathrm{e}^{-0.9\cdot(r-r_0)}\cdot\sigma_1\cdot\mathrm{e}^{i\cdot[10^5\cdot t-15(r-r_0)]} & r < c_p\cdot t + r_0 \\ \sigma_{r1} = 0 & r > c_p\cdot t + r_0\end{cases} \quad (5\text{-}65)$$

气体射流冲击煤体产生的应力波的波矢量为 $k=0.033-0.06i$，煤体内部的应力随距离的变化规律为：

$$\begin{cases}\sigma_{r2} = \dfrac{2\,406}{r^3}\mathrm{e}^{-0.06\cdot(r-r_0)}\cdot\sigma_2\cdot\mathrm{e}^{i\cdot[251\cdot t-0.033(r-r_0)]} & r < c_p\cdot t + r_0 \\ \sigma_{r2} = 0 & r > c_p\cdot t + r_0\end{cases} \quad (5\text{-}66)$$

式中　σ_{r1}——高频率下煤体内部的应力；

σ_{r2}——低频下煤体内部的应力；

σ_1——磨料粒子的冲击煤样的应力；

σ_2——气体射流冲击煤样的应力，$\sigma_1 \gg \sigma_2$。

高压磨料气体射流破煤过程中，应力波效应的衰减分为几何衰减和弥散衰减，应力的几何衰减满足$\left(\frac{r_0}{r}\right)^3$，波形弥散引起的应力衰减满足 $e^{\mathrm{Im}(k)\cdot(r-r_0)}$，波形弥散的衰减系数为 $\mathrm{Im}(k)$，应力波携带的能量在传播过程中的衰减满足$\frac{e^{2\cdot\mathrm{Im}(k)\cdot(r-r_0)}}{r^6}$。

根据式(5-65)、式(5-66)可知，在最优射流参数条件下，磨料粒子冲击煤体产生的应力波在传播过程中的弥散衰减系数为$|\mathrm{Im}(k)|=0.9$，要远大于气体射流冲击煤体过程中应力波的弥散衰减系数$|\mathrm{Im}(k)|=0.06$，磨料粒子冲击煤体产生的应力波能量耗散严重，传播距离短。磨料粒子冲击煤样产生的纵波频率高、波长短，易于发生反射、叠加，能量集中，应力波效应明显，但在经过煤体内部的宏观裂纹及大缺陷时，能量耗散严重，会大大缩短传播距离。气体射流冲击煤体产生的纵波，频率低、波动效应的影响范围大，可通过提高射流喷嘴的入口压力，增强气体射流引起的应力波效应，气体的入口压力大于 30 MPa 时，产生的冲击气压为 13 MPa，大于煤体的单轴抗压强度，可产生明显的应力波效应。

5.3.2　应力波破坏煤体的有效距离计算

在高压磨料气体射流破煤过程中，煤体局部发生破坏的能量准则同式(5-44)。

最优射流参数条件下，煤体内部的应力波效应主要是由磨料粒子冲击煤体造成，磨料粒子的射流的冲击频率及煤体参数满足表 5-6 所示。

表 5-6　能量计算的参数

参数	$a/(\mathrm{J/m^3})$	d_m/m	w/Hz	$c_p/(\mathrm{m/s})$
数值	7×10^5	2.6×10^{-3}	18 000	1 188

煤体内部产生新表面需要的最小能量为 6.8×10^{-7} J；单次磨料粒子的入射能量为 0.032 J；应力波携带的能量按 $e^{-1.8\cdot(r-r_0)}/r^6$ 衰减，即最优射流参数条件下，单次磨料粒子入射产生的应力波在煤体内影响的最大距离为 4.9 mm。

5.3.2　DIC 实验验证

数字图像相关法(Digital Image Correlation，DIC)是一种图像数字化的光测技术。该技术是利用高速摄像机采集样品受载过程中表面随机分布的斑点或人工散斑点的灰度值，再通过预制算法提取每两张照片之间散斑点灰度值的变化信息获取被测样品的位移场，进而实现被测样品应变场的数字化测量。通过该技术可实现受载试样表面全应变场的非接触式测量，具有应用范围广、设备简单、精度高的优点。

因此，可利用 DIC 技术测量高压磨料气体射流冲击煤岩过程中，煤岩表面的应变信息，验证球面波在传播过程中的能量衰减及有效传播距离。

5.3.3.1　DIC 实验介绍

高压磨料气体射流破煤的 DIC 实验装置(如图 5-20 所示)，包括有高压磨料射流系统，抽尘装置，非接触应变测量分析系统 VIC-3D。高压磨料气体射流实验系统由气体压缩机、储气罐、磨料罐、操作台组成，空气压缩机最高压力为 40 MPa，最大吸气量为 2 m^3/min，高压气瓶最大容许压力为 40 MPa。在实验中将高压气体储存于高压气瓶中，通过压力调节阀调节出口压力，其进口压力范围为 0～40 MPa，出口压力范围为 0～25 MPa，调压阀出口压力可调精确度为 0.1 MPa，可以精确控制射流压力，保证实验过程中射流压力恒定。为避免磨料气体射流过程中产生的粉尘对实验精度的影响，需通过抽尘装置将操作台内的粉尘即时排出，抽尘装置选择的是离心式抽尘风机，风机的额定功率为 2.2 kW，最大风量为 4 m^3/min，满足抽尘要求。非接触应变测量分析系统 VIC-3D 主要包括有三脚架、照明灯、超高速摄像机及后处理软件。超高速摄像机的帧率最大为 2×10^5，最大分辨率为 2 560×1 600。为了提高拍摄帧数，获取更多的时域信息，必须要降低拍摄时的分辨率，当帧率为 10 000 FPS，最大分辨率可达到为 625×625，满足拍摄要求。VIC-3D 后处理系统具有自动标定、提取图像信息、计算应变及数字化显示的功能，在高速摄像机拍摄结束后，将采集到散斑点的灰度图像导入后处理系统中，选择分析区域，设置初始图像后，后处理系统可对分析区域内的散斑点自动标定，并依次提取各个图像分析区域内散斑点的灰度值信息，依据采集图像的帧率计算位移场，获取实验需要的应变场信息。

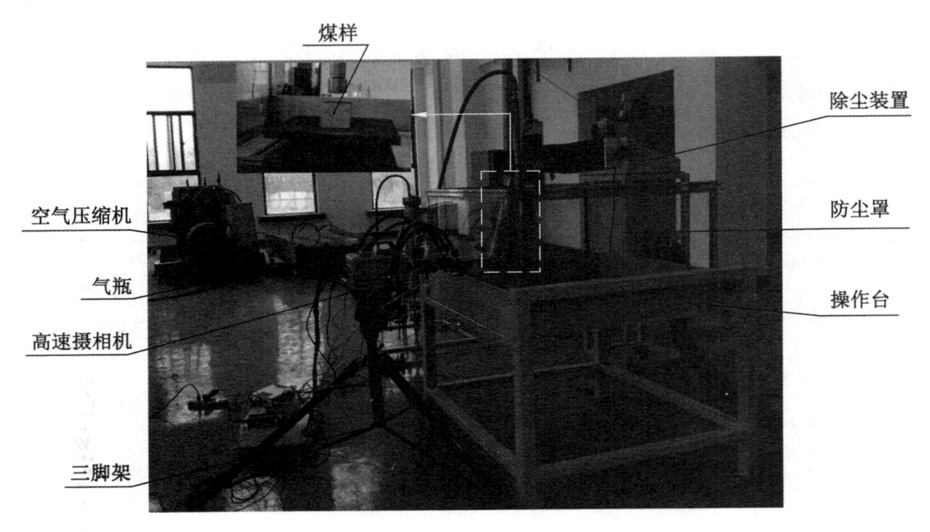

图 5-20　高压磨料气体射流破煤 DIC 实验装置图

5.3.3.2　试样制备

高压磨料气体射流破煤的 DIC 实验中，为提高高速摄像机的拍摄精度，根据 5.3.1 节的数值计算结果，制取 50 mm×50 mm×50 mm 正方体煤样，并对预进行拍摄的煤样侧面砂纸打磨，预制散斑点。散斑点是影响高速摄像机拍摄及 VIC-3D 后处理系统计算精度的重要因素。制作的散斑点要求随机分布，斑点大小接近于 3～5 个像素点，如图 5-21 所示。选取喷漆和平板压膜相结合的方式在煤样表面制作的散斑点，由于煤体表面反射光束的效果差，需通过对预拍摄的煤样侧面喷涂哑光白涂料制作基础层，提高反射效果。基础层形成后，利用平板偏转不同角度，对基础层垂直压制 3～4 次，制作黑色散斑点。

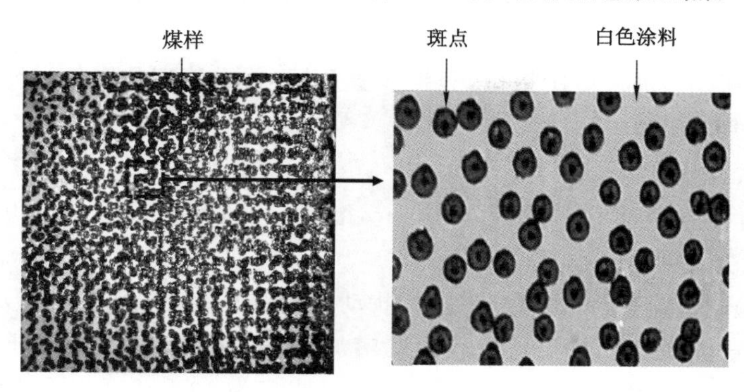

图 5-21　煤样散斑点

5.3.3.3　实验步骤

DIC 实验是通过测定煤样表面的全应变场验证高压磨料射流破煤过程中应力波传播的能量衰减及有效传播距离。因此，为减小测量过程中煤样表面应变值误差对实验结果的影响，实验方案中的射流条件选择气体磨料射流破煤岩的最优射流参数[98]；磨料粒子的质量流量为 0.016 kg/s，最优射流压力为 15 MPa，射流靶距为 130 mm。高压磨料气体射流破煤的 DIC 实验操作系统如图 5-22 所示。PIC 实验具体操作步骤如下。

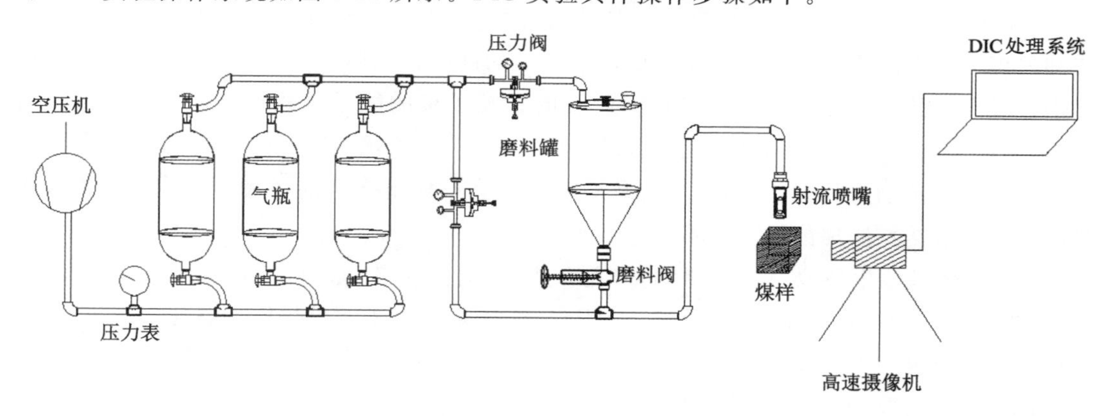

图 5-22　高压磨料气体射流破煤 DIC 实验系统

(1) 启动空气压缩机，为气瓶续压。当气瓶压力大于 25 MPa 时，关闭空气压缩机，待气流稳定后调整操作台高度，控制射流靶距为 130 mm。

(2) 待压力表示数稳定后，调节气阀设定喷嘴的入口压力为 15 MPa，调节磨料球阀，试冲煤样，控制磨料质量为 0.016 kg/s。

(3) 固定三脚架，根据试样尺寸调整试样与高速摄像机的距离，调整水平仪，保证高速摄像机垂直于预拍摄煤样侧面。

(4) 启动 VIC-3D 系统，设置软件操作参数，调节高速摄像机镜头的聚焦和曝光旋钮，使达到最清晰画面和合适曝光度。

(5) 启动除尘装置,开启压力阀,同时点开 VIC-3D 软件界面上的 recond 按钮,记录实验数据。

(6) 重复步骤(5),进行多次拍摄,分析实验数据,选取清晰的图像,导入 VIC-3D 后处理系统中进行灰度值计算。

5.3.3.4 实验结果分析

射流压力为 15 MPa,射流靶距为 130 mm,磨料粒子的质量流量为 0.016 kg/s 的条件下煤样破坏的应变云图,如图 5-23 所示。

(1) 高压磨料气体射流冲击煤样形成的扰动以球面波形式向煤样内部及表面传播。高压气体与磨料粒子经缩放型拉瓦尔(Laval)喷嘴加速后会形成高速聚能粒子束,最优射流参数条件下,粒子束携带的能量为 100 J,冲击区域的半径为 13 mm,具有能量高、作用范围集中的特点,能直接对煤样的接触区域内造成切削、磨损破坏。而在超音速气体的可压缩性及磨料粒子的高频特性作用下磨料射流粒子束冲击煤体的过程中还具有非连续性,会持续以一定的主频率向煤样内部及表面未受冲击的区域传播扰动。如图 5-23 所示,1#、2#、3# 煤样表面应变场内的应变是分层向前传播;高压磨料气体射流的聚能粒子束在冲击煤体过程中,会形成以直接冲击区域为边界的球面应力波,向煤体内传播扰动"辐射"能量。

(2) 应力波在煤样内部传播具有时间效应和方向性;应力波的"波前"到达后,煤样应变开始增加,但随着"波尾"掠过,煤样应变减小直至为零;能量交替传递。如图 5-23 所示,1#、2#、3# 煤样表面应变场的分布特征均与应力波传播时间、传播距离有关。高压磨料气体射流冲击煤样产生的应力波在高能粒子束接触煤样的同时,便开始以球面波的形式从煤样受冲击区域向外传播。受扰动区域,应变增大,磨料粒子束的能量转化为煤体的局部应变势能,随着应力波向前的传播,已受扰动区域的应变减小,开始扰动区域的应变增大,能量向前传递。应力波传播过程中,煤体的应变及局部能量会呈现出交替的增大、减小,但应力波携带的能量随着传播距离的增大会不断地减小。

(3) 煤体是原生裂隙、孔隙发育的多孔介质,应力波在其内部传播过程中会发生反射、汇聚,出现局部应变值增加,能量集聚。如图 5-23 所示,1#、2#、3# 煤样的破坏形态不同,且随应力波传播距离增大,1#、2#、3# 煤样表面应变场的局部应变值出现了积聚增大。煤体的内部原生构造复杂,性质具有离散性,应力波传播过程中出现局部应变叠加、能量聚集的区域不同,相同射流条件下煤样会出现不同的破坏形态,但对比 1#、2#、3# 煤样表面的 30 μs 时刻的应变云图,垂直射流轴线方向的煤样局部应变的边界距射流冲击区域的距离分别为 3 mm、5 mm、6 mm,平均值为 4.6 mm 接近于理论计算的 4.9 mm。

(4) 局部能量大于煤样破坏的能量阈值,会有新裂纹面的出现、扩展、贯通;微观裂纹发展为宏观裂纹,直至煤样表面发生破碎。如图 5-23 所示,1#、2#、3# 煤样的破坏位置对应的应变云图上的应变值在持续增大。应力波传播过程中,由于煤样内原生裂隙、孔隙的作用会在局部出现蓄能状态,煤样的局部应变值会随时间一直增大,直至产生新的微裂纹面,新生裂纹面同样也会影响应力波的传播,吸收能量,扩展成宏观裂纹,煤样表面出现破裂。

高压磨料射流冲击煤体过程中,具有明显的应力波效应。应力波是以球面波的形式向煤体内部传播,随传播距离增大,应力波的弥散现象严重,波形发散。应力波携带的能量高

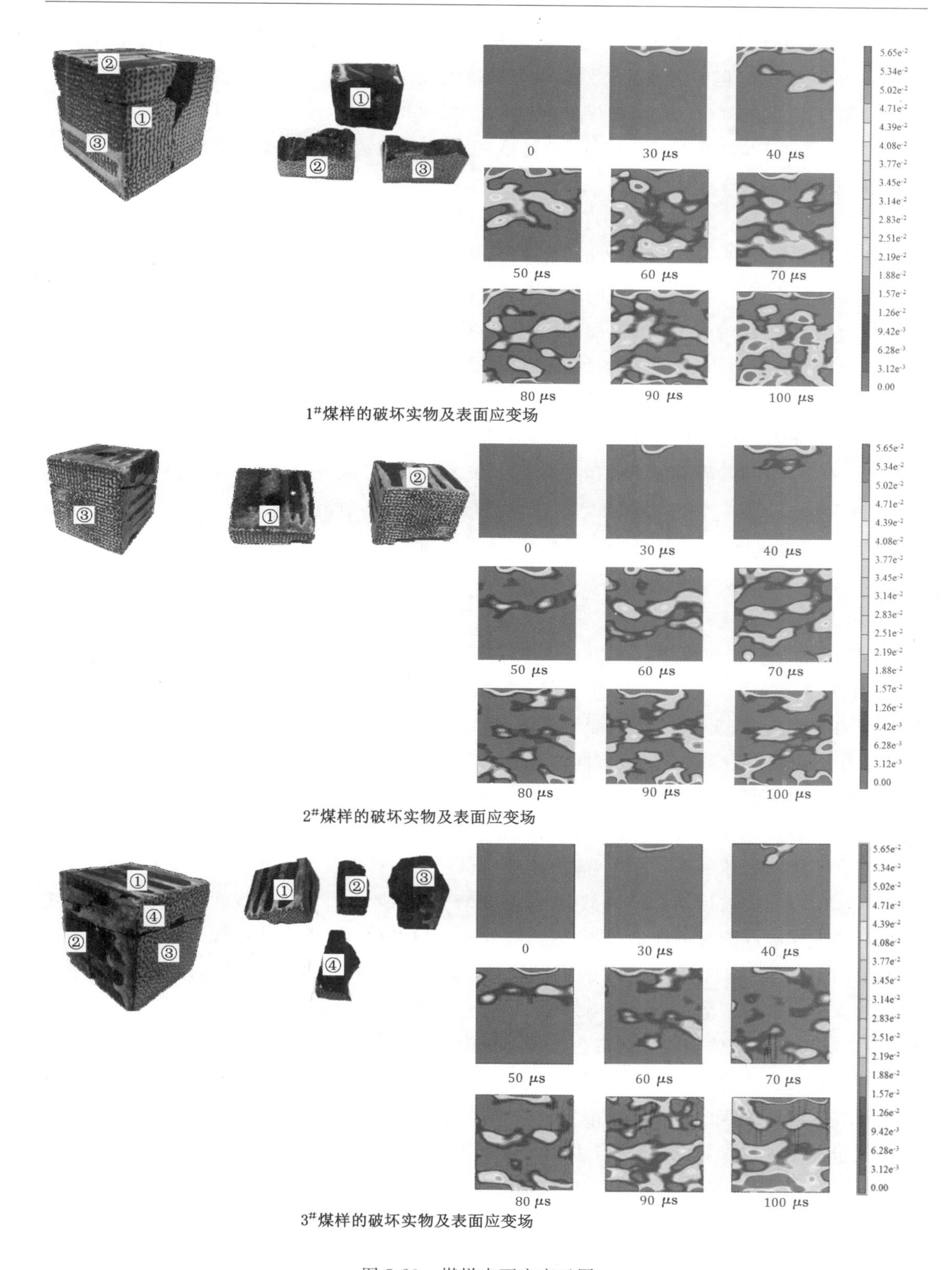

图 5-23　煤样表面应变云图

于煤体局部能量阈值,煤体吸收的能量耗散于裂纹面的产生、扩展。煤样性质的离散性造成破坏后的形态不同,但应力波的有效影响范围接近理论值。

如图5-24至图5-26所示,在煤样表面沿射流轴线方向等间距($L=1$ mm)选取的p_0、p_1、p_2、p_3,水平方向等间距($L=1$ mm)选取的p_4、p_5的应变时域图。图中拉应变为正应变,压应变为负应变。

(1) 根据p_0、p_1、p_2、p_3、p_4、p_5点处的应变时域图可知,煤样质点在受扰动后,会交替的出现拉应变和压应变,应力波的传播要依靠介质单元体的振动。靠近射流冲击区域p_0位置处的应变幅值大,1#、2#、3#煤样的最大应变幅值分别为5×10^{-4}、6×10^{-4}、3×10^{-4};沿射流轴线方向p_1、p_2、p_3位置处的应变值幅值在减小,但拉应变的幅值的衰减要大于压应变幅值;垂直射流方向p_4、p_5位置处的拉应变的最大幅值小于p_3位置处,压应变的最大幅值大于p_3位置处。应力波传播过程中的应力波效应是扰动引起煤样的拉应变及压应变,应力波效应沿射流轴线和垂直射流轴线方向衰减,其中,拉应力效应的衰减要大于压应力。

(2) 1#、2#、3#煤样在p_0、p_1、p_2、p_3位置处的平均应变值分别为4.4×10^{-4}、1.7×10^{-4}、5.1×10^{-5}、1.8×10^{-5}。理论计算时,高压磨料射流破煤过程中应力波传播过程的应力、应变衰减满足$e^{\mathrm{Im}(k)\cdot(r-r_0)}\cdot r_0{}^3/r^3$,最优射流参数条件下,$\mathrm{Im}(k)=-0.9$;数值计算$p_1$、$p_2$、$p_3$位置处的应变值为$1.4\times10^{-4}$、$4.7\times10^{-5}$、$1.6\times10^{-5}$。数值计算值与实验值的误差小,应力、应变衰减满足$e^{\mathrm{Im}(k)\cdot(r-r_0)}\cdot r_0{}^3/r^3$。

(3) 应力波传播过程中,1#、2#、3#煤样在p_0、p_1、p_2、p_3位置处的应变率逐渐减小,p_4、p_5位置处的应变率小于p_3位置处。在上节中煤岩冲击破坏的实验中,得出煤岩吸收的能量与应力率有关:应变率高,煤岩吸收的能量多,易于发生破坏。高压磨料气体射流冲击煤样过程中,煤样的应变率沿射流方向及垂直方向减弱,说明煤样吸收能量的能力沿应力波的传播方向依次减弱,煤样的局部发生破坏,是由于应力波的反射、汇聚,增加了局部的应力波效应,增大局部应变率,提高煤岩局部吸收能量的能力。

在高压磨料射流破煤过程中,应力波效应引起煤的局部拉应变和压应变交替变化,应变的最大幅值沿应力波传播方向衰减,衰减满足理论解$e^{\mathrm{Im}(k)\cdot(r-r_0)}\cdot r_0{}^3/r^3$;煤样的局部应变率会影响煤样吸收能量的能力,增强应力波效应,提高应变率,有利于破碎煤岩。

采用DIC实验验证了在高压磨料气体射流破煤过程中,应力波传播规律满足高压磨料气体射流应力波方程数值解,煤体破坏满足应力波破煤临界能量准则。

5.3.3 高压磨料气体射流破煤应力波传播模型应用

基于多孔介质理论及断裂力学,建立了高压磨料气体射流破煤的球面应力波方程和高压磨料气体射流破煤的临界能量准则。根据赵固二矿煤样确定了高压磨料气体射流破煤的临界能量准则中的参数,数值求解了最优射流条件的高压磨料气体射流破煤应力波传播模型,并采用DIC实验验证了在高压磨料气体射流破煤过程中,应力波传播规律满足高压磨料气体射流应力波方程数值解,煤体破坏满足应力波破煤临界能量准则。

本节应用高压磨料气体射流破煤应力波模型,研究九里山矿煤样在高压磨料气体射流冲击作用下应力波传播规律。

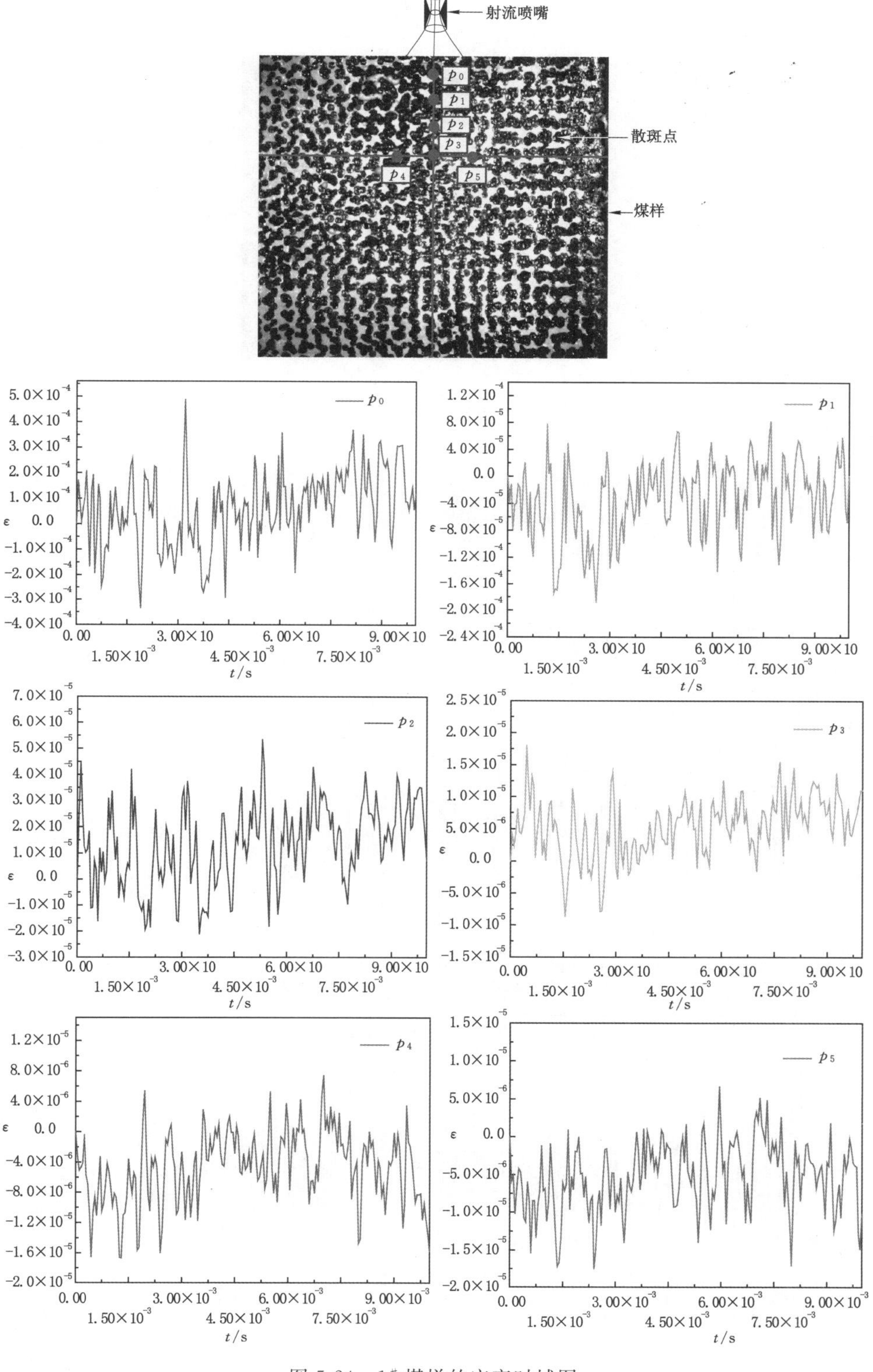

图 5-24　1# 煤样的应变时域图

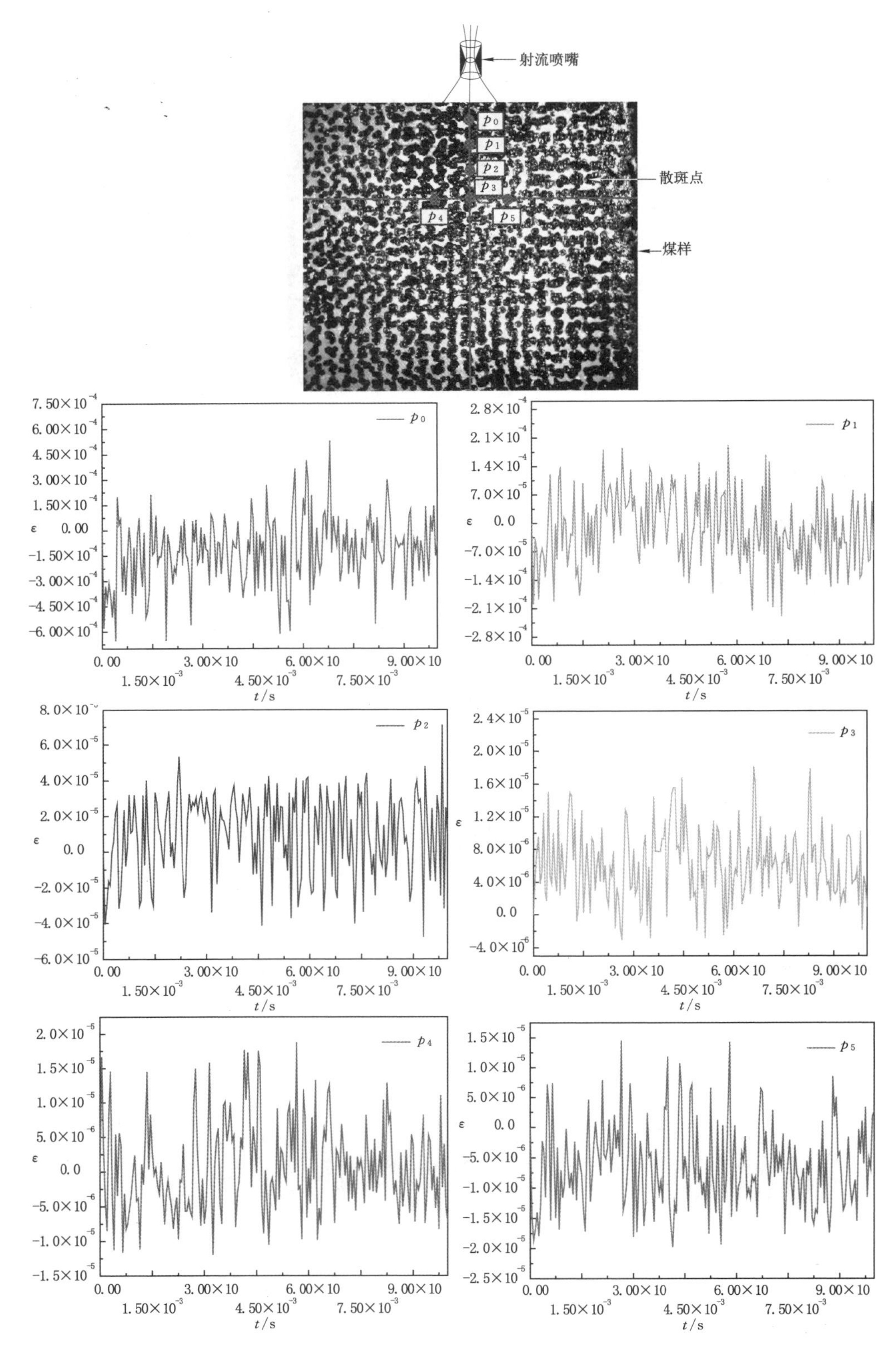

图 5-25　2# 煤样的应变时域图

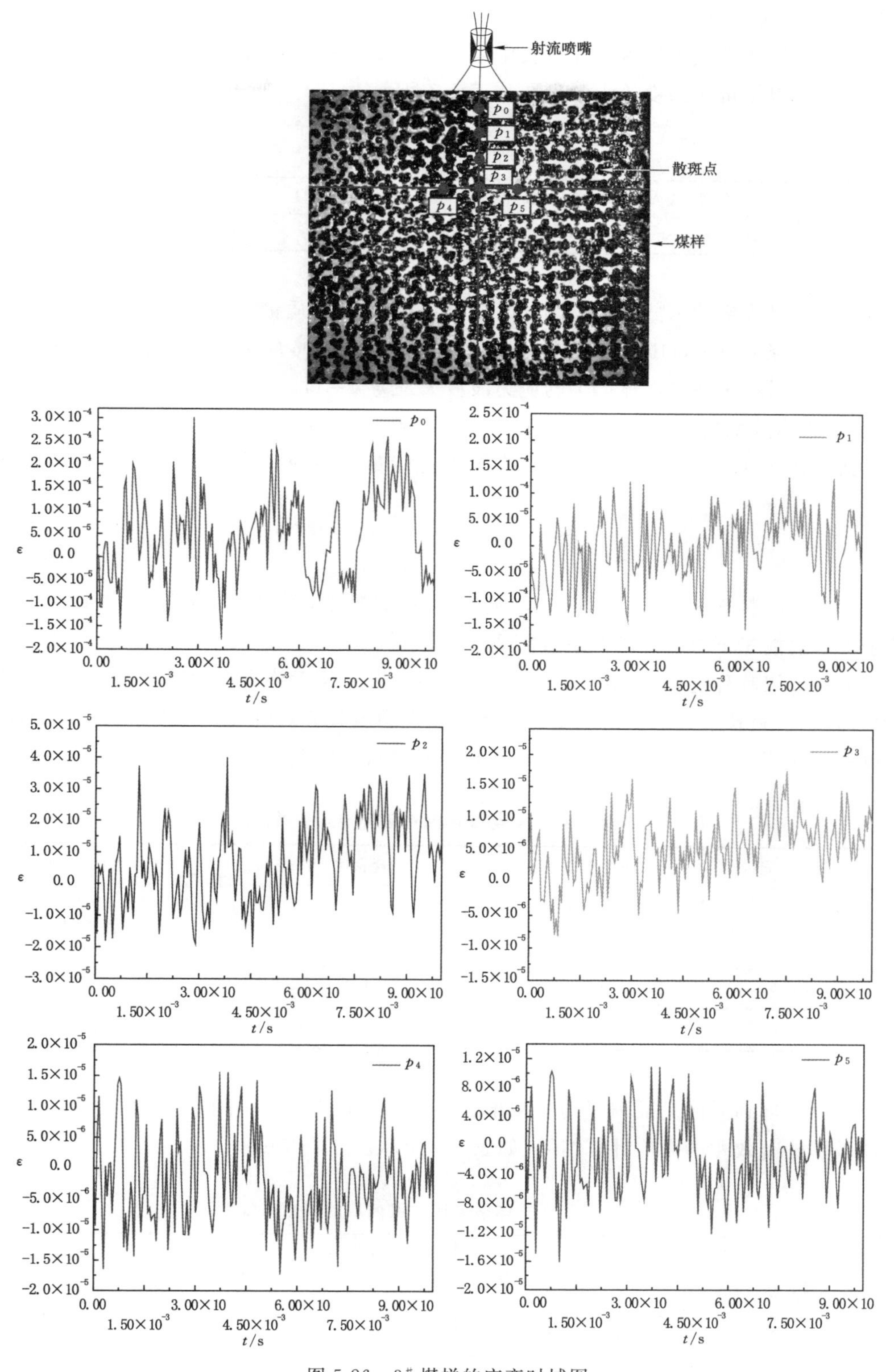

图 5-26　3# 煤样的应变时域图

5.3.3.1 应力波方程及有效破煤距离数值求解

为求解高压磨料气体射流破煤过程中应力波传播方程，实验测定九里山矿煤样的孔隙率、弹性模量、单轴抗压强度等力学参数如表 5-7 所示。

表 5-7 煤体的参数

参数	φ	λ/GPa	G/GPa	ρ/(kg/m³)	ρ_f/(kg/m³)	K_f/MPa	σ	E/GPa
数值	0.09	0.51	0.38	1300	1.24	0.1	7.41	0.93

将煤样力学参数代入式(5-57)计算可知，在磨料粒子的质量流量为 0.016 kg/s，射流压力为 15 MPa 条件下，高压磨料气体射流冲击煤体过程中，应力波传播的快纵波波速为 1 058 m/s，磨料粒子冲击煤体产生的应力波波矢量为 $k=17.1-1.1i$，即单位时间内波数为 17.1，波形的弥散系数为 $|\mathrm{Im}(k)|=1.1$。

根据式(5-57)可得，磨料粒子束的单次入射能量与射流压力和射流靶距满足如下关系式：

$$E=\frac{13\ 500+512l+840p-1.5l^2}{125f}$$

控制高压磨料气体射流的射流压力为 15 MPa 条件下，改变射流靶距，数值计算不同磨料粒子束入射能量下煤体破坏的有效距离。

应力波破煤临界能量准则中煤体破坏能耗密度及碎块平均直径均随煤体平均应变率增加而增加，且磨料粒子束的入射能量与煤体应变率满足数值对应关系。根据上节可知，磨料粒子束的入射能量与煤体破坏临界能量准则中的参数对应关系，如表 5-8 所示。

表 5-8 磨料入射能量与煤体能量破坏准则参数对应关系

磨料粒子束入射能量/J	应变率/(s⁻¹)	能耗密度/(J/m³)	碎块直径/mm
1.1×10^{-2}	43.27	2.0×10^{5}	17.72
1.6×10^{-2}	60.75	3.8×10^{5}	14.32
2.2×10^{-2}	93.78	4.9×10^{5}	8.49
2.7×10^{-2}	102.96	5.0×10^{5}	6.02

将煤体破坏临界能量准则中的参数值代入式(5-44)中，可得不同磨料粒子束入射能量下煤体破坏的有效距离数值计算结果，如表 5-9 所示。

表 5-9 高压磨料气体射流应力波效应的有效破煤距离

磨料粒子束入射能量/J	射流靶距/mm	临界能量/J	有效破煤距离/mm
1.1×10^{-2}	10	1.4×10^{-7}	2.4
1.6×10^{-2}	20	2.2×10^{-7}	4.7

表 5-9(续)

磨料粒子束入射能量/J	射流靶距/mm	临界能量/J	有效破煤距离/mm
2.2×10^{-2}	60	1.7×10^{-7}	5.9
2.7×10^{-2}	100	1.2×10^{-7}	6.5

5.3.3.2　应力波效应破煤实验

在应力波效应破煤实验中，控制射流入口压力控制为 15 MPa，磨料粒子质量流量为 0.016 kg/s，根据数值计算结果，依次设置射流靶距为 10 mm、50 mm、80 mm、100 mm，获取不同的入射能量。如图 5-25 所示，不同能量条件下，高压磨料气体射流破煤过程中煤样表面应变云图及沿射流轴线设置的间距为 2 mm 的 p_1、p_2、p_3、p_4、p_5 测点的应变幅值。

高压磨料射流冲击煤体过程中，应力波是以球面波的形式向煤体内部传播，应力波弥散现象严重，波形发散。对比不同射流靶距下煤样表面的应变云图，垂直射流轴线方向的煤样局部应变的边界距射流冲击区域的距离分别为 2.7 mm、5.1 mm、5.8 mm、6.7 mm，满足数值计算值。根据 1#、2#、3#、4# 煤样表面应变幅值计算的衰减系数分别为 0.8、1.3、1.0、1.2，平均值为 1.07，满足数值计算值。

采用高压磨料气体射流破煤应力波传播模型可研究煤体内部应力波传播过程中的衰减规律及确定应力波效应的有效破煤距离。

5.3.4　小结

依据上节的实验及数值模拟数据，计算了最优射流参数条件下的应力波传播方程及破煤的有效范围，并采用 DIC 实验验证了球面波在传播过程中的能量衰减及有效传播距离，其满足数值计算结果如下。

(1) 最优射流参数条件下数值计算结果为，磨料粒子冲击煤体产生的应力波在传播过程中的弥散衰减系数为 $|\mathrm{Im}(k)|=0.9$，气体射流冲击煤体过程中应力波的弥散衰减系数 $|\mathrm{Im}(k)|=0.06$，磨料粒子冲击煤样产生的纵波频率高、波长短，易于发生反射、叠加，能量集中，应力波效应明显，能量耗散严重，传播距离短；气体射流冲击煤体产生的纵波，频率低、波动效应的影响范围大。煤体内部产生新表面需要的最小能量为 6.8×10^{-7} J，最优射流参数条件下，单次磨料粒子的入射能量为 0.032 J，应力波在煤体内影响的最大距离为 4.9 mm。

(2) 采用 DIC 实验，研究了最优射流参数条件下，煤样表面的应变场的分布规律，得出高压磨料气体射流冲击煤体，具有明显的应力波效应。应力波是以球面波的形式向煤体内部传播。随传播距离增大，应力波的弥散现象严重，波形发散，应力波携带的能量高于煤体局部能量阈值，煤体吸收的能量耗散于裂纹面的产生、扩展。煤样性质的离散性造成破坏后的形态不同，但应力波的有效破煤距离为 4.6 mm，接近理论值。应力波效应引起煤的局部拉应变和压应变交替变化，应变的最大幅值沿应力波传播方向衰减，衰减满足理论解 $e^{\mathrm{Im}(k)\cdot(r-r_0)}\cdot r_0{}^3/r^3$。应力波模型计算简单，可有效地用于研究煤体内部应力波传播过程中的衰减规律及确定应力波效应的破煤范围。

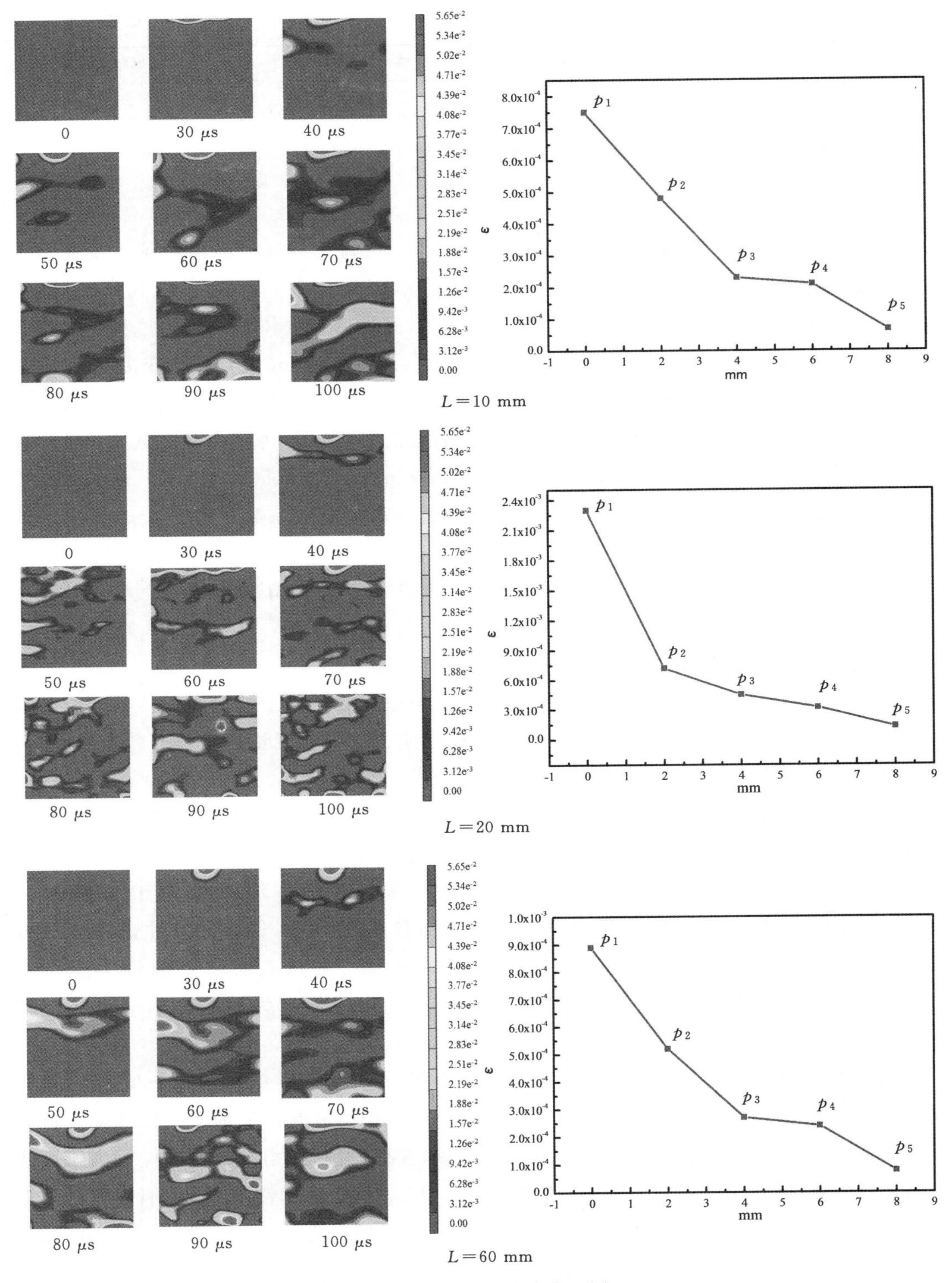

图 5-25　煤样表面应变云图

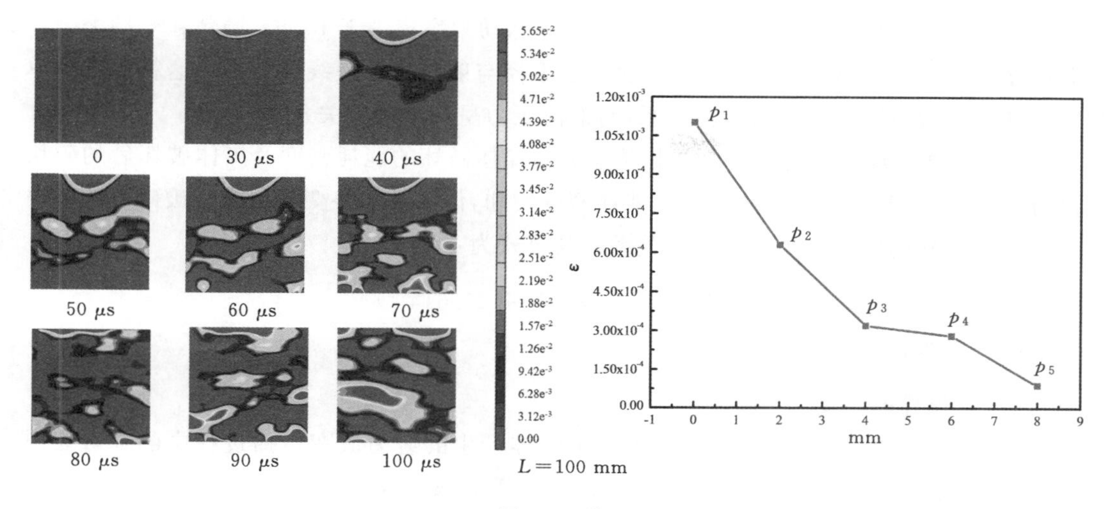

图 5-25(续)

5.4　本章小结

本章理论分析了高压磨料气体射流破煤过程中的应力波效应，建立了高压磨料射流破煤的应力波传播方程及判断煤体破坏的临界能量准则，提出了求解应力波传播模型及能量准则的边界和初始条件。采用实验及数值模拟相结合的方法测定了不同射流压力、射流靶距下，边界和初始条件中的参数。采用 SHPB 系统等效实验得出了煤体破坏的临界能量及煤体的力学参数。基于实验及数值模拟数据，数值计算了最优射流参数条件下的应力波传播方程及破煤的有效范围。并采用 DIC 实验验证了球面波在传播过程中的能量衰减及有效传播距离满足数值计算结果，得出以下的结论。

(1) 在高压磨料气体射流破煤过程中，煤体内应力波效应的传播规律为：

$$\begin{cases}\sigma_r=\dfrac{r_0{}^3}{r^3}\left[\dfrac{\mathrm{Im}(k)\cdot r+2G}{\mathrm{Im}(k)\cdot r_0+2G}\right]^2 \mathrm{e}^{\mathrm{Im}(k)\cdot(r-r_0)}\cdot\sigma_0\mathrm{e}^{i\cdot[w\cdot t-Re(k)(r-r_0)]} & r<c_p\cdot t+r_0\\ 0 & r>c_p\cdot t+r_0\end{cases}$$

式中，σ_r 为煤体质点的应力；r_0 为冲击区域半径；r 为应力波影响半径；σ_0 为冲击区域应力；k 为波矢量，$\mathrm{Im}(k)$为波的弥散衰减系数，$Re(k)=2\pi\cdot f/c_p$，c_p 为波速，w 为角频率，$w=2\pi f$，f 为磨料气体射流的入射频率。根据煤体内应力波效应的传播规律可知，煤体内应力波传播受到气体/磨料粒子的入射频率、冲击半径、入射能量(压力)的耦合作用。磨料气体射流破煤过程中，煤体局部发生破坏的能量准则同式(5-44)。

由能量准则可知，应力波效应破煤决定于高压磨料射流的冲击状态，煤体的能耗密度及煤体破坏后的碎块块度分布。

(2) 应力波传播过程中，边界和初始条件的相关参数有气体/磨料粒子冲击频率、射流冲击半径，射流入射能量。其中，气体/磨料的冲击频率仅决定于射流压力，射流入口压力为 5 MPa 时，气体脉动频率集中于在 25 Hz，磨料粒子冲击靶体材料频率集中于 14 000 Hz；射流入口压力为 10 MPa、15 MPa、20 MPa 时，气体脉动频率集中于 40 Hz，磨料粒子冲击靶体材料频率集中于 18 000 Hz。磨料射流的冲击半径与射流靶距呈线性关系。磨料射流的单次入射能量与射流靶距呈二次函数关系，与射流压力呈一次函数关系。

（3）应力波破煤临界能量准则的相关参数有煤体破坏的能耗密度及煤体破坏后的碎块块度分布。随应变率增加，煤体破坏的能耗密度增加，但增加趋势变缓。煤体破碎后的碎块平均直径与煤样的应变率呈一次函数关系。其公式为：

$$d_m = -0.1882\dot{\varepsilon} + 25.614$$

式中 d_m——煤体碎块的平均直径；

$\dot{\varepsilon}$——煤样的应变率。

（4）最优射流参数条件下，磨料粒子冲击煤体产生的应力波在传播过程中的弥散衰减系数为 0.9，气体射流冲击煤体过程中应力波的弥散衰减系数为 0.06，单次磨料粒子的入射能量为 0.032 J，应力波在破煤体的有效距离为 4.9 mm。DIC 实验中应力波的有效破煤距离为 4.6 mm，应力波破煤的有效影响范围接近理论值。应用高压磨料气体射流破煤应力波传播模型可有效的研究煤体内部应力波传播过程中的衰减规律及确定应力波效应的破煤范围。

第 6 章　结论与展望

6.1　结论

本书通过研究高压磨料气体射流理论，提出了适用于高压磨料气体射流的喷嘴设计原则，并分析了射流流场结构；研究了磨料加速机理和分布规律，分析了影响磨料气体射流破煤岩关键影响因素，揭示了磨料气体射流冲蚀磨损机理和应力波破碎机理。本书主要结论如下：

（1）膨胀比是决定磨料气体射流流场结构的重要因素，因此研究了膨胀比对射流流场的影响，为喷嘴设计提供依据。10 MPa、15 MPa 下 6 种不同拉瓦尔（Laval）喷嘴的射流流场结构表明，完全膨胀和低度欠膨胀的空气射流具有较好的流场结构，压力振荡较弱、等速核较长。I-scan 结果表明，喷嘴的低度欠膨胀可以产生较好的流场结构，且动压变化范围较小。

（2）磨料加速过程中主要受到曳力、压力梯度力和虚拟质量力，通过计算力的大小可以发现磨料所受力大小依次为：曳力（阻力）＞压力梯度力＞虚拟质量力。在射流压力一定时，磨料的质量流量的越大，磨料的速度越小。随着磨料质量流量增大，磨料在自由射流段速度的增大是减小的。

（3）高压磨料气体射流其磨料粒子加速段受到气体压力、磨料粒径、磨料密度的综合影响，随气体压力的增大，其冲蚀体积逐渐增大；随磨料粒径和磨料密度的增大，冲蚀体积先增大后减小。通过对常用磨料的实验测试，得到采用 180 μm 石榴石磨料相较于其他磨料冲蚀效果较优。射流冲蚀效果受到射流扩散角的影响，随扩散角的增大，冲蚀率先增大后减小，当冲蚀坑初步成型后，冲蚀率不在随入射角变化而变化，保持不变。通过对冲蚀模型分析，得到了影响上述因素影响磨料气体射流冲蚀效果的权重由大到小依次为：气体压力＞扩散角＞磨料密度＞磨料粒径＞磨料形状特性。

（4）在高压磨料气体射流破煤过程中，煤体内应力波效应的传播规律为：

$$\begin{cases} \sigma_{\mathrm{r}} = \dfrac{{r_0}^3}{r^3}\left[\dfrac{\mathrm{Im}(k)\cdot r+2G}{\mathrm{Im}(k)\cdot r_0+2G}\right]^2 \mathrm{e}^{\mathrm{Im}(k)\cdot(r-r_0)}\cdot\sigma_0\mathrm{e}^{i\cdot[w\cdot t-Re(k)(r-r_0)]} & r < c_{\mathrm{p}}\cdot t+r_0 \\ 0 & r > c_{\mathrm{p}}\cdot t+r_0 \end{cases}$$

在磨料气体射流破煤过程中，煤体局部发生破坏的能量准则为：

$$W \geqslant \frac{\pi\cdot a\cdot d_{\mathrm{m}}}{3\ 000\cdot k\cdot f\cdot c_{\mathrm{p}}}$$

应力波破煤临界能量准则的相关参数决定于煤体破坏的能耗密度及煤体破坏后的碎块

块度分布。随应变率增加，煤体破坏的能耗密度增加，但增加趋势变缓。煤体破碎后的碎块平均直径与煤样的应变率呈一次函数关系。其公式为：

$$d_{m}=-0.1882\dot{\varepsilon}+25.614$$

应用高压磨料气体射流破煤应力波传播模型可有效地研究煤体内部应力波传播过程中的衰减规律及确定应力波效应的破煤范围。

6.2 展望

本书通过数值模拟和实验等研究手段，研究了高压磨料气体射流破煤岩理论，取得了一定的研究成果，但由于实验条件有限等原因，研究过程中仍存在一些不足，还需要进一步进行深入研究。

（1）射流入射角的影响。虽然磨料气体射流冲蚀坑成型后，入射角对冲蚀率不再影响，但是对于射流起始阶段仍存在一定程度的影响，随入射角的增大，其冲蚀率逐渐上升；当磨料气体射流应用于其他工程背景时，如微磨料射流切割等，仍需要考虑射流入射角的影响；下一步将针对磨料气体射流冲蚀过程，采用 PIV 设备等高精度实验手段分析，进一步细化分析磨料二次冲蚀以及一次冲蚀的程度和占比，进一步增强冲蚀模型针对不同工况条件下的适用性。

（2）建立的应力波传播方程是基于多孔介质理论，适用于裂隙相对不发育的煤体。下一步研究将在现有的应力波传播方程基础上，加入裂隙的影响因素，拓宽应力波传播方程的应用范围。

参考文献

[1] 赵承庆,姜毅. 气体射流动力学[M]. 北京：北京理工大学出版社，1998.

[2] 孔珑. 两相流体力学[M]. 北京：高等教育出版社，2004.

[3] 郭烈锦. 两相与多相流动力学[M]. 西安：西安交通大学出版社，2002.

[4] 岳湘安. 液-固两相流基础[M]. 北京：石油工业出版社，1996.

[5] DOUGLAS J F,GASIREK J M,SWAFFIEL J A. 流体力学[M]. 汤金明，张长高. 译. 北京：高等教育出版社，1992.

[6] 倪晋仁,王光谦,张红武. 固液两相流基本理论及其最新应用[M]. 北京：科学出版社，1991.

[7] 张远君,王慧玉,张振鹏. 两相流图动力学基础理论及工程应用[M]. 北京:北京航空学院出版社,1987.

[8] 王明波. 磨料水射流结构特性与破岩机理研究[D]. 青岛:中国石油大学(华东),2006.

[9] 李罗鹏. 磨料射流切割水下套管技术研究[D]. 青岛:中国石油大学(华东),2010.

[10] 姜文忠. 低渗透煤层高压旋转水射流割缝增透技术及应用研究[D]. 徐州:中国矿业大学,2009.

[11] 袁丹青. 多喷嘴射流泵流场的数值模拟及试验研究[D]. 镇江:江苏大学,2009.

[12] 张凤莲. 磨料水射流切割工程陶瓷机理及关键技术的研究[D]. 大连:大连交通大学,2010.

[13] 胡鹤鸣. 旋转水射流喷嘴内部流动及冲击压强特性研究[D]. 北京:清华大学,2008.

[14] 周力行. 燃烧理论和化学流体力学[M]. 北京:科学出版社,1986.

[15] DREW D A,SEGEL L A. Averaged equations for two-phase flows[J]. Studies in Applied Mathematics,1971,50(3):205-231.

[16] SOO S L. Fundamentals of multiphase fluid dynamics[D]. Urbana:University of Illinois,1987.

[17] 周力行. 有相变的颗粒群-气体系统的多相流体力学[J]. 力学进展,1982(02):141-150.

[18] 陆耀军,周力行,沈熊. 液-液旋流分离管中强旋湍流的 k-ε 数值模拟[J]. 计算力学学报,2000,17(3):267-272.

[19] CROWE C T,SHARMA M P,STOCK D E. The particle-source-in cell (PSI-CELL) model for gas-droplet flow[J]. Asme Transactions Journal of Fluids Engineering,1977,99(2):325-332.

[20] SMOOT L D,PRATT D T. Pulverized-coal combustion and gasification[M]. New

York:Plenum Press,1979.
[21] 段雄.基于相对强度理论的磨料射流冲蚀判据[J].机械工程学报,2001(12):51-53,58.
[22] 卢义玉,王晓川,康勇,等.缩放型喷嘴产生的空化射流流场数值模拟[J].中国石油大学学报(自然科学版),2009,33(6):57-60.
[23] 向文英,卢义玉,李晓红,等.空化射流在岩石破碎中的作用实验研究[J].岩土力学,2006,27(9):1505-1508.
[24] 侯亚康,毛桂庭,阳宁.淹没磨料水射流中磨料破碎状况分析[J].现代制造工程,2011(7):87-90.
[25] 温志辉,梁博臣,刘笑天.磨料特性对磨料气体射流破煤影响的实验研究[J].中国安全生产科学技术,2017,13(5):103-107.
[26] 左伟芹.前混合磨料射流磨料加速机理及分布规律[D].重庆:重庆大学,2012.
[27] TURENNE S,CHATIGNY Y,SIMARD D,et al. The effect of abrasive particle size on the slurry erosion resistance of particulate-reinforced aluminium alloy[J]. Wear,1990,141(1):147-158.
[28] 熊芳.喷砂对全瓷底层材料的作用[D].成都:四川大学,2003.
[29] 王柏懿,戴振卿,戚隆溪,等.水下超声速气体射流回击现象的实验研究[J].力学学报,2007,39(2):267-272.
[30] 董刚,张九渊.固体粒子冲蚀磨损研究进展[J].材料科学与工程学报,2003,21(2):307-312.
[31] 林福严,曲敬信,陈华辉.磨损理论与抗磨技术[M].北京:科学出版社,1993.
[32] HADAVI V,MORENO C E,PAPINI M. Numerical and experimental analysis of particle fracture during solid particle erosion,part I:Modeling and experimental verification[J]. Wear,2016,356-357:135-145.
[33] HADAVI V,MORENO C E,PAPINI M. Numerical and experimental analysis of particle fracture during solid particle erosion,Part II:Effect of incident angle,velocity and abrasive size[J]. Wear,2016,356-357:146-157.
[34] 张晓东,贾国超,吴臣德.空气钻井钻具冲蚀磨损机理的分析[J].西南石油大学学报(自然科学版),2009,31(2):139-142.
[35] 邓昀.基于SPH法的微细切削模拟研究[D].南京:南京航空航天大学,2011.
[36] HAMZABAN M T,MEMARIAN H,ROSTAMI J,et al. Study of rock-pin interaction in cerchar abrasivity test[J]. International Journal of Rock Mechanics & Mining Sciences,2014,72:100-108.
[37] 于超.高压水射流结构与磨料分布特性的研究[D].秦皇岛:燕山大学,2012.
[38] KALIAZINE A,ESLAMIAN M,TRAN H N. On the failure of a brittle material by high velocity gas jet impact[J]. International Journal of Impact Engineering,2010,37(2):131-140.

[39] 宋圆圆,郭楚文,魏海燕,等.磨料射流束中磨料能量分布与切口形状的实验模拟研究[J].煤矿机械,2013,34(12):63-65.

[40] MOMBER A W. A Refined Model for Solid Particle Rock Erosion[J]. Rock Mechanics & Rock Engineering,2016,49(2):467-475.

[41] BAHADUR S,BADRUDDIN R. Erodent particle characterization and the effect of particle size and shape on erosion[J]. Wear,1990,138(1～2):189-208.

[42] 邵荷生,曲敬信,许小棣,等.摩擦与磨损[M].北京:煤炭工业出版社,1992.

[43] 廉晓庆,蒋明学.基于有限元模拟研究不同形状磨料对高铝砖的冲蚀磨损[J].硅酸盐学报,2014,42(6):761-767.

[44] 丁雪兴,张正棠,任琪琛,等.基于分形理论的磨粒磨损预测模型[J].甘肃科学学报,2016,28(5):84-88.

[45] 马颖,任峻,李元东,等.冲蚀磨损研究的进展[J].兰州理工大学学报,2005,31(1):21-25.

[46] 董刚.材料冲蚀行为及机理研究[D].杭州:浙江工业大学,2004.

[47] 李俊烨,董坤,王兴华,等.颗粒微切削表面创成的分子动力学仿真研究[J].机械工程学报,2016,52(17):94-104.

[48] MISRA A,FINNIE I. On the size effect in abrasive and erosive wear[J]. Wear,1981,65(3):359-373.

[49] BITTER J G A. A study of erosion phenomena[J]. Wear,1963,6(1):5-21.

[50] NEILSON J H,GILCHRIST A. Erosion by a stream of solid particles[J]. Wear,1968,11(2):111-122.

[51] HUTCHINGS I M. A model for the erosion of metals by spherical particles at normal incidence[J]. Wear,1981,70(3):269-281.

[52] TILLY G P. A two stage mechanism of ductile erosion[J]. Wear,1973,23(1):87-96.

[53] 赵海鸣,舒标,夏毅敏,等.基于磨料磨损的TBM滚刀磨损预测研究[J].铁道科学与工程学报,2014(4):152-158.

[54] SHIRAZI S A,MCLAURY B S,SHADLEY J R,et al. Erosion-Corrosion in Oil and Gas Pipelines [M]. New York:John Wiley & Sons,2015.

[55] OKA Y I,YOSHIDA T. Practical estimation of erosion damage caused by solid particle impact[J]. Wear,2005,259(1):95-101.

[56] 余同希,斯壮 W J.塑性结构的动力学模型[M].北京:北京大学出版社,2002.

[57] 江红祥,杜长龙,刘送永.冲击速度对煤岩破碎能量和粒度分布的影响[J].煤炭学报,2013,38(4):604-609.

[58] BALAN K P,REDDY A V,JOSHI V,et al. The influence of microstructure on the erosion behaviour of cast irons[J]. Wear,1991,145(2):283-296.

[59] MCCABE L P,SARGENT G A,CONRAD H. Effect of microstructure on the erosion of steel by solid particles[J]. Wear,1985,105(3):257-277.

[60] LEVY A V. The erosion of structural alloys,cermets and in situ oxide scales on steels [J]. Wear,1988,127(1):31-52.

[61] 朱洪涛.精密磨料水射流加工硬脆材料冲蚀机理及抛光技术研究[D].济南:山东大学,2007.

[62] 吴凤芳.PVD氮化物涂层的冲蚀磨损特性及机理的研究[D].济南:山东大学,2011.

[63] 吴逾强.超高压磨料水射流精密切割3D模型基础研究[D].重庆:重庆大学,2015.

[64] 吴旭光.系统建模和参数估计[M].北京:机械工业出版社,2002.

[65] 张行,崔德渝,孟庆春,等.断裂与损伤力学[M].北京:北京航空航天大学出版社,2009.

[66] 李世愚,和泰名,尹祥础.岩石断裂力学[M].北京:科学出版社,2015.

[67] 沈忠厚.水射流理论与技术[M].东营:中国石油大学出版社.1998.

[68] 王瑞和.高压水射流破岩机理研究[M].青岛:中国石油大学出版社,2010.

[69] NIMER E,SCHNEIDERMAN R,MAROUDAS A. Diffusion and partition of solutes in cartilage under static load[J]. Biophysical Chemistry,2003,106(2):125-146.

[70] 黄飞,卢义玉,刘小川.高压水射流冲击作用下横观各向同性岩石破碎机制[J].岩石力学与工程学报,2014,33(7):1329-1335.

[71] PARK D S,CHO M W,LEE H,et al. Micro-grooving of glass using micro-abrasive jet machining[J]. Journal of Materials Processing Technology. 2004,146(2):234-240.

[72] 徐小荷,余静.岩石破碎学[M].北京:煤炭工业出版社,1984.

[73] LIU E L,CHEN S S,LI G Y,et al. A constitutive model for rockfill materials incorporating grain crushing under cyclic loading[J]. Rock & Soil Mechanics,2012. 33(7): 1972-1978.

[74] 倪红坚,王瑞和,韩来聚,等.高压水射流破岩比能演化机理研究[J].石油钻探技术,2004,32(1):14-16.

[75] FAVORSKAYA A V,PETROV I B. Numerical modeling of dynamic wave effects in rock masses[J]. Doklady Mathematics,2017,95(3):287-290.

[76] 黄飞.水射流冲击瞬态动力特性及破岩机理研究[D].重庆:重庆大学,2015.

[77] 李子丰.空化射流形成的判据和冲蚀机理[J].工程力学,2007,24(3):185-188.

[78] 向文英,卢义玉,李晓红,等.空化射流在岩石破碎中的作用实验研究[J].岩土力学,2006,27(9):1505-1508

[79] SHI H H,Field J E. Stress wave propagation in solids high under speed liquid solid impact[J]. Science in China,2004,47(6):752-766.

[80] BOWDEN F P ,BRUNTON J H . The Deformation of Solids by Liquid Impact at Supersonic Speeds[J]. Proceedings of the Royal Society A(Mathematical,Physical and Engineering Sciences),1961,263(1315):433-450.

[81] WANG F X,WANG R H,ZHOU W D,et al. Numerical simulation and experimental verification of the rock damage field under particle water jet impacting[J]. Interna-

tional Journal of Impact Engineering,2017,102(10):169-179.

[82] 卢义玉,黄飞,王景环,等. 超高压水射流破岩过程中的应力波效应分析[J]. 中国矿业大学学报,2013,42(4):519-525.

[83] 司鹄,王丹丹,李晓红. 高压水射流破岩应力波效应的数值模拟[J]. 重庆大学学报,2008,31(8):942-945,950.

[84] 刘勇,何岸,魏建平,等. 高压气体射流破煤应力波效应分析[J]. 煤炭学报,2016,41(7):1694-1700.

[85] HEYMANN F J . On the shock wave velocity and impact pressure in high speed liquid solid impact[J]. Journal of Fluids Engineering,1968,90(3):400-402.

[86] 刘少虹,毛德兵,齐庆新,等. 动静加载下组合煤岩的应力波传播机制与能量耗散[J]. 煤炭学报,2014,39(增1):15-22.

[87] 李夕兵,古德生. 岩石在不同加载波条件下能量耗散的理论探讨[J]. 爆炸与冲击,1994,14(2):129-139.

[88] GAO L ,LI X B. Utilizing partial least square and support vector machine for TBM penetration rate prediction in hard rock conditions[J]. Journal of Central South University,2015,22(1):290-295.

[89] ZHAO H,GARY G. On the use of SHPB techniques to determine the dynamic behavior of materials in the range of small strains[J]. International Journal of Solids & Structures,1996,33(23):3363-3375.

[90] 李夕兵,周子龙,叶州元,等. 岩石动静组合加载力学特性研究[J]. 岩石力学与工程学报,2008,27(7):1387-1395.

[91] ZHOU F,CHEN L. Stress wave propagation in a viscoelastic specimen during SHPB tests[J]. Chinese Journal of Solid Mechanics,2010,31(2):149-156.

[92] 李夕兵,左宇军,马春德. 动静组合加载下岩石破坏的应变能密度准则及突变理论分析[J]. 岩石力学与工程学报,2005,24(16):2814-2824.

[93] 翟越,李楠,赵均海,等. SHPB试验中应力波在损伤非线弹性材料中的传播[J]. 西安建筑科技大学学报(自然科学版),2015,47(3):359-363.

[94] WANG R H,YAO H C,JIA B,et al. Numerical simulation of shpb experiment and analysis on stress wave[J]. Applied Mechanics & Materials,2011,1447:397-401.

[95] MIAO Y G,DU B,SHEIKH M Z. On measuring the dynamic elastic modulus for metallic materials using stress wave loading techniques[J]. Archive of Applied Mechanics,2018,88(11):1953-1964.

[96] WANG L L. Stress wave propagation for nonlinear viscoelastic polymeric materials at high strain rates[J]. Journal of Mechanics,2003,19(1):177-183.

[97] JANKOWIAK T,RUSINEK A,WOOD P. A numerical analysis of the dynamic behaviour of sheet steel perforated by a conical projectile under ballistic conditions[J]. Finite Elements in Analysis & Design,2013,65:39-49.

[98] 梁龙河，曹菊珍，李恩征. 高速碰撞过程中应变硬化材料靶动态响应研究[J]. 高压物理学报，2003，17(4)：261-267.

[99] 张我华，金荑，陈云敏. 损伤材料的动力响应特性[J]. 振动工程学报，2000，13(3)：413-425.

[100] ADDESSIO F L，JOHNSON J N. A constitutive model for the dynamic response of brittle materials[J]. Journal of Applied Physics，1990，67(7)：3275-3286.

[101] ZHAO Y H. Crack pattern evolution and a fractal damage constitutive model for rock[J]. International Journal of Rock Mechanics & Mining Sciences，1998，35(3)：349-366.

[102] 张黎明，王在泉，孙辉，等. 岩石卸荷破坏的变形特征及本构模型[J]. 煤炭学报，2009，34(12)：1626-1631.

[103] 单仁亮，薛友松，张倩. 岩石动态破坏的时效损伤本构模型[J]. 岩石力学与工程学报，2003，22(11)：1771-1776.

[104] 戴俊. 岩石动力学特性与爆破理论[M]. 北京：冶金工业出版社，2013.

[105] XIE N，ZHU Q Z，XU L H，et al. A micromechanics-based elastoplastic damage model for quasi-brittle rocks[J]. Computers & Geotechnics，2011，38(8)：970-977.

[106] 刘干斌，郑荣跃，陶海冰. 饱和多孔介质中热弹性波传播特性研究[J]. 地下空间与工程学报，2016，12(4)：926-931.

[107] BIOT M A. Theory of propagation of elastic waves in a fluid-saturated porous solid Ⅰ. low-frequency range[J]. Journal of the Acoustical Society of America，1956，28(2)：168-179.

[108] BIOT M A. Theory of propagation of elastic waves in a fluid-saturated porous solid Ⅱ. high-frequency range[J]. Journal of the Acoustical Society of America，1956，28(2)：179-191.

[109] BIOT M A. Theory of deformation of a porous viscoelastic anisotropic solid[J]. Journal of Applied Physics，1956，27(5)：459-467.

[110] BIOT M A，Willis D G. The elastic coefficients of the theory of consolidation[J]. Journal of Applied Mechanics，1957，15(2)：594-601.

[111] 鞠杨，王会杰，杨永明，等. 应力波作用下岩石类孔隙介质变形破坏与能量耗散机制的数值模拟研究[J]. 中国科学：技术科学，2010，40(06)：711-726.

[112] JODOIN B. Cold spray nozzle mach number limitation[J]. Journal of Thermal Spray Technology，2002，11(4)：496-507.

[113] 秦军，陈谋志，李伟锋，等. 双通道气流式喷嘴加压雾化的实验研究[J]. 燃烧科学与技术，2005，11(4)：384-387.

[114] FOELSCH K. The analytical design of an axially symmetric laval nozzle for a parallel and uniform jet[J]. International Journal of Orthodontics，1949，16(3)：39-40.

[115] BIN J H，UZUN A，HUSSAINI M Y. Adaptive mesh refinement for chevron nozzle

jet flows[J]. Computers and Fluids,2010,39(6):979-993.

[116] GARELLI L ,PAZ R R ,STORTI M A . Fluid-structure interaction study of the start-up of a rocket engine nozzle [J]. Computers and Fluids, 2010, 39 (7): 1208-1218.

[117] AYDIN O ,UNAL R . Experimental and numerical modeling of the gas atomization nozzle for gas flow behavior[J]. Computers and Fluids,2011,42(1):37-43.

[118] SOU A . Numerical simulation of incipient cavitation flow in a nozzle of fuel injector [J]. Computers & Fluids,2014,103(1):42-48.

[119] CHEN J K,WANG Y S,LI X F. Erosion prediction of liquid-particle two-phase flow in pipeline elbows via CFD-DEM coupling method[J]. Powder Technology,2015, 282(22):25-31.

[120] RODRÍGUEZ L,ECHEVARRIA L,FERNANDEZ A. I-scan thermal lens experiment in the pulse regime for measuring two-photon absorption coefficient,Optics Communications,2007(1),277:181-185.

[121] LIPMAN G ,BISSCHOPS R ,SEHGAL V ,et al. Systematic assessment with I-SCAN magnification endoscopy and acetic acid improves dysplasia detection in patients with Barrett's esophagus[J]. Endoscopy,2017,49(12):1219-1228.

[122] 林晓东. 前混合磨料射流磨料粒子加速过程的数值模拟[D]. 重庆:重庆大学,2014.

[123] 余丰. 基于 SPH/FEM 的磨粒加速过程及材料去除机理研究[D]. 济南:山东大学,2012.

[124] 高光发,李永池,赵凯,等. 材料 Johnson-Cook 破坏准则参数对侵彻行为的影响及校正[J]. 兵器材料科学与工程,2016,39(3):17-25.

[125] DONG X W,LIU G R,LI Z L,et al. A smoothed particle hydrodynamics (SPH) model for simulating surface erosion by impacts of foreign particles[J]. Tribology International,2016,95:267-278.

[126] 林楠. 输气管道中颗粒属性及流场作用对冲蚀磨损的影响研究[D]. 北京:北京交通大学,2017.

[127] 李增亮,杜明超,董祥伟,等. 固体颗粒冲蚀磨损模型的建立及有限元分析[J]. 计算机仿真,2018,35(6):275-281.

[128] LIU Y,WEI J,REN T. Analysis of the stress wave effect during rock breakage by pulsating jets[J]. Rock Mechanics & Rock Engineering,2016,49(2):503-514.

[129] LIU Y,WEI J P,REN T,et al. Experimental study of flow field structure of interrupted pulsed water jet and breakage of hard rock[J]. International Journal of Rock Mechanics & Mining Sciences,2015,78:253-261.

[130] 康勇. 超音速低温旋流分离器拉瓦尔喷管流场数值分析[J]. 西北大学学报(自然科学版),2011,41(4):593-597.

[131] 王超,汪剑锋,施红辉. 超声速气体浸没射流的数值计算和实验[J]. 化工学报,2014,

65(11):4293-4300.

[132] FINNIE I,MCFADDEN D H. On the velocity dependence of the erosion of ductile metals by solid particles at low angles of incidence[J]. Wear,1978,48(1):181-190.

[133] 刘广,荣冠,彭俊,等. 矿物颗粒形状的岩石力学特性效应分析[J]. 岩土工程学报,2013,35(3):540-550.

[134] 王为,许刘兵,刘志鹏,等. 三种碎屑颗粒形态定量分析方法的比较及应用[J]. 地质论评,2013,59(3):553-562.

[135] 鞠杨,杨永明,毛彦喆,等. 孔隙介质中应力波传播机制的实验研究[J]. 中国科学　E辑:技术科学,2009,39(5):904-918.

[136] 夏昌敬,谢和平,鞠杨,等. 冲击载荷下孔隙岩石能量耗散的实验研究[J]. 工程力学,2006,23(9):1-5.